进阶式探究物理

大学物理混合教学模式学生用书

蔡天芳 郑凯 赵红敏 主编

牛原 李云白 范玲 刘岚岚 赵雁 副主编

清华大学出版社

北京

内 容 简 介

本书是配合大学物理混合式教学而编写的学生课外学习用书。其设计理念是：建造一个适合学生自我探究的阶梯，让学生从易到难，从简单到复杂，由单个知识点到多个知识点进阶式地学习大学物理。

本书将大学物理的基本内容划分为 16 章 81 节，每节由阅读指南、阅读题、概念练习题和综合训练题组成。学生可在课前按照阅读指南的提示，阅读相关的教材或观看教学视频，完成阅读题；课后复习课堂所学知识后，完成概念练习题和综合训练题。教师还可针对学生在使用该书学习过程中普遍存在的难点问题，在习题课上进行深入的探讨。

本书的特色：①遵循认知规律和脚手架理论来设计题目，让学生对物理概念从接受到理解到掌握，以序列问题的方式展开；②题目主要以选择题为主，目的在于学生可以快速作答，课前快速预习，课后快速复习课上知识，在较短的时间内掌握物理概念，获得成就感。

本书适合理工科大学生学习大学物理使用，尤其适合开展混合式教学改革的课堂学生使用。

图书在版编目（CIP）数据

进阶式探究物理：大学物理混合教学模式学生用书/蔡天芳,郑凯,赵红敏主编.—北京：清华大学出版社，2018(2025.3 重印)

ISBN 978-7-302-49678-6

Ⅰ．①进…　Ⅱ．①蔡…　②郑…　③赵…　Ⅲ．①物理学－高等学校－教材　Ⅳ．①O4

中国版本图书馆 CIP 数据核字（2018）第 034340 号

责任编辑：佟丽霞　赵从棉
封面设计：常雪影
责任校对：王淑云
责任印制：曹婉颖

出版发行：清华大学出版社
　　　　网　　址：https://www.tup.com.cn, https://www.wqxuetang.com
　　　　地　　址：北京清华大学学研大厦 A 座　　邮　　编：100084
　　　　社 总 机：010-83470000　　邮　　购：010-62786544
　　　　投稿与读者服务：010-62776969, c-service@tup.tsinghua.edu.cn
　　　　质量反馈：010-62772015, zhiliang@tup.tsinghua.edu.cn
印 装 者：天津鑫丰华印务有限公司
经　　销：全国新华书店
开　　本：185mm×260mm　　印　　张：18.25　　字　　数：438 千字
版　　次：2018 年 4 月第 1 版　　印　　次：2025 年 3 月第 11 次印刷
定　　价：52.00 元

产品编号：061282-02

序 言

长期以来,北京交通大学工科物理教学团队致力于"大学物理"课程的改革,并取得了骄人的成绩:先后获得国家教学成果特等奖一项、国家教学成果二等奖两项。由蔡天芳老师主编的《进阶式探究物理》一书,是上述教学成果的重要组成部分。

怎样通过课程教学,不仅能使学生学到知识,而且能够有效提高学生的科学思维能力和探究精神,一直是教师们探索和追求的目标。近些年来,随着信息技术的发展,新的教学技术和手段不断涌现,如:几年前的"clicker",目前的"雨课堂"等,为实现在课堂上进行探究式交互教学,提供了有效的工具。然而,再先进的技术和手段也只能是教学的辅助,而探究式交互课堂教学成功的关键,还是用全新的理念对教学内容本身进行研究与设计。

多年来,北京交通大学工科物理教学团队开展探究式交互课堂教学,力图准确把握学生可能产生的各种错误,再经过教师的精心设计、学生们的参与和反馈,积累了大量的一手资料,并在教学实践中不断地丰富和完善,《进阶式探究物理》一书,就是在此基础上编写的。

《进阶式探究物理》一书汇集了精心编写的1089道题,涵盖大学物理课程的全部教学内容,该书的内容结构和主要特点归纳如下:

(1)课前阅读指南:给学生一个简单明了的阅读指导,让学生比较容易地切入本节教学内容;

(2)课前阅读题:以选择题为主,题目较为简单,只要学生阅读了指定资料,就能答对,初步给学生一种成功的体验,为引入课堂内容、对学生进行启发式教学做准备。

(3)课堂互动题:该书提供了大量可供教师在课堂上选择使用的互动题目。题目分为脚手架型和认知冲突型两大类,给学生搭建一个学习的阶梯,帮助学生"学会了、巩固好、再深入"。

(4)课后练习题:这一部分题目主要针对课堂中的重点概念、易错点、难点进一步思考、探索。题目仍然分为脚手架型和认知冲突型两大类,以选择题的形式为主,减少计算量,使同学能够用最短的时间、最少的精力,完成对课堂知识的复习。

(5)综合训练题:作为一个阶段学习的总结复习,给学生搭建一个更有挑战性的阶梯,帮助学生对物理概念的融会贯通,并对这些概念能灵活应用。这部分题目有脚手架型、认知冲突型,也有填空题、计算题和开放性的讨论题,兼顾对学生计算能力和综合运用能力的培养。

(6) 答案与难题简答:全书中的每个题目都有答案并经过教学试用,对较为困难的题目都注上了简答,方便教师和学生的使用。

本书题目的设计和选择有以下三个特点:

(1) 主要由选择题构成。

本书除了综合练习中有少量的填空题、计算题和开放性讨论题外,全部采用了选择题,包括单选题和多选题。这样的课堂题目设计,可以最有效地实现课堂交互,便于与学生进行探讨交流,以便有效地完成教学目标。这样的题目设计也适合课前快速预习和课后快速复习,避免陷入题海战之中。

(2) 题目的构成序列化。

按照学生的认知规律,搭建由易到难、由单个知识点到多个知识点的脚手架式题目,使得学生逐次递进地建立起对物理概念的理解,加深理解和了解相应的技术应用。学生有序地按照进阶式的方式学习,降低了学习的难度,避免因"挫败"而失去学习的兴趣。

(3) 题目选择难易均衡。

本书编写之前,北京交通大学工科物理教学团队曾作为课程讲义经过多年的教学试用,根据学生课堂互动的数据、课后与学生面谈反馈情况、对易错概念进行收集和分析,再精心设计易、中、难几个层次的问题,给学生搭建一个可以攀登的阶梯,最后做进一步筛选和调整题目,使之能够涵盖大学物理的教学知识点。

建议使用本书的教师,吸纳北京交通大学的老师们多年的教学经验,在开课之前与学生进行良好的沟通,并设立考核与激励机制,例如,将学生课前预习问题的答对率、课堂上互动的参与度以及课后复习和综合练习的完成情况等,作为平时成绩纳入学生的期末考核当中,具体做法可参照编者的"如何使用本书"。

总之,这本书教学理念新、内容丰富、可操作性强,为大学物理课程全新模式的教学改革提供了一条切实可行的途径,值得同行的教师们予以充分的关注。

国家教学成果特等奖、国家级教学名师奖获得者

北京交通大学教授　王玉凤

2018 年 4 月　北京

如何使用本书

1. 编写本书的目的

如何能更好地提高学生的探究能力以及使其养成自主学习的习惯，一直是教师努力的目标。受一些条件的限制，传统的"教师一言堂，学生课后做作业"的以传授知识为主的教学模式，对提高学生科学思维和探究能力作用甚微。大量的研究和分析表明探究型教学能有效促进学生科学探究能力的发展与良好学习习惯的养成，作者所在的大学物理课程组近十年来的实践也证明"教师教会学生如何学习"比"教师教给学生什么知识"更能让学生受益。

传统上，为了达到良好的教学效果，优秀的教师会努力地营造一个生动的课堂氛围。但是，表面上看去互动活跃的课堂并不一定能让全体学生受益，尤其对于大班教学，真正参与互动的学生仍是极少数。回答问题的往往只有某几个特定的学生，大部分同学没有主动思考，更别说积极回答问题了。另外，由于大班教学的学生人数较多，任课教师很难通过批改课后作业来了解全体学生的学习状况，也很难在课堂上及时获得多数学生的反馈，从而造成教、学脱节的弊端，更谈不上激发学生的探究兴趣。

然而，随着信息技术的发展，特别是近年来无线网络和智能手机的普及，已经能够利用一些新的技术手段（例如，几年前的"clicker"，现在的"雨课堂"等）在课堂上实现全体学生互动应答式的教与学，为学生真正参与到学习的积极探究中提供了方便有效的工具。这种方式能有效吸引每个学生参与互动探究，在学生超过百人的大班教学中实现一对多的互动，甚至一对一的实时信息反馈，达到惠及几乎全部学生的教学效果。作者所在的课程组从 2008 年起就在大学物理课堂上采用了课堂互动应答系统（简称 clicker），让所有学生在课堂中通过答题器回答教师的问题，学生们能够真正参与到学习的探究活动当中来，而教师也在第一时间了解到教学效果，并能及时调整讲解的重点和进度，取得了传统教学方式所达不到的良好效果。

但是，技术手段的运用并不是形成探究式交互课堂的核心，在这"内容为王"的时代，教学内容的设计才是探究式交互课堂成功的关键。要想真正激发学生的学习兴趣，引导他们进行自主探究，教学内容（以"互动题库"为载体)的设计和建设是真正的关键,如果简单地采用传统的题海题库,不但不能激发学生的兴趣,还有可能引导学生误入题海战术的怪圈中去,无助于(甚至影响)探究能力的培养以及自学习惯的养成。

互动题库建设需要根据探究教学的策略设计,激发学生自主思考,为学生自主探究、相互讨论提供科学有效的议题。内容的设计要把课前自学预习和课后重点、难点的内容纳入进来。其中,课前预习的题不可过难;课后的复习也要与一般的作业不同,应突出对概念、课上的重点或易错点进行提问,让学生进一步思考、探索。每一个问题对学生而言都是一个小小的探索过程,我们称之为mini探究,学生运用已有的认知来推测新的知识。当学生发现自己回答错误的时候,引起的认知冲突,能促进其积极思维,重新主动(而不是被动)地学习和建构新的概念,并通过整合、融会贯通后形成新的认知,掌握所学的物理知识。

该题库设计的关键是要把握住学生在学习和探究中可能产生的错误或不到位的理解,特别是多数学生遇到的问题,这不仅需要教师的精心设计和教学经验,更需要学生们的参与和反馈,才会使得该题库能够契合学生的实际情况。本书就是我们在开展了多年探究式交互课堂教学实践的基础上,积累和总结学生们课堂上的实际情况,不断调整并丰富后形成的进阶式探究物理教学用的题库。

通过本书,我们将多年积累的教学经验和教学资源呈献给大家,以期为提高学生的探究能力以及自学习惯的养成,提供一种可行的途径。希望能对教大学物理的教师和学习大学物理的同学有所帮助是编写本书的目的,不过,作者另一个更加重要的目的是要表达感恩之心,以感谢多年来参与探究式交互课堂教学实践的教师和历届同学们,包括北京交通大学和清华大学部分参与的本科生,没有他们的贡献,就不可能编写出本书。

2. 本书的主要内容和特点

本书涵盖大学物理所有教学内容,分为16章81节共1089道题目。

每一章节的结构及内容包含:

(1) 课前阅读指南。给学生一个简单明了的阅读指示。

(2) 课前阅读题,呈现为Step1。以选择题为主,题目较为简单,检测学生阅读的情况。只要学生阅读完就能答对,给学生一个成功的体验。该类题目有两种作用,一是作为引入课堂内容对学生进行启发式教学,二是作为对学生进入课堂前所具备的知识的检测,包括预习的情况。

(3) 课堂概念题,呈现为Step2。以选择题(单选或多选)为主,作为课堂上的mini探究教学。该书提供了大量可供教师在课堂上选择使用的题目,同时也可以用于课后复习,或者作为学生完成阅读题目后的挑战题。主要分为认知脚手架型和冲突型两大类题目,给学生搭建一个阶梯,帮助学生对物理概念的接受和深入理解。

A 脚手架型题目基于脚手架原理,对于同一场景的题目从易到难,设计进阶式问题(一般有三题或四题),将知识点像脚手架一样一步步搭建起来,让学生"学会了、巩固好、再学习"。并且让学生学会这样的学习方法,逐步地能够自己搭建阶梯进行深入探究、构建新的知识。

B 认知冲突型题目:一般针对学生在中学学过一点、在生活中一些与物理有关的貌似正确的谬误,通过面谈讨论、收集学生错误作业等方式将学生存在的错误进行收集、分析和归类,用来设计认知冲突型序列互动题目,一般也包括 3～4 题。首题简单,对学生以前所掌握的知识进行评价;接着第 2 题进行冲突挑战,触发学生的认知冲突(一般情况下学生可能会出错的题目);遭遇认知冲突后,进行 3～5min 的学生之间的互动讨论;然后是成果检验题,与第 2 题类似,但情境上有所区别,以此检验构建知识或概念迁移的成果。

(4) 课后练习题,同样呈现为 Step2。它与一般的作业主观题、计算题不同,主要针对概念、易错点进行课堂知识建构的成果检验,让学生进一步对课堂中的重点概念、易错点和难点进一步思考、探索。仍然以选择题的形式,简化计算量,让同学用最短的时间、最少的精力,完成对课堂知识的复习。

(5) 综合训练,呈现为 Step3。包括选择、填空和计算题,作为一个阶段学习的总结复习,给学生搭建一个更有挑战级的阶梯,帮助学生对物理概念的融会贯通,并对这些概念能灵活应用。这部分的题目可以是上面介绍的脚手架型和冲突型两类序列形式,也可以是一个开放性的讨论题,并兼顾到对学生计算能力和综合运用能力的培养。

(6) 答案与难题简答:每个题目都有答案,经过教学试用,将学生觉得较为困难的题目都注上了简答。

题目的设计和选择有以下 3 个特点:

(1) 题库主要由单项选择题和多项选择题构成。

为了能够在有限的教学时间内营造师生互动的课堂氛围,除了综合练习中有少量的计算题和填空题外,其余全部采用了选择题,包括单选和多选题,在课堂上学生可用答题器(或手机)选择他们认为正确的答案,以便学生可以快速作答,教师能以最快的速度获知学生的回答。这种设计可以最有效地实现大课堂交互,也便于同学们就每个问题进行探讨交流,并在教师的引导下有步骤地完成教学目标。同样地,该设计也能适用于课前快速预习和课后快速复习,避免陷入题海战之中,使得学生能够在较短的时间内掌握所学的物理概念,并获得更多的成就感。

(2) 题库由序列题目组成。

问题的提出不是孤立的,而是根据认知规律,有序地搭建同一物理场景下由易到难、由单个知识点到多个知识点的脚手架式题目。

题库的题目一般针对某一个概念或原理设计一系列短小问题,使得学生在思考中逐次递进地建立起对某个物理概念的理解。接着,当学生理解了某个物理概念之后,还可以通过一系列不同场景的题目来加深对该概念的应用。

学生的学习过程是依赖一定场景的,对于概念的理解往往会被场景所限制,即使学生掌握了一个概念在某个场景中应用,当场景变换时,学生就很可能又不理解这个同一概念了。因此,若每个概念都只设置一个单一的场景,就很难确信学生是否真正理解此概念。所以,我们设置了一系列恰当的关联场景,对概念进行循序渐进的教学,从而有助于学生去理解概念的本质。另外,学生有序地按照进阶式的方式学习,降低了学习的难度,可充分调动学生的自主学习能动性,不会因"挫败"而失去学习的兴趣。

(3) 选题难易均衡。

本书之前作为课程讲义经过多年的教学试用,每次都会根据学生课堂的互动数据,以及通过课后与学生面谈,收集学生做题的错误进行分析和题目筛选,并调整难度及其分类,而且基本涵盖了大学物理的基本知识点。我们围绕每个知识点学生的回答和反馈情况,研究学生在学习中的难点,对于学生易错的概念,编写可能造成学生认知冲突的题目(认知冲突型题型)。对于所有知识点,我们经过精心设计,设置了易、中、难几个层次的问题,以适合各种不同难度和深度的使用需要(适应各校的不同要求)。同时也可以让学生对物理概念从接受到理解到掌握,给学生一个可以攀登的阶梯,让他们从易到难,从简单到复杂。

3. 使用本书

任何一种教学改革方法和手段都可能与学生原有的学习习惯有冲突,通常大家会惯性地不愿意积极配合,例如:学生对课前的学习资料可能不预习就来上课,课堂上学生可能只是按键盘回复自己的选项,却并不参与任何探究讨论。但是,学生们一旦熟悉了这样的方法,体验了"成功"感以后,就会对这个方法非常乐意接受,学习效果也会大幅度提高。我们曾经做过几次调研,调研数据表明了这一点。

另外,在开课之前与学生进行良好的沟通,并使用考核激励机制促进同学之间讨论,十分必要而且十分有效。例如,教师可以将学生课前预习问题的答对率、课堂上师生互动的参与度,以及课后针对本书的提问情况等,作为平时成绩纳入学生的期末考核当中。我们多年的教学实践表明这都十分有效。

具体的教学过程分为课前、课中与课后三个部分。

(1) 帮助学生课前预习。

本书及相应的教学方法采用和参照了同伴教学法(Peer Instruction),将知识学习、信息的转移部分放在课堂之外,在课堂上讲解难的知识点以及专注解决学生的学习困难和信息的同化,并以同伴讨论为主,培养学生的探究精神,促使其养成自学的良好习惯。

不过,单纯地将知识的学习转移出课堂很可能会导致因为学生学不会而放弃学习,使教学目标打折扣,所以预习内容的精心设计就显得尤为重要。本书就是充分考虑到了学生课前学习资料的需要而设计的,为学生提供一步步可攀登的知识阶梯。学生在课前完成"阅读指南"和"阅读题",为课堂的讨论和探究做了良好的铺垫。

具体的做法包括:激励学生自学,开设网络互动问答通道(如"雨课堂"的预习课件推送等),在课程开始前学生通过预习之后可以提问;在课前收集学生的问题和学习难点,在课堂上重点讲授;对整个学期提问方面有良好表现的同学有奖励加分。

课前学习资料由以下三部分组成:

- 教材。
- 本书,本书实际上是一本为学生"量身定制"的学习辅导资料,伴随着课程的进度让学生自己做练习,学生按照阅读指南预习教材中需要了解的部分内容,并完成对应的课前思考题,这些题尽量使得同学经过认真思考后都能答对,增强学生预习的成功感,让学生体验学习的乐趣。例如:整个相对论教学为学生准备了 10 个较为容易的课前预习问题,完成后就做好了课前的准备。
- 相关物理现象的视频和动画素材,让学生感受一下"纸上得来终觉浅,绝知此事要躬行",真实物理过程的视频效果比简单的物理定理的应用描述要让人印象深刻。

(2) 课堂上设置恰当的互动问题。

如何设置好的互动问题,如何设置难易相当的课堂随测互动问题,是教学成功的关键。这需要教师对学生的困难做预先判断,还需要在学生的互动讨论过程中随时多加关注,及时找到学生的困难点,并做引导、修正和总结。

教师在备课时,要选择好在课堂上互动的问题,尤其要能够调动学生的讨论热情,并尽量找到学生困难所在,为他们自发主动去解决这些困难提供探讨平台。

同时,对于一些已经学过的概念要做检验,我们在课堂上设置包含一个或两个物理概念的单项或多项选择题,给学生一个 mini 探究的小小平台,让学生通过投票器或手机来参与讨论。

课堂上的重点就是要让全体学生能够参与进来,调动大部分学生的积极性,并实时了解学生对概念掌握的反馈情况。

具体的做法包括:采用翻转课堂方式,设置适合展开讨论的探究问题(以作图题和问答题为主);让学生组成小组讨论,组员记录讨论结果;抽出一个小组或几个小组上台讲解讨论结果;使用"clicker"课堂互动技术或"雨课堂",设置包含一个或两个序列的物理概念的单项或多项选择题,全体同学回答问题,主要用于检验已讨论过、学习过的那些物理概念,了解学生的掌握情况;最后我们布置课堂练习题(在课堂上完成,学生有问题可以直接与同学、老师讨论)。

一般情况下,建议每节课为学生准备 1~2 序列的互动问题,每个序列 3~4 题。

(3) 课后跟踪指导。

布置课后作业,一般可选择本书中的 Step 2 或 Step 3 概念题和综合题,以帮助并促进学生由浅入深地复习所学的概念和知识。

课后要收集学生对课堂练习题解答的错误,分析其特点并进行分类,然后在网络课堂上进行讲评。

对学生提出的疑难问题,在网上作答和讨论,同时收集学生的学习困难点,为后续改进和补充该书的问题做支持。

4. 常见问题

(1) 如果课堂上用了过多的时间来讨论问题,没有时间讲解学时内的课程知识内容怎么办?

答:在教学计划中要将一部分传统的课堂讲解的教学内容移出课堂,让同学自学。相信同学的自学能力,培养学生的自学能力,有这本涵盖所有物理知识点的进阶式的书在手,学生的自学有明确的方向。很多内容完全可以在课堂外完成。这也在我们多年的教学实践中得到验证。

(2)如果学生做一题错一题,屡屡挫败,该怎么办?

答:基于我们设计的题目不是杂乱无章的,一个知识点贯穿一个序列的几个题目,有时只是场景变换了物理性质没有变,而有时需要学生区分不同的场景变换带来的物理性质变了。因此无论是同学或是老师遇到这类情况,就要停下来,回到这个序列的第一题,查看这个知识点应该如何正确运用。

(3)同学如何寻求有效的帮助?

答:在学习过程中遇到不会的题目、难懂的知识点、总出错的地方,不要觉得是个人问题。根据我们多年的教学实践经验,同学会集中在哪几道题目上花费比较长的时间,会在哪几道题上难住,几乎都是相似的。因此课后我们都会建立一个网络互动在线的通道(比如以前是类似论坛形式的网上答疑讨论教室,后来是贴吧形式的互动讨论大物吧,现在就是建立一个微信大群),让大家踊跃在网络上提问,教师可以用各种方式积极鼓励其他同学回复问题,而不是自己回复问题。一方面减轻教师答疑的工作量,另一方面课堂内外都要营造生生互动、同伴教学的氛围。而这种由同学解答的方式将会比老师答疑更加有效快捷。同时也培养了同学对自己的自信心以及利用资源的能力。

目　录

第1章　质点运动学 ………………………………………………… 1

1.1　矢量 ……………………………………………………… 1

1.2　质点运动的描述 ………………………………………… 4

1.3　在直角坐标系中质点运动的分析 ……………………… 6

1.4　在自然坐标系下质点运动的分析 ……………………… 7

*1.5　在极坐标系下质点运动的分析 ……………………… 9

1.6　运动的相对性 …………………………………………… 11

1.7　质点运动综合练习 ……………………………………… 13

答案及部分解答 ……………………………………………… 14

第2章　动量与牛顿运动定律 …………………………………… 16

2.1　牛顿运动定律 …………………………………………… 16

2.2　非惯性系及惯性力 ……………………………………… 17

2.3　质点(或质点系)的动量与动量守恒 …………………… 19

2.4　冲量与动量定理 ………………………………………… 21

2.5　质心与质心运动定理 …………………………………… 24

答案及部分解答 ……………………………………………… 26

第3章　功和能 …………………………………………………… 28

3.1　功 ………………………………………………………… 28

3.2　势能 ……………………………………………………… 31

3.3　功能原理和机械能守恒 ………………………………… 34

答案及部分解答 ……………………………………………… 37

第4章　质点与质点系的角动量 ………………………………… 39

4.1　质点角动量、力矩和角动量定理 ……………………… 39

4.2　质点与质点系的角动量守恒定律 ……………………… 42

答案及部分解答 ……………………………………………… 45

第5章　刚体 ……………………………………………………… 47

5.1　刚体运动学 ……………………………………………… 47

5.2 刚体的转动惯量 ……………………………………………………… 50

5.3 刚体绕定轴转动的转动定理 ………………………………………… 52

5.4 角动量定理 转动中的功与能 ……………………………………… 58

5.5 刚体的进动 …………………………………………………………… 61

5.6 刚体综合训练 ………………………………………………………… 62

答案及部分解答 …………………………………………………………… 65

第6章 相对论 ……………………………………………………………… 67

6.1 狭义相对论运动学 …………………………………………………… 67

6.2 狭义相对论动力学 …………………………………………………… 73

答案及部分解答 …………………………………………………………… 76

第7章 静电场 ……………………………………………………………… 77

7.1 电荷 库仑定律 电场强度 ………………………………………… 77

7.2 电通量 高斯定理 …………………………………………………… 82

7.3 静电场的环路定理 电势 …………………………………………… 90

答案及部分解答 …………………………………………………………… 97

第8章 导体与电介质 ……………………………………………………… 99

8.1 静电场与导体的相互作用 …………………………………………… 99

8.2 空腔导体在静电场中的性质 ……………………………………… 103

8.3 电介质在静电场中的性质 ………………………………………… 109

8.4 电容 静电能 ……………………………………………………… 111

答案及部分解答 ………………………………………………………… 115

第9章 磁场 ……………………………………………………………… 117

9.1 恒定电流和恒定电场 ……………………………………………… 117

9.2 恒定磁场的计算 …………………………………………………… 119

9.3 安培环路定理 ……………………………………………………… 124

9.4 磁通量 稳恒磁场中的"高斯定理" ……………………………… 128

9.5 磁场对运动电荷和载流导体的作用 ……………………………… 129

9.6 磁介质 ……………………………………………………………… 135

答案及部分解答 ………………………………………………………… 137

第10章 电磁感应 ………………………………………………………… 138

10.1 电磁感应的基本规律 法拉第电磁感应定律 …………………… 138

10.2 动生电动势 ………………………………………………………… 142

10.3 感生电动势 ………………………………………………………… 146

10.4 自感与互感 ………………………………………………………… 149

10.5　磁场的能量 ··· 153

10.6　电磁场与电磁波 ··· 155

答案及部分解答 ··· 158

第 11 章　气体动理论 ··· 160

11.1　热学基本概念和理想气体物态方程 ················· 160

11.2　理想气体的压强公式和温度公式 ····················· 163

11.3　能量按自由度均分定理和理想气体的内能 ········· 164

11.4　麦克斯韦速率分布律 ····································· 167

11.5　气体分子的平均自由程 ································· 173

11.6　气体内的迁移现象 ·· 175

*11.7　实际气体和范德瓦尔斯方程 ························· 176

答案及部分解答 ··· 177

第 12 章　热力学 ··· 179

12.1　热力学第一定律 ·· 179

12.2　热力学第一定律对准静态过程的应用 ·············· 183

12.3　循环与效率 ··· 188

12.4　热力学第二定律和卡诺定理 ··························· 191

12.5　热力学第二定律的统计意义、熵 ····················· 194

答案及部分解答 ··· 197

第 13 章　简谐振动 ··· 199

13.1　简谐振动的描述 ·· 199

13.2　简谐振动的旋转矢量表示法 ··························· 203

13.3　简谐振动的能量 ·· 207

13.4　振动的合成 ··· 209

答案及部分解答 ··· 210

第 14 章　波动 ··· 212

14.1　波的传播 ··· 212

14.2　平面简谐波的波函数 ····································· 214

14.3　简谐波的能量 ··· 219

14.4　波的干涉 ··· 221

14.5　驻波 ··· 223

14.6　多普勒效应 ··· 226

答案及部分解答 ··· 228

第 15 章　波动光学 ……………………………………………………………………………… 230

　15.1　光、光源、光的干涉基本性质 ……………………………………………………… 230

　15.2　分波前干涉 ……………………………………………………………………………… 231

　15.3　分振幅干涉 ……………………………………………………………………………… 235

　15.4　光的衍射——夫琅禾费单缝衍射 ………………………………………………… 240

　15.5　光的衍射——圆孔衍射 …………………………………………………………… 244

　15.6　光的衍射——光栅衍射 …………………………………………………………… 245

　15.7　光的衍射——X 射线衍射 ………………………………………………………… 248

　15.8　光的偏振基本概念 …………………………………………………………………… 249

　15.9　双折射现象　波片 …………………………………………………………………… 253

　答案及部分解答 …………………………………………………………………………………… 256

第 16 章　量子物理 ……………………………………………………………………………… 258

　16.1　光的量子性 ……………………………………………………………………………… 258

　16.2　实物粒子的波粒二象性 …………………………………………………………… 261

　16.3　波函数 ……………………………………………………………………………………… 263

　16.4　海森伯不确定关系 …………………………………………………………………… 267

　16.5　薛定谔方程及其应用 ………………………………………………………………… 268

　16.6　氢原子的量子力学描述　原子中的电子 ……………………………………… 272

　答案及部分解答 …………………………………………………………………………………… 275

第 1 章

质点运动学

1.1 矢 量

> **阅读指南**：掌握矢量的定义,矢量的运算法则,矢量的点积、矢积;掌握矢量的微分与积分的计算。
>
> (1) 并非一切具有大小和方向的量都是矢量。有限大的角位移是不是矢量? 矢量必须满足一定的运算法则,如交换律和结合律。
>
> (2) 矢量在直角坐标系、极坐标系中的分解形式。
>
> (3) 矢量的点积和矢积在直角坐标系中的表示。
>
> (4) 理解矢量导数的几何意义,掌握矢量导数、积分的解析计算。
>
> (5) 难点:矢量的大小变化率和方向变化率。单位矢量的方向变化率的方向与该单位矢量的方向垂直。

Step 1 查阅相关知识完成以下阅读题。

1.1.1 (知识点:矢量的概念)

以下哪些物理量是矢量?(　　)

A. 角速度　　　　　B. 电动势　　　　　C. 电流　　　　　D. 力矩

1.1.2 (知识点:矢量的概念)

请试着做以下两个操作,并进行比较:

(1) 一本书先绕 z 轴转动 $90°$,再绕 y 轴转动 $90°$;(2)同一本书先绕 y 轴转动 $90°$,再绕 z 轴转动 $90°$。试问这两种操作得到的结果一致吗?(　　)

A. 基本一致　　　　B. 完全不一致　　　　C. 不清楚

1.1.3 (知识点:矢量的概念)

请试着做以下两个操作,并进行比较:

(1) 一本书先绕 z 轴转动 $3°$,再绕 y 轴转动 $3°$;(2)同一本书先绕 y 轴转动 $3°$,再绕 z 轴转动 $3°$。试问这两种操作得到的结果一致吗?(　　)

A. 基本一致　　　　B. 完全不一致　　　　C. 不清楚

1.1.4 （知识点：矢量的概念）

以下关于角位移的理解，哪些是正确的？（　　　）

A. 有限大的角位移是矢量　　　　　　　B. 有限大的角位移不是矢量

C. 无限小的角位移是矢量　　　　　　　D. 无限小的角位移不是矢量

E. 角位移是标量

1.1.5 （知识点：矢量的乘积）

设有两个矢量在直角坐标系中可以表示为：$\boldsymbol{A}=(1,0,2)$，$\boldsymbol{B}=(1,1,1)$，则它们的点积 $\boldsymbol{A}\cdot\boldsymbol{B}$ 为（　　　）。

A. 2　　　　　　B. 1　　　　　　C. 5　　　　　　D. 4

E. 3　　　　　　F. 以上都不对

1.1.6 （知识点：矢量的乘积）

接上题，它们的矢积 $\boldsymbol{A}\times\boldsymbol{B}$ 为（　　　）。

A. $(2,1,2)$　　　　　　　　　　　　　B. $(-1,1,1)$

C. $(0,1,3)$　　　　　　　　　　　　　D. $(-1,-1,1)$

E. $(-2,1,1)$　　　　　　　　　　　　F. 以上都不对

1.1.7 （知识点：矢量的乘积）

接上题，试问 $\boldsymbol{A}$、$\boldsymbol{B}$ 矢量的夹角 θ 满足以下哪个式子？（　　　）

A. $\tan\theta=\sqrt{3}/\sqrt{5}$　　　　　　　　B. $\cos\theta=\sqrt{3}/\sqrt{5}$

C. $\cos\theta=\sqrt{2}/\sqrt{5}$　　　　　　　　D. $\sin\theta=\sqrt{2}/\sqrt{5}$

E. $\sin\theta=\sqrt{3}/\sqrt{5}$　　　　　　　　F. 以上都不对

Step 2　完成以上阅读题后，做以下练习。

1.1.8 （知识点：直角坐标系下的单位矢量）

在空间直角坐标系中，将矢量 $\boldsymbol{A}$ 沿 x、y、z 轴分解，可以写为 $\boldsymbol{A}=A_x\boldsymbol{i}+A_y\boldsymbol{j}+A_z\boldsymbol{k}$，试问直角坐标系中的单位矢量 $\boldsymbol{i}$、$\boldsymbol{j}$、$\boldsymbol{k}$ 对时间的导数是否为零？（　　　）

A. 是　　　　　　B. 否，一般情况下与时间有关　　　　　　C. 不一定

1.1.9 （知识点：极坐标系下的单位矢量）

在平面极坐标系中，将矢量 $\boldsymbol{A}$ 按径向方向和横向方向分解，可以写为 $\boldsymbol{A}=A_r\hat{\boldsymbol{r}}+A_\theta\hat{\boldsymbol{\theta}}$，试问径向方向单位矢量 $\hat{\boldsymbol{r}}$ 和横向单位矢量 $\hat{\boldsymbol{\theta}}$ 对时间的导数是否为零？（　　　）

A. 是　　　　　　B. 否，一般情况下与时间有关　　　　　　C. 不一定

*1.1.10　（知识点：极坐标系下的单位矢量）

设有一质点作圆周运动,如图 1.1 所示,在平面极坐标系中,规定以逆时针旋转为正。位置矢量可以写为：$r=r\hat{r}$,$\hat{r}$是沿径向的单位矢量,则$\hat{r}$对时间的导数（　　）。

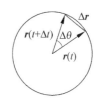

A. 不为零,是一个矢量,方向与$\hat{r}$相同

B. 是一个矢量,方向与$\hat{r}$垂直

C. 是一个矢量,方向与$\hat{r}$成一个角度

D. 大小等于 $\Delta\theta$

E. 大小等于 $\mathrm{d}\theta/\mathrm{d}t$

F. 大小等于 1

G. 大小等于 $\mathrm{d}r/\mathrm{d}t$

图　1.1

*1.1.11　（知识点：极坐标系下的单位矢量）

设有一质点作圆周运动,如图 1.2 所示,在平面极坐标系中,规定以逆时针旋转为正。设$\hat{\theta}$是沿横向的单位矢量,在图中该横向单位矢量的方向为（　　）。

A. ↗沿半径方向

B. ↖沿图中割线方向

C. ↙沿图中切线方向

D. 垂直纸面向外

E. 图中所示的角度弧线的方向

图　1.2

*1.1.12　（知识点：极坐标系下的单位矢量）

设有一质点作曲线运动,在平面极坐标系中,O 为坐标原点,t 时刻质点运动到 P 点,规定以逆时针旋转为正。若$\hat{r}$表示沿径向的单位矢量,$\hat{\theta}$ 表示沿横向的单位矢量,如图 1.3 所示,以下描述中哪个是正确的?（　　）

A. $\hat{r}$沿轨迹的法线方向

B. $\hat{\theta}$沿轨迹的切线方向

C. t 时刻的$\hat{r}$方向为 O 指向 P 点,不一定是轨迹的法线方向

D. t 时刻的$\hat{\theta}$ 方向垂直$\hat{r}$方向,不一定是轨迹的切线方向

请在图中画出$\hat{r}$和$\hat{\theta}$的方向。

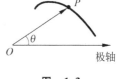

图　1.3

*1.1.13　（知识点：极坐标系下的单位矢量）

设有一质点作曲线运动,如图 1.4 所示,在平面极坐标系中,O 为坐标原点,t 时刻质点运动到 P 点,规定以逆时针旋转为正。设$\hat{r}$是沿径向的单位矢量,$\hat{\theta}$是沿横向的单位矢量,则$\hat{\theta}$ 对时间的导数（　　）。

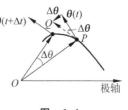

图　1.4

A. 方向与$\hat{r}$相同　　　　　　　　　B. 方向与$\hat{r}$垂直

C. 方向与$\hat{r}$相反　　　　　　　　　D. 大小等于 $\Delta\theta$

E. 大小等于 $\mathrm{d}\theta/\mathrm{d}t$　　　　　　　　F. 大小等于 Δr

G. 大小等于 $\mathrm{d}r/\mathrm{d}t$

由此总结单位矢量的变化率的特征。

1.2　质点运动的描述

阅读指南：理解质点的定义，掌握质点的位移、速度、加速度的概念。

(1) 比较位移 Δr 与路程 S。

(2) 矢量的变化有两方面的概念含义：矢量方向的变化和矢量大小的变化。

(3) 比较平均速度和平均速率。

Step 1　查阅相关知识完成以下阅读题。

1.2.1　（知识点：位移）

如图 1.5 所示，杰克乘坐在一部电梯中，电梯垂直上升了 40m 后他走出电梯，平行步行了 3min，他的速度是 10m/min，那么在此过程中他的位移的大小是（　　）。

A. 0m　　　　　　　　　　　　　　B. 30m

C. 40m　　　　　　　　　　　　　　D. 50m

E. 70m　　　　　　　　　　　　　　F. 所给的条件不足，无
　　　　　　　　　　　　　　　　　　　法给出结果

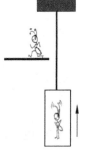

图　1.5

1.2.2　（知识点：位移）

一个物体从空间一点运动到另外一点。在它到达目的地后，它的位移大小（　　）。

A. 大于或者等于它经过的路程　　　　B. 总是大于它经过的路程

C. 总是等于它经过的路程　　　　　　D. 小于或者等于它经过的路程

E. 小于或者大于它经过的路程

1.2.3　（知识点：位移）

设有一质点从 A 点作曲线运动到 B 点，如图 1.6 所示，A 点和 B 点的位置矢量分别是 r_A、r_B，则它们的大小之差 $r_B - r_A$ 和它们的矢量差的大小 $|r_B - r_A|$ 分别是（　　）。

A. 2m，2m　　　　　　　　　　　　B. 1m，1m

C. 0，0　　　　　　　　　　　　　　D. 2m，0

E. 0，2m　　　　　　　　　　　　　F. −1m，1m

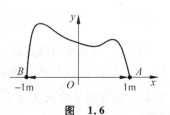

图　1.6

Step 2　完成以上阅读题后，做以下练习。

1.2.4　（知识点：速度与加速度）

运动中的物体,下列哪些情况是不可能的?（　　）

A. 速度朝东,加速度朝北　　　　　　　B. 速率恒定,加速度变化

C. 速度恒定,加速度变化　　　　　　　D. 加速度恒定,运动方向变化

E. 加速度大小恒定,速率不变

1.2.5　（知识点：速度与加速度）

如图 1.7 所示,一辆小车在过山车的轨道上滑下。当小车越过图中所示位置时,小车沿运动方向的速度和加速度将怎样变化?（　　）

A. 两者都减小　　　　　　　　　　　　B. 速度减小,但是加速度增加

C. 都保持不变　　　　　　　　　　　　D. 速度增加,加速度减小

E. 都增加

1.2.6　（知识点：平均速度和平均速率）

设一质点作平面曲线运动,其瞬时速度为 $\boldsymbol{v}$,瞬时速率为 v,某一段时间内的平均速度为 $\bar{\boldsymbol{v}}$,平均速率为 $\bar{v}$。则下列关系式中正确的是（　　）。

A. $|\boldsymbol{v}|=v,|\bar{\boldsymbol{v}}|=\bar{v}$　　　　　　　B. $|\boldsymbol{v}|=v,|\bar{\boldsymbol{v}}|\neq\bar{v}$

C. $|\boldsymbol{v}|\neq v,|\bar{\boldsymbol{v}}|=\bar{v}$　　　　　　　D. $|\boldsymbol{v}|\neq v,|\bar{\boldsymbol{v}}|\neq\bar{v}$

1.2.7　（知识点：平均速度和平均速率）

如图 1.8 所示,一小红球作半径为 1m 的圆周运动,从 A 点运动到 B 点所需时间是 2s,则该过程中,它的平均速度的大小和平均速率分别是（　　）。

A. $\pi/2(\text{m/s}),\pi/2(\text{m/s})$　　　　　　　B. $1(\text{m/s}),1(\text{m/s})$

C. $0(\text{m/s}),\pi/2(\text{m/s})$　　　　　　　D. $1(\text{m/s}),\pi/2(\text{m/s})$

E. $\pi/2(\text{m/s}),0(\text{m/s})$　　　　　　　F. $\pi/2(\text{m/s}),1(\text{m/s})$

G. 条件不够,无法判断

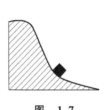

图　1.7

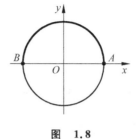

图　1.8

1.2.8　（知识点：平均速度、平均速率和加速度）

质点沿 x 轴作直线运动,其速度与时间的关系如图 1.9 所示。从图中可以看出（　　）。

A. 曲线在 t_1 时刻的切线斜率表示质点的瞬时加速度的大小

B. 时刻 $t_1 \sim t_3$ 之间曲线的割线斜率表示 $t_1 \sim t_3$ 时间内的平均速率

C. t_1 时刻曲线的切线斜率表示质点的瞬时速度的大小

D. t_1 时刻质点的速度方向和质点的瞬时加速度方向相反

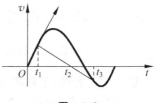

图 1.9

1.3 在直角坐标系中质点运动的分析

> **阅读指南**：掌握在直角坐标系中质点位矢、速度、加速度的表示。
>
> (1) 如何由质点的运动方程 $r = r(t)$，求该质点的速度和加速度——质点运动学第一类问题。
>
> (2) 对于一维运动，如何由加速度和初始条件求质点的运动方程——质点运动学第二类问题。

Step 1   查阅相关知识完成以下阅读题。

1.3.1 （知识点：速度）

一质点在平面上运动，已知质点位置矢量的表示式为 $r = at^2 i + bt^2 j$（其中 a、b 为常量），则该质点的速度为（   ）。

A. $v = 2ati + 2btj$ 　　　　　　　　　B. $v = 2\sqrt{a^2 + b^2}\, ti$

C. $v = 2\sqrt{a^2 + b^2}\, tj$ 　　　　　　D. $v = 2\sqrt{a^2 + b^2}\, t$

E. 以上答案都不对

1.3.2 （知识点：加速度）

一质点在平面上运动，已知质点位置矢量的表示式为 $r = at^2 i + bt^2 j$（其中 a、b 为常量），则该质点的加速度为（   ）。

A. $a = 2ati + 2btj$ 　　　　　　　　　B. $a = 2ai + 2bj$

C. $a = 2\sqrt{a^2 + b^2}\, j$ 　　　　　　D. $a = 2\sqrt{a^2 + b^2}\, i$

Step 2   完成以上阅读题后，做以下练习。

1.3.3 （知识点：速度）

一质点沿 x 轴作直线运动，已知质点的运动方程为 $x = 1 + 10t - t^2$，在 $1 \sim 10$s 过程中质点的运动状态为（   ）。

A. 加速 　　　　　　　　　　　　　　B. 减速

C. 前 5s 减速后 5s 加速   D. 前 5s 加速后 5s 减速

1.3.4 （知识点：质点运动学第二类问题）

质点沿 x 轴作直线运动，$a=t$，$t=0$ 时 $x_0=1\mathrm{m}$，$v_0=2\mathrm{m/s}$，则 $t=2\mathrm{s}$ 时质点的速度大小和位置分别是（   ）。

A. 6(m/s)；9(m)   B. 4(m/s)；19/3(m)

C. 2(m/s)；7/3(m)   D. 2(m/s)；4/3(m)

1.3.5 （知识点：质点运动学第二类问题）

质点沿 x 轴正向作直线运动，$a=2x$，$t=0$ 时 $x_0=2\mathrm{m}$，$v_0=0$，则速度大小和位置的关系是（   ）。

A. $x=2+v/2x$ B. $x=v/\sqrt{2}$ C. $x=v/2$ D. $x^2=\frac{1}{2}v^2+4$

1.3.6 （知识点：质点运动学第二类问题）

质点沿 x 轴作直线运动，$a=2v$，$t=0$ 时 $x_0=0$，$v_0=2\mathrm{m/s}$，则速度大小和位置的关系是（   ）。

A. $x=v/2$ B. $v=\frac{1}{2}\mathrm{e}^{2x}$

C. $v=2\mathrm{e}^{-2x}$ D. $x=\frac{v}{2}-1$

E. $x=v^2-1$ F. 以上都不对

1.4 在自然坐标系下质点运动的分析

阅读指南：掌握在自然坐标中质点的运动方程、质点的速度和加速度的表示。掌握切向加速度和法向加速度的求解。

（1）比较自然坐标与直角坐标。

（2）切向加速度反映速度大小的变化，法向加速度反映速度方向的变化。

（3）质点作曲线运动（非直线），即质点的速度方向一直在改变，则法向加速度必不为零（拐点除外）。

（4）如何由质点的运动方程 $S=S(t)$ 或质点的速度计算切向和法向加速度。

（5）圆周运动中质点的角量与线量之间的关系。特别注意角加速度和切向加速度的关系。

Step 1 查阅相关知识完成以下阅读题。

1.4.1 （知识点：自然坐标系）

在自然坐标系中定义切向单位矢量为沿质点所在点的轨道切线方向，法向单位矢量为垂直于在同一点的切向单位矢量并指向曲线的凹侧。当质点作平面曲线（非直线）运动时，切向单位矢量和法向单位矢量是否随时间而改变？（   ）

A. 是   B. 不是   C. 不确定

1.4.2 （知识点：自然坐标系）

在自然坐标系中，我们定义切向单位矢量沿质点所在点的轨道切线方向，法向单位矢量垂直于在同一点的切向单位矢量并指向曲线的凹侧。则在过山车翻滚的过程中（   ）。

A. 过山车所受的重力总是沿法线方向   B. 沿轨道方向的冲力是合力的法向分量
C. 向心加速度是总加速度的切向分量   D. 向心加速度是总加速度的法向分量

1.4.3 （知识点：曲线运动的速度）

对于沿曲线（非直线）运动的物体，以下几种说法中哪一种是正确的？（   ）
A. 质点的速度一定沿切线方向   B. 质点速度方向可以不变
C. 质点的速度大小一定变化   D. 以上都不对

1.4.4 （知识点：切向加速度与法向加速度）

对于沿曲线（非直线）运动的物体，以下几种说法中哪一种是正确的？（   ）
A. 切向加速度必不为零   B. 法向加速度必不为零（拐点处除外）
C. 总加速度可以为零   D. 以上都不对

Step 2   完成以上阅读题后，做以下练习。

1.4.5 （知识点：切向加速度与法向加速度）

如图 1.10 所示，一质点沿半径 $R=1m$ 的圆周运动，在 $t=0$ 时经过 P 点，此后它的速率按 $v=2t$ 变化，则质点的切向加速度（   ）。

A. $a_t=0$ B. $a_t=2$
C. $a_t=2t$ D. $a_t=4t^2$
E. 以上都不对

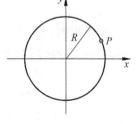

图   1.10

1.4.6 （知识点：切向加速度与法向加速度）

接上题，质点的法向加速度（   ）。
A. $a_n=0$ B. $a_n=2$ C. $a_n=2t$ D. $a_n=4t^2$
E. 以上都不对

1.4.7 （知识点：切向加速度与法向加速度）

接上题，质点沿圆周运动一周，再经过 P 点时的切向加速度 a_t 和法向加速度 a_n 分别是（   ）。

A. $a_t=4, a_n=0$ B. $a_t=0, a_n=8\pi$ C. $a_t=2, a_n=4\pi$ D. $a_t=2, a_n=8\pi$

1.4.8　（知识点：圆周运动）

一质点由静止出发,作半径 $R=1\mathrm{m}$ 的圆周运动,切向加速度 $a_t=2\mathrm{m/s^2}$,则任意时刻质点的速率 v、路程 S 分别为(　　)。

A. $v=2\mathrm{(m/s)},S=4\pi\mathrm{(m)}$ 　　　　　　B. $v=1\mathrm{(m/s)},S=2t\mathrm{(m)}$

C. $v=2t\mathrm{(m/s)},S=t^2\mathrm{(m)}$ 　　　　　　D. $v=2t\mathrm{(m/s)},S=2t^2\mathrm{(m)}$

1.4.9　（知识点：圆周运动）

一质点由静止出发作 $R=2\mathrm{m}$ 的圆周运动,切向加速度 $a_t=2\mathrm{m/s^2}$,则任意时刻质点的法向加速度的大小为(　　)。

A. $1\mathrm{(m/s^2)}$ 　　　　B. $2t\mathrm{(m/s^2)}$ 　　　　C. $4t^2\mathrm{(m/s^2)}$ 　　　　D. $2t^2\mathrm{(m/s^2)}$

1.4.10　（知识点：圆周运动）

接上题,质点角加速度 β 及角速度 ω 可以写成(　　)。

A. $\beta=1\mathrm{(1/s^2)},\omega=t\mathrm{(1/s)}$ 　　　　　　B. $\beta=1+t^2\mathrm{(1/s^2)},\omega=2t\mathrm{(1/s)}$

C. $\beta=t^2\mathrm{(1/s^2)},\omega=2t^2\mathrm{(1/s)}$ 　　　　D. 以上都不对

1.4.11　（知识点：圆周运动）

接上题,当质点的切向和法向加速度大小相等时,质点走过的路程是(　　)。

A. $1\mathrm{m}$ 　　　　B. $2\mathrm{m}$ 　　　　C. $3\mathrm{m}$ 　　　　D. $2\pi\mathrm{m}$

*1.5　在极坐标系下质点运动的分析

> **阅读指南**：了解在极坐标系中质点的运动方程、质点的速度和加速度的表示。
> （1）比较自然坐标与极坐标。
> （2）当加速度总是指向某一个定点的时候,使用极坐标来描述会比较简洁。

Step 1　查阅相关知识完成以下阅读题。

*1.5.1　（知识点：坐标系的选用）

以下几个例子中采用哪种坐标系来分析更简单?(　　)

例一：设绞车以恒定的速率 v_0 收绳,如图 1.11 所示,分析船运动的加速度。

例二：一固定光滑圆柱体上的小球从顶端下滑,如图 1.12 所示,分析其加速度和速度问题。

例三：昆虫夜间运动常以月光为基准,由于月球离地球很远,月光可以看成是平行光,昆虫选好目标后,保持与月光成固定的角度就可以沿直线到达目标。但是如果昆虫将附近某一光源(如烛光或篝火)误为月光,那么它的运动轨迹不再是直线,试分析其运动轨迹。

图 1.11   图 1.12

例四：一细轨道以匀角速度 ω_0 绕过固定端 O 且垂直该轨道的轴转动,在 $t=0$ 时刻位于 O 点的小珠从相对于轨道静止开始沿轨道作加速度为 a_0 的匀加速运动。分析小珠在 t 时刻的速度和加速度。

A. 例一选用极坐标系描述可以简化问题

B. 例二在直角坐标系分析其加速度和速度是最简洁的

C. 例三在自然坐标系中分析可以得出昆虫作椭圆运动

D. 例四分析小珠的速度和加速度选用平面极坐标系较为合适

Step 2　完成以上阅读题后,做以下练习。

*1.5.2　（知识点：质点的运动）

一细轨道以匀角速度 ω_0 绕过固定端 O 且垂直该轨道的轴转动,在 $t=0$ 时刻位于 O 点的小珠从相对于轨道静止开始沿轨道作加速度为 a_0 的匀加速运动。小珠在 t 时刻的速度（　　）。

A. 在自然坐标系中可写为：$v = a_0 t \boldsymbol{n} + \dfrac{1}{2} a_0 t^2 \boldsymbol{\tau}$

B. 在自然坐标系中可写为：$v = \dfrac{1}{2} a_0 t^2 \omega_0 \boldsymbol{\tau}$

C. 在自然坐标系中可写为：$v = \left(a_0 t + \dfrac{1}{2} a_0 t^2 \right) \boldsymbol{\tau}$

D. 在平面极坐标系中可写为：$v = a_0 t \hat{\boldsymbol{r}} + \dfrac{1}{2} a_0 t^2 \omega_0 \hat{\boldsymbol{\theta}}$

E. 在平面极坐标系中可写为：$v = \dfrac{1}{2} a_0 t^2 \omega_0 \hat{\boldsymbol{\theta}}$

F. 在平面极坐标系中可写为：$v = \left(a_0 t + \dfrac{1}{2} a_0 t^2 \omega_0 \right) \hat{\boldsymbol{\theta}}$

*1.5.3　（知识点：质点的运动）

接上题,计算小珠在 t 时刻的加速度。

*1.5.4　（知识点：质点的运动）

昆虫夜间运动常以月光为基准，由于月球离地球很远，月光可以看成是平行光，昆虫选好目标后，保持与月光成固定的角度就可以沿直线到达目标。但是如果昆虫将附近某一光源（如烛光或篝火）误为月光，那么它的运动轨迹不再是直线。如果选用平面极坐标系来分析，那么极坐标系的极点应选在何处？

*1.5.5　（知识点：质点的运动）

接上题，如果昆虫将附近某一光源误为月光，则昆虫将保持与光源成固定的角度运动，在极坐标系中，该角度是以下哪一个？（　　　）

A. 昆虫的速度与极轴的夹角　　　　　B. 昆虫的位置矢量与极轴的夹角

C. 昆虫的位置矢量与昆虫的速度的夹角　　D. 昆虫的加速度与极轴的夹角

*1.5.6　（知识点：质点的运动）

接上题，设上题所提及的固定的角度为 α。设初始时刻昆虫离光源的距离为 r_0（可设此时 $\theta_0 = 0$）。试写出昆虫在平面极坐标的轨迹方程 $r(\theta)$。

1.6　运动的相对性

阅读指南：匀速平动参照系之间位矢、速度和加速度的变换。

（1）理解"运动是绝对的，对运动的描述是相对的"。

（2）理解伽利略变换。

Step 1　查阅相关知识完成以下阅读题。

1.6.1　（知识点：运动的相对性）

在没有空气阻力的情况下，一个正在沿直线以恒定速度飞行的飞机上掉落的物体将（　　　）。

A. 很快落后于飞机　　　　　　　　　B. 保持在飞机的下面的垂直方向

C. 在飞机前面运动　　　　　　　　D. 以上都不对

1.6.2 （知识点：运动的合成）

在无风的天气里（即此时空气阻力不计），附近塔楼的脚手架上固定着一个体积小、重量大的玻璃瓶子（见图1.13），某时刻，玻璃瓶子自由下落，同一时刻，从水平地面（与玻璃瓶子正下方有一定距离）射出一个钢球，为了打中下落的玻璃瓶子，则射击者发射钢球时应该（　　）。

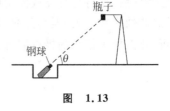

图　1.13

A. 直接瞄准瓶子　　　　　　　　　B. 瞄准瓶子上方

C. 瞄准瓶子下方　　　　　　　　　D. 题目所给条件不足

Step 2　完成以上阅读题后，做以下练习。

1.6.3 （知识点：运动的相对性）

有一个电影场景：人在马车上，马向正东方向奔跑，速度为12m/s，他要把一件东西投递到正北方向的一个深坑里。设人给这个物体的速率为30m/s，为了让这个物体准确抛到深坑，人给这个物体的速度方向应是（　　）。

A. 正北　　　　　　　　　　　　　　B. 北偏西 arctan2/5

C. 北偏西 arccos2/5　　　　　　　　D. 北偏西 arcsin2/5

1.6.4 （知识点：运动的相对性）

两质点是否会相遇的问题：两个质点 A 和 B 在同一平面内分别沿图示方向匀速直线运动，速度大小与方向如图1.14所示，试问质点 A 和 B 是否会相遇？（　　）

A. 会　　　　　　B. 不会　　　　　　C. 无法判断

1.6.5 （知识点：运动的相对性）

两质点最接近的问题。两个质点 A 和 B 分别沿 x 轴和 y 轴以下

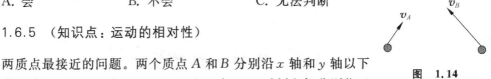

图　1.14

列速度运动：$v_A = 2i\text{cm/s}$；$v_B = 3j\text{cm/s}$。在 $t=0$ 时刻它们分别位于 $x_A = -3\text{cm}, y_A = 0$；$x_B = 0, y_B = -3\text{cm}$。试写出质点 B 相对于质点 A 的相应位移的表达式。

1.6.6 （知识点：运动的相对性）

接上题，何时 A、B 两个质点最为接近？

1.7　质点运动综合练习

> **重点**：运用直角坐标、自然坐标和极坐标解决运动学两类问题。
> **难点**：曲线运动中切向加速度和法向加速度的计算。

Step 3　下面的题目需要一些技巧和综合能力，希望读者能坚持做完。

1.7.1　（知识点：切向加速度和法向加速度）

一质点在平面上运动，已知质点位置矢量的表示式为 $r = at^2 i + bt^2 j$（其中 a、b 为常量），则该质点的切向加速度为（　　）。

A. $2a$　　　　　　B. $2b$　　　　　　C. $2\sqrt{a^2 + b^2}$　　　　　D. 0

E. 以上答案都不对

1.7.2　（知识点：切向加速度与法向加速度）

接上题，该质点的法向加速度为（　　）。

A. $2a$　　　　　　B. $2b$　　　　　　C. $2\sqrt{a^2 + b^2}$　　　　　D. 0

E. 以上答案都不对

1.7.3　（知识点：切向加速度与法向加速度）

接上题，该质点作（　　）。

A. 匀速直线运动　　　　　　　　　　　　B. 变速直线运动

C. 一般曲线运动　　　　　　　　　　　　D. 抛体运动

1.7.4　（知识点：直线运动及曲线运动的速度与加速度）

如图 1.15 所示，甲乙两轮用皮带相连，皮带与两轮相切处 A'、B' 在皮带上，A、B 两点在相应的轮子上，假设转动中皮带不打滑，则（　　）。

A. A'、A 两点速度一样

B. A'、A 两点加速度一样

C. A'、A 两点速度不一样

D. A'、A 两点加速度不一样

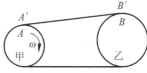

图　1.15

1.7.5　（知识点：直线运动及曲线运动的速度与加速度）

接上题，以下哪些结论是正确的？（　　）

A. B'、B 两点速度一样　　　　　　　　B. B'、B 两点加速度一样

C. B'、B 两点速度不一样　　　　　　　D. B'、B 两点加速度不一样

1.7.6 （知识点：位置矢量）

质量为 0.25kg 的质点受到力 $F=tj$ N 的作用。$t=0$ 时，该质点以 $v=2j$ m/s 的速度通过坐标原点，则该质点在任意时刻的位置矢量是（   ）。

A. $2t^2$ B. $\frac{2}{3}t^3$ C. $\frac{2}{3}t^3j+2tj$

D. $\frac{2}{3}t^4i+\frac{2}{3}t^3j$ E. $2t^2j+2j$ F. 以上都不对

1.7.7 （知识点：圆周运动）

一质点作半径为 R 的圆周运动，其速率与时间的关系为 $v=ct^2$（式中 c 为常量），则 $t=0$ 到 t 时刻质点走过的路程、t 时刻的切向加速度和法向加速度分别为（   ）。

A. $2ct, ct^3/3, c^2t^4/R$ B. $ct^3, 2ct, ct^2/R^2$

C. $ct^3/3, ct, ct^2R$ D. $ct^3/3, 2ct, c^2t^4/R$

1.7.8 （知识点：切向加速度与法向加速度）

某质点作斜抛运动，如图 1.16 所示。忽略空气阻力。测得在轨道 A 点的速度为 v_0，其方向与水平方向的夹角为 30°，则 A 点的曲率半径为（   ）。

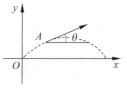

A. $2v_0^2/(\sqrt{3}g)$ B. v_0^2/g

C. $2v_0^2/g$ D. 以上都不对

图 1.16

1.7.9 （知识点：切向加速度与法向加速度）

一质点自原点开始沿抛物线 $y=2x^2$ 运动，它在 x 轴上的分速度是一个常量，其值为 1m/s。试计算质点在 $x=0.25$m 处的速度、切向加速度、法向加速度以及该点的曲率半径。

答案及部分解答

1.1.1　AD   1.1.2　B（提示，矢量必须满足交换律）

1.1.3　A   1.1.4　BC   1.1.5　E   1.1.6　E

1.1.7　BD   1.1.8　A   1.1.9　B   1.1.10　BE

1.1.11　C   1.1.12　CD   1.1.13　CE

备注：做习题 1.1.8～1.1.13 若觉得困难，可以在做完 1.4 节的习题之后再来练习。

1.2.1　D   1.2.2　D   1.2.3　E

解答：r_A、r_B 的大小是相等的，都是 1m，所以，大小之差 r_B-r_A 为零；r_A、r_B 的方向相反，所以它们的矢量差不为零，矢量差的大小 $|r_B-r_A|$ 为 2m。

1.2.4　C   1.2.5　D   1.2.6　B   1.2.7　D

1.2.8　A

解答：t_1 时刻曲线的切线斜率表示质点的瞬时加速度的大小，时刻 t_1～t_3 之间曲线的

割线斜率表示 $t_1 \sim t_3$ 时间内的平均加速度大小。t_1 时刻质点的速度为正,此时斜率也为正,因此,质点速度方向和质点的瞬时加速度方向相同。

1.3.1　A	1.3.2　B	1.3.3　C	1.3.4　B
1.3.5　D	1.3.6　D		
1.4.1　A	1.4.2　D	1.4.3　A	1.4.4　B
1.4.5　B	1.4.6　D	1.4.7　D	1.4.8　C
1.4.9　D	1.4.10　A	1.4.11　A	
1.5.1　D			

解答:例一最好选用直角坐标系,例二最好选用自然坐标系,例三和例四最好选用极坐标系。

1.5.2　D　　　　　1.5.3　$\boldsymbol{a} = a_0 \left(1 - \dfrac{1}{2}\omega_0^2 t^2\right)\hat{\boldsymbol{r}} + 2a_0 t\omega_0\,\hat{\boldsymbol{\theta}}$

1.5.4　光源处　　　1.5.5　C

1.5.6　$r = r_0\,\mathrm{e}^{\theta/\tan\alpha}$

提示:$\tan\alpha = \dfrac{v_\theta}{v_r} = \dfrac{r\dot\theta}{\dot r} = \dfrac{r\,\mathrm{d}\theta}{\mathrm{d}r}$,两边积分就可以得到结果。昆虫的运动轨迹是一条螺旋

线,设 $\alpha = 3\pi/4$,则当昆虫绕光源转一圈后,$\dfrac{r}{r_0} = 1/535$,已经到光源附近,这就是通常说的飞

蛾扑火。

1.6.1　B　　　　1.6.2　A

1.6.3　D　解答:速度关系如图 1.17 所示,$\theta = \arcsin 2/5$

1.6.4　B

1.6.5　$\boldsymbol{r}_B - \boldsymbol{r}_A = (3-2t)\boldsymbol{i} + (3t-3)\boldsymbol{j}\ (\mathrm{cm})$

1.6.6　$t = 1.15\mathrm{s}$

1.7.1　C　　　　1.7.2　D　　　　1.7.3　B

1.7.4　AD

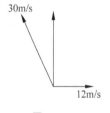

图 1.17

解答:皮带上的 A' 点作直线运动,轮子上的 A 点作圆周运动,在启动中,A' 点有沿切向的加速度,如果轮子达到匀速转动,那么 A' 的加速度为零。但是 A 点在轮子启动时既有切向加速度又有法向加速度,而当轮子匀速转动后,A 点只有法向加速度,故答案 A、D 正确。

1.7.5　AB

解答:皮带上的 B' 点和轮子上的 B 点都在作同一半径的圆周运动,在启动中,两点有相同的切向加速度和法向加速度,而当轮子匀速转动后,两点有相同的法向加速度,故答案 A、B 正确。

1.7.6　C　　　　1.7.7　D

1.7.8　A

提示:计算 A 点的法向加速度,它与总加速度 g 成 30° 角,由法向加速度可以计算该点的曲率半径。

1.7.9　$v|_{x=0.25\mathrm{m}} = \sqrt{2}\,\mathrm{m/s},\ a_t|_{x=0.25\mathrm{m}} = 2\sqrt{2}\,\mathrm{m/s^2},\ a_n|_{x=0.25\mathrm{m}} = 2\sqrt{2}\,\mathrm{m/s^2},\ \rho|_{x=0.25\mathrm{m}} = \dfrac{1}{\sqrt{2}}\mathrm{m}$

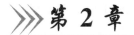

第2章

动量与牛顿运动定律

2.1 牛顿运动定律

> **阅读指南**：了解力学中常见的几种力；掌握牛顿运动定律。
> (1) 力是改变物体运动状态的原因。
> (2) 惯性质量是任何物体的固有属性。
> (3) 牛顿第二定律是力的瞬时作用规律，只适用于惯性参考系。
> (4) 重点掌握变力情况下牛顿运动定律的应用。

Step 1 查阅相关知识完成以下阅读题。

2.1.1 （知识点：牛顿运动定律）

物体的运动速度大，则（   ）。
A. 该物体的加速度大
B. 该物体受的力大
C. 该物体的惯性大
D. 以上都不对

2.1.2 （知识点：牛顿运动定律）

一名在太空中失重且漂浮着的宇航员来回快速地摇晃着一大块铁皮，发出求助信号。以下说法正确的是（   ）。
A. 他摇动这块铁皮没有花力气，因为铁皮在太空中没有惯性质量
B. 他摇动这块铁皮花了一些力气，但是比地球上小得多
C. 尽管失重，他摇动这块铁皮仍要花很多力气，和地球上差不多
D. 以上都不对

Step 3 下面的题目需要一些技巧和综合能力，希望读者能坚持做完。

2.1.3 （知识点：牛顿运动定律）

一轻滑轮的中心轴 O 水平地固定在高处，其上穿过一条轻绳，绳的两边各有一名胖小孩 m_1 和一名瘦小孩 m_2，如图 2.1 所示。他们的身高是相同的。起初两人都不动。现设胖小孩用力向上爬，另一个瘦小孩懒洋洋地挂在绳子上。以下哪种说法是正确的？（   ）
A. 胖小孩爬得快，滑轮下的彩球会被胖小孩抢到

图　2.1

B. 胖小孩上升的加速度小于瘦小孩上升的加速度

C. 胖小孩和瘦小孩速度相同,同时抢到彩球

D. 胖小孩和瘦小孩的加速度相同,但是瘦小孩灵活,所以瘦小孩抢到彩球

2.1.4 (知识点:牛顿运动定律,直角坐标系)

一物体质量为 4kg,置于水平桌面上,物体与地面间的摩擦因数为 0.2。初始时刻物体静止,今以 $F=5t(\mathrm{N})$ 的水平力推此物体,则第 1 秒末物体的速率为_____。

2.1.5 (知识点:牛顿运动定律,自然坐标系)

质量为 m 的重物,吊在桥式起重机的小车上,小车以速度 v_0 沿横向作匀速运动。如图 2.2 所示,小车因故急刹车,此时重物将绕悬挂点 O 向前摆动。设钢绳长为 l,试求刹车时钢绳拉力的变化量 ΔT。

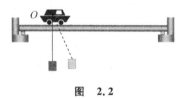

图 2.2

*2.1.6 (知识点:牛顿运动定律,平面极坐标系)

在光滑的水平面上,一光滑的杆以匀角速度 ω_0 绕过其一端 O 且垂直该杆的轴转动,一小环套在杆上,设在 $t=0$ 时刻静止位于 O 点,计算小环到达离原点 O 处为 r 时的速度和加速度。

2.2 非惯性系及惯性力

阅读指南:理解在非惯性参考系中所引入的惯性力。理解科里奥利力。

(1) 在非惯性参考系中,惯性力具有与真实力相同的效果。

(2) 惯性力没有施力者,仅在非惯性系中才有意义。但在非惯性系中的人能感受到真实的效果。

(3) 在非惯性参考系中惯性力的效应,从惯性系来看是物体保持其惯性的一种表现形式。

Step 1　查阅相关知识完成以下阅读题。

2.2.1　（知识点：非惯性参考系）

如果你坐在一个隔音、窗帘放下的大船中,大船在平静的水面上行驶,那么大船作以下哪种运动,你在船里面可以探测出来?（　　）。

A. 大船作旋转运动　　　　　　　　B. 大船偏离水平方向行驶

C. 大船在水面上匀速行驶　　　　　D. 大船在水面上加速行驶

E. 大船相对于地面静止

2.2.2　（知识点：惯性）

假设你坐在汽车的后座,司机突然向左急转弯,但是保持速率不变。你如果没有系安全带,那么就会被甩到右边。下面哪个力使你滑到右边?（　　）

A. 向右的向心力　　　　　　　　　B. 向左的向心力

C. 向右的摩擦力　　　　　　　　　D. 向左的摩擦力

E. 没有任何力使你滑到右边

*2.2.3　（知识点：惯性）

在门窗都关好的行驶的汽车内,漂浮着一个氢气球,当汽车向左拐弯时,车内的人看到氢气球将（　　）。

A. 向右　　　　　　　　　　　　　B. 向左

C. 不动　　　　　　　　　　　　　D. 向上

E. 向下

Step 2　完成以上阅读题后,做以下练习。

2.2.4　（知识点：非惯性参考系）

如图2.3所示,两个小孩坐在正在旋转的木马两边,其中一个小孩对着另一个小孩扔出一个球。那么在旋转木马参考系中的人来看,对小球的轨迹,以下说法中正确的是（　　）。

A. 小球的运动轨迹是直线的

B. 小球的运动轨迹是曲线的

C. 信息不够无法判断

2.2.5　（知识点：非惯性参考系）

接上题,在地面参考系中的人来看,对小球的轨迹,以下说法中正确的是（　　）。

A. 小球的运动轨迹是直线的

B. 小球的运动轨迹是曲线的

C. 信息不够无法判断

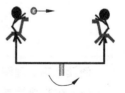

图　2.3

2.2.6　（知识点：非惯性参考系）

接上题,哪个参考系是惯性的?（　　）

A. 地面参考系是惯性的　　　　　　　　　B. 旋转木马参考系是惯性的

C. 地面参考系和旋转木马参考系都不是惯性参考系

2.2.7　（知识点：非惯性参考系,科里奥利力）

有一以角速度 ω 匀速转动的转盘,现将一小球置于转盘上,如图 2.4 所示。设小球相对于转盘的速度 v 为沿图示圆盘的切向方向,那么此时小球在转盘参考系所受到的科里奥利力的方向是哪个方向?（　　）

A. 与小球速度方向相同

B. 与小球速度方向相反

C. 沿圆盘半径方向向里,向着圆盘的轴

D. 沿圆盘半径方向向外,背离圆盘的轴

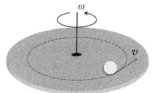

图　2.4

2.2.8　（知识点：非惯性参考系,科里奥利力）

接上题,那么在转盘参考系中来看,该小球的轨迹可能是（　　）。

A. 沿圆盘半径方向背离轴线向外作直线运动

B. 沿圆盘半径方向向着轴线向内作直线运动

C. 背离轴线向外作曲线运动

D. 绕转轴作圆周运动

E. 沿图示圆盘切向方向飞出

你能试着画出小球在转盘参考系中的轨迹曲线吗?

2.3　质点（或质点系）的动量与动量守恒

> **阅读指南**:明确质点动量的物理意义,理解质点系动量守恒的条件。
>
> （1）动量守恒定律是物理学的基本普适原理之一。
>
> （2）在应用动量守恒定律列方程时,应注意动量的矢量性;另外,所有质点的动量都应是相对同一惯性系而言的。
>
> （3）质点系统在某一方向所受外力的矢量和恒为零,系统的动量在该方向上的分量保持不变。

Step 1　查阅相关知识完成以下阅读题。

2.3.1　（知识点：动量守恒）

关于系统的总动量守恒,以下论述哪个是正确的?（　　）

A. 仅仅当机械能守恒时系统的总动量才守恒

B. 对任何系统的总动量都守恒

C. 是根据牛顿第二定律推导得出的

D. 是物理学的最基本普适定律之一

2.3.2 （知识点：质点系动量及其守恒条件）

如图 2.5 所示，一质点沿光滑桌面上的四分之一圆形槽下落到槽底，在这一过程中，对于质点和槽组成的系统，（   ）。

A. 若槽表面光滑，则系统在水平方向的动量守恒；反之，则动量不守恒

B. 若槽表面不光滑，则系统在水平方向的动量守恒；反之，则动量不守恒

C. 无论槽表面光滑与否，系统在水平方向的动量都守恒

D. 以上都不对

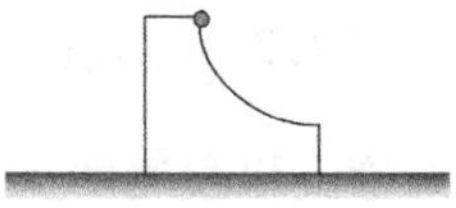

图 2.5

Step 2   完成以上阅读题后，做以下练习。

2.3.3 （知识点：动量守恒）

假设有人站在一辆静止的小车上，小车被放置在无摩擦的滑轨上。如果他向左扔出一个小球（如图 2.6 所示），小车会移动吗？（   ）

A. 是的，小车会向右移动

B. 是的，小车会向左移动

C. 小车不会移动

2.3.4 （知识点：动量守恒）

假设有人站在一辆静止的小车上，小车被放置在无摩擦的滑轨上。现在他向一面固定在小车上的竖直挡板扔球。如果球被竖直挡板直接弹回（如图 2.7 所示），那么小车在球被弹回后会移动吗？（   ）

A. 是的，小车会向右移动

B. 是的，小车会向左移动

C. 小车不会移动

图 2.6   图 2.7

2.3.5 （知识点：动量守恒）

一架总质量为 M 的战斗机水平飞行，速度为 V_0。发现目标后，以相对机身 v 的速度向正前方发射出一枚炮弹（质量为 m）。对于战斗机和炮弹这一系统，在此过程中（   ）。

A. 总动量守恒

B. 总动量在水平方向的分量守恒,竖直方向动量不守恒

C. 总动量在任何方向的分量都不守恒

D. 信息不足,无法判断

2.3.6 （知识点：动量守恒）

接上题,则发射后飞机的飞行速度 V 满足：(　　)。

A. $(M-m)V+mv=MV_0$ B. $MV+mv=(M+m)V_0$

C. $MV+mv=MV_0$ D. $MV-mv=(M+m)V_0$

2.4　冲量与动量定理

阅读指南：

(1) 正确理解冲量的概念。

(2) 区别动量和冲量。

(3) 掌握质点和质点系的动量定理。

(4) 若某一过程中质点系统所受的合外力的冲量为零,系统的动量守恒吗?

Step 1　查阅相关知识完成以下阅读题。

2.4.1 （知识点：冲量）

物体所受的某一力对物体的冲量(　　)。

A. 是专为持续时间很短的冲力而定义的一个物理量

B. 仅仅是为了弹性碰撞而定义的一个物理量

C. 等于物体的动量的改变

D. 在该力和时间坐标中等于力函数曲线下的面积

2.4.2 （知识点：动量定理）

两个质量相等的小球以相同的速度从高处摆下来,击中相同的两块砖。小球 M 被弹回,小球 N 打中砖之后停了下来。哪个小球更有可能把砖击倒？（如图 2.8 所示)(　　)

A. M

B. N

C. 两球击倒砖的可能性一样

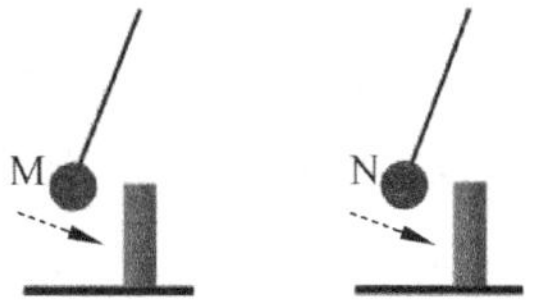

图　2.8

2.4.3 （知识点：动量定理）

如图 2.9 所示,在一根空气导轨上（无摩擦),一辆小车受到一恒定力 F 的作用。恒定

力作用了极短的一段时间 Δt_1，给小车提供了初始速度。要想用比 F 小一半的力给小车提供同样的初始速度，该力必须在小车上作用的时间 Δt_2 和 Δt_1 相比：（   ）。

A. $\Delta t_2 = 4\Delta t_1$　　　B. $\Delta t_2 = 2\Delta t_1$　　　C. $\Delta t_2 = \Delta t_1$　　　D. $\Delta t_2 = \Delta t_1/2$

E. $\Delta t_2 = \Delta t_1/4$

2.4.4　（知识点：动量定理）

两辆小车 M 和 N 静止在无摩擦力的空气导轨上，如图 2.10 所示。小车 M 的质量是 N 的两倍。在两辆小车上施加同样大小的力，持续 1s。1s 后，小车 M 的动量（   ）。

A. 是小车 N 动量的两倍　　　　　　B. 和小车 N 的动量相同

C. 是小车 N 动量的一半　　　　　　D. 信息不足，无法判断

图　2.9

图　2.10

2.4.5　（知识点：动量定理）

两辆完全相同的小车 M 和 N 在无摩擦力的空气导轨上运动（见图 2.10），小车 M 的初始速度是 N 的两倍。在两辆小车上施加相同大小的力，持续 1s。1s 后，小车 M 的动量变化（   ）。

A. 不为零，是 N 动量变化的两倍　　　　B. 不为零，和 N 动量变化相同

C. 零　　　　　　　　　　　　　　　　D. 不为零，是 N 动量变化的一半

Step 2　完成以上阅读题后，做以下练习。

2.4.6　（知识点：质点动量定理）

质量为 m 的质点 A 作圆锥摆运动，设质点速率始终为 v，半径为 R，绳子与竖直轴的夹角为 θ，如图 2.11 所示。在质点绕行一周的过程中，（   ）。

A. 冲量为零，质点动量守恒

B. 冲量为 $2mv$，质点动量不守恒

C. 冲量为 $-2mvi$，质点动量不守恒

D. 冲量为 $2mvi$，质点动量不守恒

E. 冲量为零，质点动量不守恒

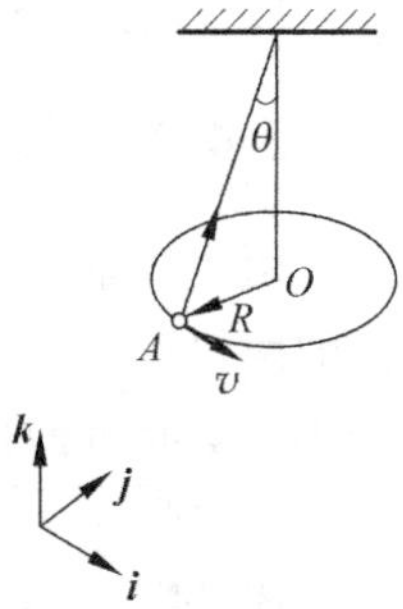

2.4.7　（知识点：质点动量定理）

一个质点在某一过程中，所受合外力的冲量为零，则质点的动量（   ）。

A. 一定守恒　　　　　　　　　　　　B. 一定不守恒

C. 不一定守恒　　　　　　　　　　　D. 以上都不对

图　2.11

2.4.8 （知识点：质点动量定理）

如图 2.12 所示，一水管有一段弯曲成 $90°$，已知管中水的质量流量为 Q（质量流量为单位时间通过横截面的流体的质量），流速为 u，则水流对这弯管的压力的方向是（　　）。

A. 沿弯曲 $90°$ 的角平分线向内

B. 沿弯曲 $90°$ 的角平分线向外

C. 左斜下方向，其角度取决于流速的大小

D. 因为流速大小不变，所以压力为零

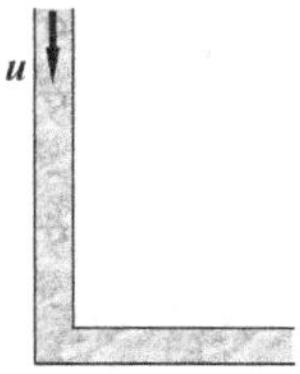

图　2.12

2.4.9 （知识点：质点动量定理）

接上题，已知管中的水的质量流量为 Q，流速为 u，则水流对这弯管的压力的大小是（　　）。

A. $\sqrt{2}Qu$

B. Qu

C. $\sqrt{2}u/Q$

D. 因为流速大小不变，所以压力为零

Step 3　下面的题目需要一些技巧和综合能力，希望读者能坚持做完。

2.4.10 （知识点：应用动量定理解变质量问题）

现代化采煤应用高压水枪，高压采煤水枪出水口的截面积为 S，水的射速为 v，射到煤层上后，水速度为零。若水的密度为 ρ，水对煤层的冲力大小为（　　）。

A. 0　　　　　　B. $2v\rho$　　　　　　C. $v^2 S\rho$　　　　　　D. 以上都不对

*2.4.11 （知识点：应用动量定理解变质量问题）

如图 2.13 所示，一根长为 l、质量为 m 的均匀链条，开始时上端悬挂着，下端刚好与平台接触，链子放开自由下落，则当链子下落 s 距离时，dt 时间内落到地面的链条质量为（　　）。

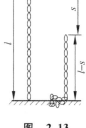

A. $dt \cdot m/s$

B. $dt \cdot m/l$

C. $\dfrac{m}{l}\sqrt{2gs}\,dt$

D. $\dfrac{2m}{l}gs\,dt$

E. $2\dfrac{m}{l}\sqrt{gs}\,dt$

图　2.13

*2.4.12 （知识点：应用动量定理解变质量问题）

接上题，当链子下落 s 距离时，dt 时间内落到地面的小段链条作用于平台的力为（　　）。

A. $\dfrac{2m}{l}gs$　　　　B. $\dfrac{3m}{l}gs$　　　　C. $\dfrac{m}{l}gs$　　　　D. $\dfrac{m}{2l}gs$

*2.4.13 （知识点：应用动量定理解变质量问题）

接上题,当链子下落 s 距离时,链条作用于平台的力为（　　）。

A. $\dfrac{2m}{l}gs$ 　　　　B. $\dfrac{3m}{l}gs$ 　　　　C. $\dfrac{m}{l}gs$ 　　　　D. $\dfrac{m}{2l}gs$

*2.4.14 （知识点：应用动量定理解变质量问题）

总质量为 M 的火箭在发射时以恒定速率 $\eta = \mathrm{d}m/\mathrm{d}t$ 相对于火箭以速率 u 喷出燃料,则当火箭在竖直向上发射时的初始加速度是多少?

2.5　质心与质心运动定理

> **阅读指南**：掌握质心的计算公式,理解质心运动定理。
> （1）质心的位置与物体的大小、形状、质量分布有关。
> （2）质心与重心是不同概念。
> （3）质点组的内力不会影响质心的运动状态,若质点组所受外力的矢量和为零,则质心静止或作匀速直线运动。

Step 1　查阅相关知识完成以下阅读题。

2.5.1 （知识点：质心）

一大一小两个同学,质量分别为 $2M$ 和 M。他们同时拉着一根质量忽略不计的棍子,站在冰面上,如图 2.14 所示（摩擦忽略不计）。他们的质心位置在哪里?（　　）

A. $-3\mathrm{m}$ 　　　　B. $-2\mathrm{m}$ 　　　　C. $-1\mathrm{m}$

D. $0\mathrm{m}$ 　　　　E. $1\mathrm{m}$ 　　　　F. $2\mathrm{m}$

G. $3\mathrm{m}$ 　　　　H. 以上都不对

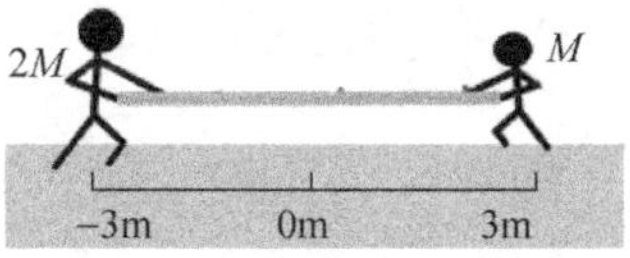

图　2.14

2.5.2 （知识点：质心）

接上题,若大同学向小同学那边移动,他们的质心位置是否变化?（　　）

A. 不变 　　　　　　　　　　B. 向右运动

C. 向左运动 　　　　　　　　D. 信息不够,无法判断

2.5.3　（知识点：质心运动）

一架质量为 M 的战斗机水平飞行，速度为 V_0。发现目标后，以相对机身 v 的速度向正前方发射出一枚炮弹（质量为 m），此时战斗机的速度变为 V。对于战斗机和炮弹这一系统，忽略空气阻力，在此过程中其质心作什么运动？（　　）

A. 保持静止　　　　　　　　　　　　B. 保持原来的速度 V_0 匀速运动

C. 和战斗机的速度 V 一样匀速运动　　D. 以上都不对

2.5.4　（知识点：质心运动）

两质点 P、Q 最初相距 1m，都处于静止状态。P 的质量为 0.2kg，而 Q 的质量为 0.4kg。P、Q 以 $9×10^{-2}$N 的恒力相互吸引。若没有外力作用在该系统上，则该系统的质心将如何运动？（　　）

A. 质心保持静止

B. 质心起初在 P、Q 连线之间某一点，然后向 P 点靠近

C. 质心起初在 P、Q 连线之间某一点，然后向 Q 点靠近

D. 质心作匀速运动

2.5.5　（知识点：质心运动）

两质点 P、Q 最初相距 1m，都处于静止状态。P 的质量为 0.2kg，而 Q 的质量为 0.4kg。P、Q 系统的质心位置距离 P 点的初位置多远？（　　）

A. 0.2m　　　　B. 0.4 m　　　　C. 0.66 m　　　　D. 0.33m

E. 0.99 m

2.5.6　（知识点：质心运动）

两质点 P、Q 最初相距 1m，都处于静止状态。P 的质量为 0.2kg，而 Q 的质量为 0.4kg。P、Q 以 $9×10^{-2}$N 的恒力相互吸引。若没有外力作用在该系统上，则两质点将在离 P 点的初位置多远的地方相互撞击？（　　）

A. 0.2m　　　　B. 0.4m　　　　C. 0.66m　　　　D. 0.33m

E. 0.99m

Step 2　完成以上阅读题后，做以下练习。

2.5.7　（知识点：质心运动）

如图 2.15 所示，一缎带绕在一小圆柱上，轻轻放在地面上，用水平方向的拉力拉缎带。试问圆柱可能会往哪边移动？（　　）

A. 缎带向右，圆柱质心也向右

B. 缎带向右，圆柱质心向左

C. 缎带向右，圆柱质心不动

图　2.15

*2.5.8 （知识点：质心运动）

如图 2.16 所示，一缎带绕在一小圆柱上，轻轻放在地面上，用斜向上方向的拉力拉缎带。试问圆柱可能会往哪边移动？（　　）

A. 缎带向右，圆柱质心也向右

B. 缎带向右，圆柱质心向左

C. 缎带向右，圆柱质心不动

图　2.16

答案及部分解答

2.1.1　D　　　　2.1.2　C　　　　2.1.3　B

2.1.4　第 1s 末物体的速率为 0

解答：物体作一维运动，对物体进行受力分析。列出牛顿运动方程，并分离变量：$\int_0^1 (5t - \mu m g)\mathrm{d}t = \int_0^v m\mathrm{d}v$

上式的错误在于解答时没有分析物体在变力下的具体运动过程，导致过程积分的下限定错了。这里 $t=0$ 时，物体静止，但是 $t=1\mathrm{s}$ 时物体是静止还是运动？当 $t=1\mathrm{s}$ 时，$F=5\mathrm{N}$，而最大摩擦力 $f=\mu m g=7.84\mathrm{N}$，由于 $F<f$，所以此时物体仍保持静止状态。

2.1.5　$\Delta T=m v_0^2/l$　提示：刹车后物体作圆周运动，刹车瞬间，物体速度仍保持 v_0。可采用自然坐标系分析。

2.1.6　$\boldsymbol{v}=\omega_0 r\hat{\boldsymbol{r}}+\omega_0 r\hat{\boldsymbol{\theta}};\ \boldsymbol{a}=2\omega_0^2 r\hat{\boldsymbol{\theta}}$

解答：采用平面极坐标系，写出速度表达式。速度的径向分量为 $\dot{r}$，横向分量为 $r\dot{\theta}$。然后对时间求导得到加速度（应用 1.1.10 题和 1.1.13 题的结果）。因为径向小环受力为零，即 $F_r=0$，所以 $\ddot{r}-r\dot{\theta}^2=0$，分离变量得 $\dot{r}\mathrm{d}\dot{r}=r\omega^2\mathrm{d}r$，两边积分并运用初始条件可以求得 $\dot{r}$，则速度的径向分量 $v_r=\omega_0 r$。而加速度只剩下横向分量 $a_\theta=2\dot{r}\omega_0$。

2.2.1　ABD

2.2.2　E　简答：人要保持其惯性即静止状态，所以在车参考系看来人相对于车向右运动。

2.2.3　B　简答：在空气中释放氢气球，它将受到浮力的作用而上升，这个浮力的根源是大气在重力场中的压强上小下大，因而对氢气球上下表面的压力不同，上小下大，而使浮力和重力方向相反。在车内观察，即以车为参考系，是一非惯性参考系，空气将受到向右侧的惯性离心力，车内的空气就好像处于一个水平向右的"重力场"中，由于这个重力场使得压强左弱右强，使氢气球受到一个水平向左的"浮力"的作用而向左运动。当然这里仍然有氢气球向右的运动的惯性存在，但是因为氢气球质量很小，引起在车内看到的向右的运动很小。

2.2.4　B　　　　2.2.5　A　　　　2.2.6　A

2.2.7　D　解答：科里奥利力 $\boldsymbol{f}=2m\boldsymbol{v}\times\boldsymbol{\omega}$，所以此时该力的方向沿圆盘半径方向向

外,背离圆盘的轴。

　2.2.8　C　提示:初始时刻科里奥利力方向沿圆盘半径方向向外,但当小环相对于转盘有径向速度时,科里奥利力方向将沿切线方向,所以小环相对于转盘的轨迹是曲线运动,而非直线运动。

2.3.1　D	2.3.2　C	2.3.3　A	2.3.4　B
2.3.5　B	2.3.6　C		
2.4.1　D	2.4.2　A	2.4.3　B	2.4.4　B
2.4.5　B	2.4.6　E	2.4.7　C	2.4.8　B
2.4.9　A	2.4.10　C	2.4.11　C	2.4.12　A
2.4.13　B			

　2.4.14　$a = \eta u/M - g$。提示:先计算起始时火箭发动机推力的大小。

2.5.1　C	2.5.2　A	2.5.3　B	2.5.4　A
2.5.5　C	2.5.6　C	2.5.7　A	2.5.8　ABC

第3章

功 和 能

3.1 功

> **阅读指南**：理解功的概念，理解质点与质点系的动能定理。
>
> （1）掌握变力做功的计算方法。
>
> （2）几种常见的保守力的功。
>
> （3）功是物体在某过程中能量改变的一种量度，是过程量；动能是物体具有速度而具有的做功本领，是状态量。
>
> （4）功与动能的大小与参考系有关。
>
> （5）对于质点系，一对相互作用力的功之和的特点：①与参考系无关；②其值为力与这一对质点之间的相对位移的标积。如果相对位移为零，或力与相对位移垂直，则这一对相互作用力的功之和为零。

Step 1　查阅相关知识完成以下阅读题。

3.1.1　（知识点：功的概念）

一个人推着一个很重的箱子通过水平地面。重力对箱子做的功（　　）。

A. 取决于箱子的重量

B. 条件不足，没法计算

C. 等于零

3.1.2　（知识点：功的概念）

杰克站在一个电梯里，如图 3.1 所示，他跟着电梯上升。相对于电梯静止的杰克受电梯支承力的作用，（　　）。

A. 以电梯为参考系，该力做功不为零

B. 以地面为参考系，该力做功不为零

C. 以电梯为参考系，该力做功为零

D. 以地面为参考系，该力做功为零

E. 功是相对量

F. 功是绝对量

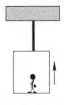

图　3.1

3.1.3 （知识点：恒力做功）

一个质点同时在几个力的作用下的位移为 $\Delta r = 4i - 5j + 6k$（SI），其中一个力为恒力 $F = -3i - 5j + 9k$（SI），则此力在该位移过程中所做的功为（　　）。

A. -67J　　　　　B. 17J　　　　　C. 67J　　　　　D. 91J

Step 2　完成以上阅读题后，做以下练习。

3.1.4 （知识点：功的计算）

质量为 0.1kg 的质点沿曲线 $r = 2ti + k$（SI）运动。设该质点受到一力 $F = 4t^2 i + 20k$（SI）的作用，则在 $\mathrm{d}t$ 时间内该力所做的元功应为（　　）。

A. $8t^2 \mathrm{d}t$　　　　B. $8t^2 + 20$　　　　C. $16t\mathrm{d}t$　　　　D. $8t^3 \mathrm{d}t$

E. $8t^2$　　　　　　F. 以上都不对

3.1.5 （知识点：功的计算）

接上题，则在 $t = 1$s 到 $t = 2$s 时间内该力所做的功应为_____。

3.1.6 （知识点：质点的动能定理）

质量为 0.1kg 的质点，由静止开始沿曲线 $r = (5/3)t^3 i + 2j$（SI）运动，则在 $t = 0$ 到 $t = 2$s 时间内，作用在该质点上的合力所做的功应为_____。

3.1.7 （知识点：质点的动能定理）

质量为 1kg 的质点，沿 x 轴由静止出发作直线运动。所受合力为 $F = 4ti$（SI），前 t 秒内合力做功为_____。

3.1.8 （知识点：一对力）

对一对作用力和反作用力来说，二者持续时间相同。下列结论中正确的是（　　）。

A. 二者做功必相同　　　　　　　　　B. 二者做功总是大小相等、符号相反

C. 二者的冲量完全相同　　　　　　　D. 二者的冲量不同，做功也不一定相等

3.1.9 （知识点：内力）

下列表述中正确的是（　　）。

A. 内力不能改变系统的总动量　　　　B. 内力不能改变系统的总动能

C. 内力对系统做功的总和不一定为零　D. 以上都不对

3.1.10 （知识点：内力做功）

在质点系中，以下哪些例子内力做功不为零，使得系统的动能增大？（　　）

A. 炮弹爆炸时，以炮弹作为一个系统

B. 荡秋千时，以人和秋千作为一个系统

C. 滑块沿光滑的斜面无摩擦地滑下,斜面置于光滑的水平面上,以滑块和斜面作为一个系统

D. 以上系统的内力做功都为零

3.1.11 (知识点:功的概念)

一个人以恒定的速度在水平地面上拉动一个箱子,如图 3.2 所示。如果把地球和箱子看成一个系统,则作用在这个系统上的水平方向上合力( )。

A. 等于零,因为该系统是孤立的
B. 不等于零,因为该系统不是孤立的
C. 等于零,尽管该系统是不孤立的
D. 不等于零,因为该系统是孤立的

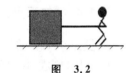

图　3.2

3.1.12 (知识点:功的概念)

一个人以恒定的速度在水平地面上拉动一个箱子,如图 3.2 所示。如果把地球和箱子看成一个系统,则人对这个系统做的功( )。

A. 等于零   B. 不等于零   C. 信息不足,无法判断

Step 3   下面的题目需要一些技巧和综合能力,希望读者能坚持做完。

3.1.13 (知识点:功的概念)

如图 3.3 所示,有一半径为 R 的 1/4 凹圆柱面的物体,其质量为 M,放置在光滑水平面上。当质量为 m 的滑块从静止开始从粗糙的凹圆柱面顶端沿凹圆柱面滑下过程中,以地面为参考系,m 为研究对象,M 对 m 的支持力所做的功_____(填大于零、小于零或等于零)。

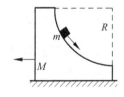

图　3.3

3.1.14 (知识点:一对力的功)

接上题,分别以地面和凹圆柱面为参考系,M 与 m 之间一对支持力(作用力与反作用力)所做的功之和分别为_____,_____(填大于零、小于零或等于零)。

3.1.15 (知识点:一对力的功)

接上题,分别以地面和凹圆柱面为参考系,M 与 m 之间一对摩擦力(作用力与反作用力)所做的功之和分别为_____,_____(填大于零、小于零或等于零)。

3.1.16 (知识点:一对力的功)

在质点系中,以下描述中哪些是正确的?( )

A. 一对相互作用力的功之和与参考系无关   B. 一对相互作用力的功之和不一定为零
C. 一对正压力的功之和不一定为零   D. 一对静摩擦力的功之和不为零
E. 一对滑动摩擦力的功之和为负

3.1.17　（知识点：功的计算）

一质点在如图 3.4 所示的坐标平面内作圆周运动,有一力 $\boldsymbol{F}=F_0(x\boldsymbol{i}+y\boldsymbol{j})$ 作用在质点上。在该质点从坐标原点运动到 $(0,2R)$ 位置过程中,力 $\boldsymbol{F}$ 对它所做的功为（　　）。

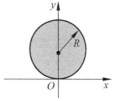

图　3.4

A. F_0R^2 B. $2F_0R^2$

C. $3F_0R^2$ D. $4F_0R^2$

3.1.18　（知识点：功的计算）

一质量 $m=100\mathrm{kg}$ 的物体从与地心的距离 $r_1=6.37\times10^6\mathrm{m}$ 处移动到无穷远处的过程中,地球对物体的万有引力做的功为（　　）。（已知地球质量为 $M=5.98\times10^{24}\mathrm{kg}$,万有引力常量 $G=6.67\times10^{-11}\mathrm{m}^3\cdot\mathrm{kg}^{-1}\cdot\mathrm{s}^{-2}$）

A. $6.26\times10^9\mathrm{J}$ B. $-6.26\times10^9\mathrm{J}$

C. $5.8\times10^7\mathrm{J}$ D. $-5.8\times10^7\mathrm{J}$

3.1.19　（知识点：功的计算）

当弹簧振子振幅较大时,弹性回复力随弹簧形变的变化规律为 $f=-kx-ax^3$,则弹簧从形变量为 x 恢复到原长的过程中作用在质量为 m 的小滑块的弹性力所做的功为（　　）。

A. $-kx^2-ax^4$ B. kx^2+ax^4

C. $(1/2)kx^2+(1/2)ax^4$ D. $(1/2)kx^2+(1/4)ax^4$

3.2　势　　能

阅读指南：理解势能的定义、保守力的特点,掌握势能和保守力的关系,理解势能曲线上的信息。

(1) 什么是势能? 引入势能的前提是什么?

(2) 势能属于相互作用力为保守力的系统,掌握势能的增量与保守力所做功的关系。

(3) 从势能曲线上能知道质点的什么信息?

(4) 掌握如何由势能计算保守力。

Step 1　查阅相关知识完成以下阅读题。

3.2.1　（知识点：保守力）

以下哪些是保守力?（　　）

A. 在一维运动中,位置 x 单值函数的力   B. 摩擦力

C. 地面对物体的支持力   D. 分子间的范德瓦尔斯力

E. 万有引力   F. 两个静止点电荷之间的库仑力

3.2.2 （知识点：保守力）

如果已知某个力的势能函数，是否可以计算出力？（   ）

A. 是的

B. 只有当该力是非保守力的时候

C. 信息不够，无法分析

3.2.3 （知识点：保守力）

关于两个质点之间的引力，以下哪个描述是正确的？（   ）

A. 可以通过在两个质点之间放入一个物体将它遮蔽

B. 和两个质点之间的距离成反比

C. 遵从叠加原理

D. 万有引力常数 G 在月球上和地球上不一样

3.2.4 （知识点：弹性势能）

如图 3.5 所示，一端连接在弹簧上的木块在 x_1 和 x_2 两点之间振动，在 x_1 点，弹簧被完全压缩，在 x_2 点，弹簧被完全拉开。当木块从 x_1 点向 O 点（弹簧的原始长度位置）移动时，弹簧对木块做功 W。在木块振动数次之后，当木块从 O 点向 x_2 点移动时，弹簧对木块做了多少功？（设桌面是光滑的）

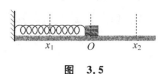

图　3.5

Step 2　完成以上阅读题后，做以下练习。

3.2.5 （知识点：势能）

如图 3.6 所示，地球绕太阳运动，在从近日点向远日点过程中，下面哪个描述是正确的？（   ）

A. 太阳的引力做正功　　　　B. 地球的动能在增加

C. 系统的引力势能在增加　　D. 系统的机械能在减少

图　3.6

3.2.6 （知识点：势能）

一架质量为 m 的航天飞机关闭发动机返回地球时，可认为它只在地球引力场中运动。已知地球的质量为 M，万有引力常数为 G，则当它从与地心距离为 R_1 的高空下降到 R_2 时，增加的动能应为（   ）。

A. $\dfrac{GMm}{R_2}$　　　　B. $\dfrac{GMm}{R_2^2}$　　　　C. $\dfrac{GMm(R_1-R_2)}{R_1R_2}$　　　　D. $\dfrac{GMm(R_1-R_2)}{R_1^2}$

3.2.7 （知识点：保守力）

作用于质点的某力 F,在质点沿图示 3.7 连接 a、b 两点任意不同路径上移动时做的功标明在图上,根据图中的信息判断:力 F 是保守力吗?（　　）

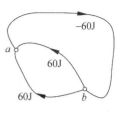

A. 是

B. 不是

C. 信息不够,无法判断

图　3.7

Step 3　下面的题目需要一些技巧和综合能力,希望读者能坚持做完。

3.2.8 （知识点：势能曲线）

粒子的势能曲线即 E_p-x 曲线如图 3.8 所示,设粒子总能量为 E_1,在图中虚线位置。若粒子一开始是在 ac 之间运动,则可以判断该粒子的运动范围只能在（　　）。

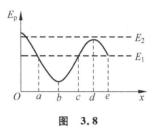

A. Oa 之间　　　　　　B. ac 之间

C. ce 之间　　　　　　D. Oe 之间

图　3.8

3.2.9 （知识点：势能曲线）

接上题,设粒子总能量为 E_2,若粒子从 b 运动到 d 点,则粒子所受到的力 $f(x)$ 的方向（　　）。

A. 向左　　　　　　　　B. 向右

C. 不受力　　　　　　　D. 先向右再向左

E. 先向左再向右

3.2.10 （知识点：势能曲线）

接上题,设粒子总能量为 E_1,在图中虚线位置,则可以判断该粒子稳定平衡点在（　　）。

A. a 点　　　　B. b 点　　　　C. c 点　　　　D. d 点

E. e 点

3.2.11 （知识点：势能曲线）

由图 3.9 中所示势能曲线分析物体的运动情况,指出以下哪个说法正确。（　　）

A. 在曲线 M_1 至 M_2 段物体受力 $f(x) > 0$

B. 曲线上的一点 M_1 是非稳定平衡点

C. 初始位置在 x_A 与 x_B 之间的、总能量为 E_1 的物体的运动范围是 x_A 与 x_B 之间

D. 总能量为 E_1 的物体的运动范围是 $0 \sim \infty$

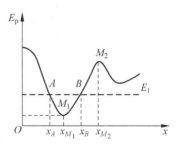

图　3.9

*3.2.12 （知识点：势能和保守力）

双原子分子的势能与原子间距的关系如下：$E_p = \dfrac{A}{x^{12}} - \dfrac{B}{x^6}$，称为 Lennard-Jones 势，其中 A、B 为常量，x 为原子间距，则两原子之间的作用力可以表示为_____。

*3.2.13 （知识点：势能和保守力）

接上题，则原子之间的平衡距离为_____。

*3.2.14 （知识点：势能和保守力）

夸克之间强相互作用力的特点是"渐进自由"和"色禁闭"，当两个夸克相互靠近时，它们之间基本没有相互作用力，这称为渐进自由；而在力程范围内相距越远，作用越强，因此夸克总是束缚在一起构成一个系统。介子由一个夸克和一个反夸克组成，图 3.10 中哪个图最有可能表示了它们之间的相互作用势能曲线？（　　　）

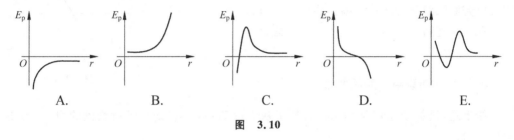

图　3.10

3.3　功能原理和机械能守恒

阅读指南：

重点：掌握功能原理和机械能守恒的应用。

（1）理解质点系的动能定理。

（2）掌握系统机械能守恒的条件。

（3）机械能守恒与惯性系的选择是否有关系？

（4）运用功能原理和机械能守恒定律时应注意以下几个问题：

系统的选择（涉及区分内力、外力，内力是保守内力还是非保守内力的问题）、分过程中的守恒问题。

Step 2　查阅相关知识或课上讨论之后，做以下练习。

3.3.1 （知识点：机械能守恒）

判断下列说法哪个是正确的，并思考其理由。（　　　）

A. 所受合外力为零的系统，机械能一定守恒

B. 不受外力的系统，必然满足机械能守恒

C. 只有保守内力作用的系统，机械能必然守恒

D. 以上都不对

3.3.2　（知识点：机械能守恒）

在由两个质点组成的系统中，若质点之间内力只有万有引力作用，且此系统所受的外力的矢量和为零，则此系统（　　）。

A. 动量、机械能都不守恒　　　　　　B. 动量守恒，但机械能是否守恒不能断定

C. 机械能守恒，但动量是否守恒不能断定　　D. 以上都不对

3.3.3　（知识点：机械能守恒）

以下描述中哪个或哪几个是正确的？（　　）

A. 系统机械能守恒与否和参考系的选择无关

B. 系统机械能守恒与否和系统内力做功无关

C. 一对内力做功和参考系的选择无关

D. 系统势能的改变与参考系的选择无关

3.3.4　（知识点：功能原理和机械能守恒）

A、B 两木块质量分别为 m_A、m_B 且 $m_B = 2m_A$，两者用一弹簧连接后静止在光滑的水平面上，如图 3.11 所示。设用外力将两木块压近使得弹簧被压缩，然后撤去外力。若以两木块、弹簧、地球为一系统，则此后的运动（　　）。

A. 两木块的动能之和不变　　　　　　B. 系统机械能守恒

C. 水平方向系统动量守恒　　　　　　D. 以上都不对

3.3.5　（知识点：功能原理和机械能守恒）

接上题，若用外力将两木块压近使得弹簧被压缩，然后撤去外力，则此后的运动中两物块运动动能之比 E_{kA}/E_{kB} 为（　　）。

A. 1/2　　　　　　B. $\sqrt{2}$　　　　　　C. $\sqrt{2}/2$　　　　　　D. 2

3.3.6　（知识点：功能原理和机械能守恒）

接上题，若以等值相反的力分别作用于两物块，如图 3.12 所示，则以两木块、弹簧、地球为一系统，此系统（　　）。

A. 动量守恒，机械能守恒　　　　　　B. 动量守恒，机械能不守恒

C. 动量不守恒，机械能守恒　　　　　　D. 动量不守恒，机械能不守恒

图　3.11

图　3.12

3.3.7 （知识点：功能原理和机械能守恒）

两物体之间存在相互作用力，一个物体绕另一个固定不动的物体转动，轨道位于一个平面内，矢径在相同的时间内扫过相等的面积。关于两物体的作用力，以下哪些结论是正确的？（　　）

A. 是有心力　　　　　　　　　　B. 是保守力

C. 是平方反比力　　　　　　　　D. 是大小不变的力

E. 是万有引力　　　　　　　　　F. 是与 r 成正比的力

3.3.8 （知识点：功能原理和机械能守恒）

一质点在力场 $\boldsymbol{F}=r^3\boldsymbol{r}$ 中运动，其中 $\boldsymbol{r}$ 是位置矢量，如果没有其他力，下面哪些量是守恒量？（　　）

A. 机械能　　　　　　　　　　　B. 对原点的力矩

C. 对原点的角动量　　　　　　　D. 动量

E. 动能

备注：如果读者还没有学习角动量相关知识，则在学完以后再做 3.3.7 题和 3.3.8 题。

Step 3　下面的题目需要一些技巧和综合能力，希望读者能坚持做完。

*3.3.9 （知识点：碰撞）

考虑两个质量分别为 m_1 和 m_2 的小球正碰（或称对心碰撞）。设它们之间的碰撞为非完全碰撞。碰撞前两小球的速率分别为 u_1、u_2，碰撞后速率分别为 v_1、v_2，则恢复系数 e 的定义为_____。

*3.3.10 （知识点：碰撞）

可以通过实验测量恢复系数 e。用两种不同材质分别制成质量为 m_1 的小球和质量为 m_2 的大块平整的平板，并使得 m_1 远远小于 m_2。m_1 从 H 高度自由下落，碰撞 m_2 后弹跳高度为 h，则这两种材料之间的恢复系数应为_____。

3.3.11 （知识点：碰撞）

一质量为 10kg 的物体静止于光滑水平面上，今有一 1kg 的小球以水平速率 4m/s 飞来，与物体正碰后以速率 2m/s 弹回。此时质量为 10kg 的物体获得的速率是多少？方向如何？

*3.3.12　（知识点：碰撞）

接上题,其恢复系数是_____。

3.3.13　（知识点：机械能守恒）

在匀速水平前行的车厢内悬吊一个自由摆动的单摆,如图 3.13 所示。忽略空气阻力,则相对于车厢参照系,小球和地球组成的系统机械能是否守恒?（　　）

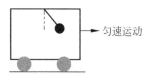

A. 守恒　　　　　　B. 不守恒　　　　　　C. 无法判断

图　3.13

3.3.14　（知识点：机械能守恒）

接上题,相对于地面参照系,小球和地球组成的系统机械能是否守恒?（　　）

A. 守恒　　　　　　　B. 不守恒　　　　　　　C. 无法判断

3.3.15　（知识点：功能原理,机械能守恒）

如图 3.14 所示,劲度系数为 k 的弹簧一端固定在墙上,另一端系着质量为 m 的物体,在光滑的水平面上振动,在与墙固定的参考系 S 看来,对于弹簧和物体 m 组成的系统的机械能是守恒的,在相对于 S 作匀速直线运动的 S′参考系看来,该系统（　　）。

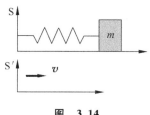

A. 机械能仍守恒

B. 在 S′参考系功能原理不成立

C. 弹性势能应与参考系无关

D. 外力对该系统所做的功与参考系无关

图　3.14

答案及部分解答

3.1.1　C	3.1.2　BCE	3.1.3　C	3.1.4　A
3.1.5　18.7J	3.1.6　20J	3.1.7　$2t^4$	3.1.8　D
3.1.9　AC	3.1.10　AB	3.1.11　C	3.1.12　B
3.1.13　小于零	3.1.14　均等于零	3.1.15　均小于零	3.1.16　ABE
3.1.17　B	3.1.18　B	3.1.19　D	
3.2.1　ADEF	3.2.2　A	3.2.3　C	3.2.4　$-W$
3.2.5　C	3.2.6　C	3.2.7　A	3.2.8　B
3.2.9　A	3.2.10　B	3.2.11　C	3.2.12　$12\dfrac{A}{x^{13}}-6\dfrac{B}{x^7}$

3.2.13　$x_{平衡}=(2A/B)^{1/6}$　简答：$F(x)=-\dfrac{\mathrm{d}E_\mathrm{p}}{\mathrm{d}x}$,当 F 等于零时,原子之间达到平衡。

3.2.14　B　简答：当两夸克相距很近时,F 近似为零,势能近似为常数。而当距离较大时,F 很大,势能曲线应该很陡,只有 B 选项符合“渐进自由”和“色禁闭”。

3.3.1　C　　　3.3.2　B　　　　3.3.3　CD　　　3.3.4　BC

3.3.5　D　　　3.3.6　B

3.3.7　AB　简答:矢径在相同的时间内扫过相等的面积可以证明物体对固定点的角动量守恒,所以对固定点的力矩为零,因此必定是有心力。有心力必定是保守力,但不一定是平方反比力。

3.3.8　ABC　有心力场一定是保守力场,所以机械能守恒。

3.3.9　$e=\dfrac{v_2-v_1}{u_1-u_2}\geqslant 0$,且小于 1。在上式定义中 v_2、v_1、u_2、u_1 是沿同一个方向的。

3.3.10　$e=\sqrt{h/H}$　　　3.3.11　0.6m/s　　　3.3.12　0.65　　　3.3.13　A

3.3.14　B　简答:小球所受到的绳的拉力在车厢参考系不做功,但在地面参考系做功不为零。

3.3.15　C　简答:两个参考系都是惯性参考系,所以功能原理都是成立的。但是由于外力做功与参考系有关,所以在某一惯性系中机械能守恒的系统,在另一个惯性系中则不一定守恒。在 S' 参考系,墙匀速运动,所以墙对弹簧的作用力做功就不为零。保守力的功属于一对力的功,因而势能与参考系的选取无关,所以 C 选项正确。

第4章

质点与质点系的角动量

4.1 质点角动量、力矩和角动量定理

> 阅读指南：掌握质点的角动量和力矩的定义，掌握角动量定理。
>
> （1）力矩是相对于某个给定的参考点或某个给定的轴而言的，如果选取不同的参考点或不同的轴，那么力矩的值一般来说是不同的。
>
> （2）对点的力矩的分量——对轴的力矩：力矩矢量在直角坐标三个坐标轴上的分量就是力对这三个坐标轴的力矩。
>
> （3）角动量也称为动量矩，如果选取不同的参考点，角动量的值一般来说是不同的。
>
> （4）角动量定理中，角动量和力矩都是相对于同一个参考点或同一定轴。
>
> （5）力矩是引起物体转动状态改变的原因。

Step 1　查阅相关知识完成以下阅读题。

4.1.1　（知识点：力矩）

当一个力 F 作用在一个质点上，那么某参考点 A（定点）到该力的作用线的垂直距离称为（　　）。

A. 力矩　　　　　　　　　　　　　B. 力臂

C. 角动量　　　　　　　　　　　　D. 以上都不是

4.1.2　（知识点：角动量）

质点的角动量的定义是 $L=r\times p$，以下哪一个选项的理解是正确的？（　　）

A. 对不同的参考点，角动量是相同的，或者说与特定的坐标原点无关

B. 当 r 与质点动量 p 平行时等于零

C. 当 r 与质点动量 p 垂直时等于零

D. 以上都不对

4.1.3　（知识点：力矩）

质点对点的力矩的定义是 $M=r\times F$，以下哪些选项的理解是正确的？（　　）

A. r 的物理意义是力臂

B. 当力的方向垂直 r 方向时力矩等于零

C. 某一力对某点的力矩方向永远与该力的方向垂直

D. 力作用线通过 O 点,则该力对 O 点的力矩必为零

4.1.4 （知识点：角动量定理）

角动量定理 $\boldsymbol{M}=\mathrm{d}\boldsymbol{L}/\mathrm{d}t$（　　）。

A. 是一个新的物理定律

B. 可以从牛顿运动定律推导出来

C. 可以从某个运动定律中推导出来,但不是牛顿运动定律

Step 2　完成以上阅读题后,做以下练习。

4.1.5 （知识点：力矩）

行星绕太阳作椭圆运动（见图 4.1）,行星和太阳之间只有万有引力作用,以行星为研究对象,则行星受到的万有引力对太阳中心的力矩（　　）。

A. 为零   B. 与行星质量有关

C. 与行星离太阳的距离有关   D. 以上都不对

4.1.6 （知识点：角动量）

开普勒第二定律指出：行星对于太阳的位矢在单位时间内扫过的面积是相同的。该定律揭示了某一个物理量守恒,这个量是_____。

4.1.7 （知识点：角动量）

一质量为 m 的质点沿一条二维曲线运动,$\boldsymbol{r}=a\cos\omega t\boldsymbol{i}+b\sin\omega t\boldsymbol{j}$,其中 a、b、ω 为常数,则该质点对坐标原点的角动量矢量应为_____。

4.1.8 （知识点：力矩）

接上题,试求作用在该质点上的合力对坐标原点的力矩：_____。

4.1.9 （知识点：角动量）

如图 4.2 所示,两个质量都为 m 的溜冰运动员,以相同的速率 v 相向滑行,滑行路线的垂直距离为 d,则他们对中间点 O 的角动量是（　　）。

A. $2mv$ B. mvd C. $2mvd$ D. $mvd/2$

图　4.1

图　4.2

4.1.10 （知识点：力矩）

一质量为 m 的质点自由降落,在某时刻具有速率 v,此时它相对于 A、B、C 三参考点的

距离分别为 d_1、d_2、d_3,如图 4.3 所示,则作用在质点上的重力对 A 点力矩大小为(　　)。

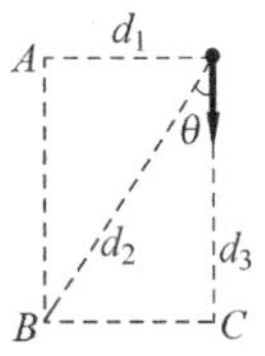

A. 0

B. md_1g

C. $md_1g\sin\theta$

D. $md_1g\cos\theta$

E. mvd_1

力矩方向(　　)。

A. 垂直纸面向里

B. 垂直纸面向外

C. 向左

D. 向右

E. 向上

F. 向下

图　4.3

4.1.11 （知识点：力矩）

接上题,作用在质点上的重力对 B 点的力矩大小为(　　)。

A. 0　　　　　　B. md_2g　　　　　　C. $md_2g\sin\theta$　　　　　　D. $md_2g\cos\theta$

E. mvd_2

力矩方向(　　)。

A. 垂直纸面向里　　B. 垂直纸面向外　　C. 向左　　　　　　D. 向右

E. 向上　　　　　　F. 向下

4.1.12 （知识点：力矩）

接上题,作用在质点上的重力对 C 点的力矩大小为(　　)。

A. 0　　　　　　B. md_3g　　　　　　C. $md_3g\sin\theta$　　　　　　D. $md_3g\cos\theta$

E. mvd_3

力矩方向(　　)。

A. 垂直纸面向里　　B. 垂直纸面向外　　C. 向左　　　　　　D. 向右

E. 向上　　　　　　F. 向下

Step 3　下面的题目需要一些技巧和综合能力,希望读者能坚持做完。

4.1.13 （知识点：力矩）

如图 4.4 所示,长为 l 的轻绳系于 A 点,下端系一质量为 m 的小球构成圆锥摆,小球在水平面内绕 O 点作半径为 R 的匀速圆周运动。已知轻绳与竖直方向夹角为 θ,试问作用在小球上的哪个力对 A 点的力矩为零?(　　)

A. 重力

B. 绳的张力

C. 作用在小球上重力与绳的张力的合力

D. 以上都不对

4.1.14 （知识点：力矩）

接上题,试问作用在小球上的哪个力对 O 点的力矩为零?(　　)

A. 重力

B. 绳的张力

C. 作用在小球上重力与绳的张力的合力

D. 以上都不对

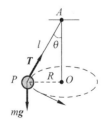

图　4.4

4.1.15 （知识点：力矩）

接上题,试问作用在小球上的哪个力对 OA 轴的力矩为零?（　　）

A. 重力　　　　　　　　　　　　　B. 绳的张力

C. 作用在小球上重力与绳的张力的合力　　　D. 以上都不对

4.1.16 （知识点：力矩）

接上题,分别计算绳中的张力和重力以及合力对 A 点、O 点和对 OA 轴的力矩大小和方向(用 l、m、θ 表达)。

4.1.17 （知识点：力矩）

以下哪些描述是正确的?（　　）

A. 对点的力矩是矢量,但对轴的力矩是标量

B. 如果力过 O 点,则该力对 O 点的力矩必为零

C. 如果力与某轴平行,该力对该轴的力矩一定为零

D. 力不为零,则力矩一定不为零

E. 对轴的力矩的方向一定沿着该轴方向

4.2　质点与质点系的角动量守恒定律

阅读指南：掌握角动量守恒定律,能运用该定律分析、解决有关问题。

(1) 角动量守恒条件的判断。

(2) 能运用质点与质点系的角动量守恒定律,分析解决有心力场问题。

Step 1　查阅相关知识完成以下阅读题。

4.2.1 （知识点：力矩）

一个 α 粒子飞过一金原子核而被散射,金核基本未动(如图 4.5 所示)。在这一过程中,金核对 α 粒子的作用力对金核中心的力矩（　　）。

A. 大小为零　　　　　　　B. 始终背离金核

C. 沿直线 AB 方向　　　D. 沿直线 OC 方向

E. 方向与纸面垂直

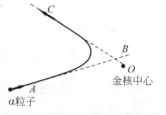

图 4.5

4.2.2 （知识点：力矩）

有心力对力心的力矩（ ）。

A. 与有心力的大小有关　　　　　　　B. 与有心力的方向有关

C. 与有心力的作用点有关　　　　　　D. 与以上均无关，恒为零

4.2.3 （知识点：角动量守恒）

对于孤立系统，以下说法正确的是（ ）。

A. 孤立系统的动量和角动量都不随时间变化

B. 孤立系统的动量和角动量都随时间变化

C. 孤立系统的动量随时间变化，角动量不随时间变化

D. 孤立系统的动量不随时间变化，角动量随时间变化

Step 2　完成以上阅读题后，做以下练习。

4.2.4 （知识点：力矩）

质量为 m 的质点在 $t=0$ 时刻自 $(a,0)$ 处静止释放，如图 4.6 所示。忽略空气阻力，则在任意时刻 t，质点所受的重力对原点 O 的力矩大小为（ ）。

A. 0　　　　　　B. mga　　　　　　C. $mgvt$　　　　　　D. $mga\sin\theta$

E. $mga\cos\theta$

4.2.5 （知识点：角动量守恒与角动量定理）

接上题，问质点对原点 O 的角动量是否守恒？（ ）

A. 守恒　　　　　　B. 不守恒　　　　　　C. 条件太少，无法判断

4.2.6 （知识点：角动量守恒与角动量定理）

一个 α 粒子飞过一金原子核而被散射，金核基本未动（如图 4.7 所示）。

在这一过程中，对金核中心 α 粒子的角动量（ ）。

A. 守恒，大小为 mvb　　　　　　B. 守恒，大小为 mvr

C. 不守恒　　　　　　D. 条件太少，无法判断

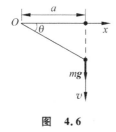

图　4.6

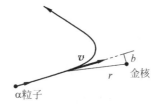

图　4.7

4.2.7 （知识点：角动量守恒与角动量定理）

如图 4.8 所示，质量为 m 的小球系在绳的一端，另一端穿过光滑水平面上的光滑的圆

孔。开始小球在水平面内作圆周运动的半径为 r_1，速率为 v_1。然后向下拉绳，使小球的运动轨迹为半径 r_2 的圆周。试问小球在这一过程中的守恒量是哪个物理量？小球动能增加还是减小？并计算小球动能的改变。

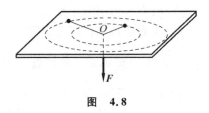

图　4.8

Step 3　下面的题目需要一些技巧和综合能力，希望读者能坚持做完。

4.2.8　（知识点：角动量守恒）

如图 4.9 所示，圆锥摆的中间支柱是一中空的管子，系摆锤的线从中穿过，我们可以将其逐渐拉短。设摆长为 l_1 时摆锤的线速率为 v_1，摆长为 l_2 时摆锤的线速率为 v_2，这一过程中，摆锤对哪点的角动量守恒（保持小球 B 点的垂直位置不变）？（　　）

A. 对 O 点的角动量守恒　　　　　　B. 对 A 点的角动量守恒

C. 对任一点的角动量都守恒　　　　　D. 角动量不守恒

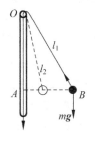

图　4.9

4.2.9　（知识点：角动量守恒）

接上题，设摆长为 l_1 时摆锤的线速度为 v_1，$AB=r_1$，摆线与 OA 之间的夹角为 θ_1；摆长为 l_2 时摆锤的线速度为 v_2，$AB=r_2$，摆线与 OA 之间的夹角为 θ_2。这一过程中，摆锤对 A 点的角动量（　　）。

A. 大小为 mv_1l_1，方向沿 OB 方向　　　　B. 大小为 mv_2l_2，方向沿 OA 方向

C. 大小为 mv_1r_1，方向向上或向下　　　　D. 大小为 mv_1r_1，方向垂直纸面

4.2.10　（知识点：角动量守恒）

接上题，设摆长为 l_1 时摆锤的线速度为 v_1，$AB=r_1$，摆长为 l_2 时摆锤的线速度为 v_2，$AB=r_2$。这一过程中，v_1 和 v_2 之间的关系为（　　）。

A. $v_1 : v_2 = l_2 : l_1$　　　　　　B. $v_1 : v_2 = l_2\cos\theta_2 : l_1\cos\theta_1$

C. $v_1 : v_2 = r_2 : r_1$　　　　　　D. 已知条件不够，无法计算

4.2.11　（知识点：角动量守恒）

如图 4.10 所示，长为 l 的轻绳系于 A 点，下端系一质量为 m 的小球构成锥摆，小球在水平面内绕 O 点作半径为 R 的匀速圆周运动。已知轻绳与竖直方向夹角为 θ，试问小球对哪点的角动量守恒？（　　）

A. 对 A 点角动量守恒　　　　　　B. 对 O 点角动量守恒

C. OA 轴角动量守恒　　　　　　D. 角动量不守恒

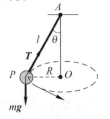

图　4.10

4.2.12　（知识点：角动量）

接上题，分别计算小球对 A 点、O 点和对 OA 轴的角动量大小和方向（用 l、m、v、θ 表达）。

4.2.13　（知识点：角动量定理）

质量为 m 的质点受到两个力的作用：有心力 $f_1 = \dfrac{f(r)}{r}r$，摩擦力 $f_2 = -\lambda v$。其中 λ 是大于零的常数，v 为质点的速度。若该质点起始时刻对 $r=0$ 点的角动量为 L_0，试计算任意时刻该质点对 $r=0$ 点的角动量。

答案及部分解答

4.1.1　B　　　4.1.2　B　　　4.1.3　CD　　　4.1.4　B　　　4.1.5　A

4.1.6　角动量　4.1.7　$mab\omega k$　4.1.8　0　　　4.1.9　B　　　4.1.10　BA

4.1.11　CA　　4.1.12　A　　　4.1.13　B　　　4.1.14　C

4.1.15　ABC　简答：重力与 OA 轴平行，合力、张力与 OA 轴相交，所以重力、张力、合力对 OA 轴的力矩为零。

4.1.16　（1）$M_{TA} = r_{AP} \times T = 0$；$|M_{GA}| = |r_{AP} \times G| = mgl\sin\theta$，方向垂直于 r_{AP} 和 G 构成的平面，与 r_{AP} 和 G 成右旋；合力对 A 点的力矩即为重力对 A 点的力矩。

（2）合力对 O 点的力矩为零；$|M_{TO}| = |M_{GO}| = |r_{OP} \times G| = mgl\sin\theta$，重力对 O 点的力矩方向垂直于 r_{OP} 和 G 构成的平面，与 r_{OP} 和 G 成右旋。

（3）重力、张力、合力对 OA 轴的力矩均为零。

4.1.17　BCE　简答：力矩概念小结：力对点的力矩和对轴的力矩都是矢量，对轴的力矩的方向沿着该轴方向；力过 O 点，则对 O 点的力矩必为零；力与某轴平行，则对该轴的力矩一定为零；力不为零，但是力矩可以为零。这样在很多力学问题中选择合适的参考点或轴，使外力对该参考点或轴的力矩为零，从而简化计算。

4.2.1　A　　　4.2.2　D　　　4.2.3　A　　　4.2.4　B　　　4.2.5　B

4.2.6　A

4.2.7　小球对圆心的角动量守恒。动能增大，其改变量为：$\dfrac{1}{2}mv_1^2\left[(r_1/r_2)^2 - 1\right]$

4.2.8　B　　　4.2.9　C　　　4.2.10　C

4.2.11　BC　简答：小球所受的合力对 A 点的力矩不为零，所以对 A 点的角动量不守恒。注意小球对 A 点的角动量的大小不变，但是方向在变，所以对 A 点的角动量不是常矢量。

4.2.12　对 A 点的角动量：

$L_A=r_{AP}\times mv$，$r_{AP}\perp v$，所以其大小为 mlv，如图 4.11 所示。L_A 绕 z 轴旋转。

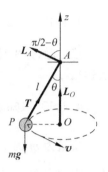

图　4.11

对 O 点的角动量：$L_O=r_{OP}\times mv$，$r_{OP}\perp v$，所以其大小为 $mlv\sin\theta$。方向沿 z 方向，不变。

对 OA 轴的角动量：$L_{AO}=L_O$，L_O 沿 z 方向，所以在 z 方向的投影就是 $mlv\sin\theta$。

4.2.13　角动量定理：$\mathrm{d}L/\mathrm{d}t=M=r\times f_2=-\lambda r\times v=-\lambda L/m$，

$L=L_0\mathrm{e}^{-\lambda t/m}$。

第 5 章

刚 体

5.1 刚体运动学

> **阅读指南：**
> (1) 区分刚体的平动与转动的概念。刚体平动时,可用其任何一点的运动来代替整个刚体的运动,仍可作为质点运动来处理。
> (2) 理解刚体是怎样的一个理想模型。
> (3) 刚体的定轴转动的特点：轴上任何点不动,轴外任一点的角位移、角速度和角加速度是一致的。
> (4) 刚体定轴转动中的角量与线量之间的关系。
> (5) 刚体平面平行运动的特点和其运动中纯滚动的条件。

Step 1　查阅相关知识完成以下阅读题。

5.1.1　(知识点：刚体运动学)

下列运动中哪些或哪个是刚体的平动运动？(　　)

A. 自行车脚蹬板的运动　　　　　　　B. 月球绕地球运行

C. 炮弹在空中飞行　　　　　　　　　D. 以上都不是

5.1.2　(知识点：刚体运动学)

以下哪种运动着的物体可以使用刚体模型？(　　)

A. 一个可绕 O 轴运动的钟摆

B. 两个滑块静止在光滑的桌面上用弹簧连接,有一子弹水平入射到其中一个滑块中。以两个滑块为一个系统研究其运动

C. 一个钢管,一端固定,另一端用一力矩使得钢管扭转了角度 θ

D. 以上的系统都可以看成刚体

5.1.3　(知识点：刚体运动学)

一水平转台以恒定的角速度绕通过中心的垂直轴逆时针方向转动,边缘某一点的切向加速度(　　)。

A. 为正　　　　　B. 为负　　　　　C. 为零　　　　　D. 信息不够,无法判断

5.1.4 （知识点：刚体运动学）

某刚体绕一固定轴转动,规定逆时针方向的角位移取正值,根据角速度 ω 和角加速度 β 的正负号分析刚体的转动情况。下面分析正确的有( )。

A. $\omega>0,\beta<0$ 时,刚体作逆时针减速运动

B. $\omega<0,\beta>0$ 时,刚体作顺时针加速运动

C. $\omega>0,\beta<0$ 时,刚体作逆时针加速运动

D. 以上都不对

Step 2　完成以上阅读题后,做以下练习。

5.1.5 （知识点：刚体运动学）

一个匀质圆盘起初以 2r/s 的角速率转动,然后在 1/2s 内均匀地减速停止。该圆盘的角加速度 β 的大小(β 的负值代表减速)为( )。

A. $-4\pi\mathrm{rad/s^2}$ 　　　　B. $4\pi\mathrm{rad/s^2}$ 　　　　C. $-8\pi\mathrm{rad/s^2}$ 　　　　D. $8\pi\mathrm{rad/s^2}$

5.1.6 （知识点：刚体运动学）

如图 5.1 所示,一个匀质圆盘起初以 2r/s 的角速度转动,然后在 1/2s 内均匀地减速停止。一只蚂蚁被放在距离圆盘中心 1m 的地方。假设蚂蚁没有爬动,这只蚂蚁在减速停止的 1/2s 的过程中会转过多少圈?( )

A. 0.25 圈 　　　　　　　　　B. 0.5 圈

C. 1 圈 　　　　　　　　　　　D. 2 圈

E. 4 圈

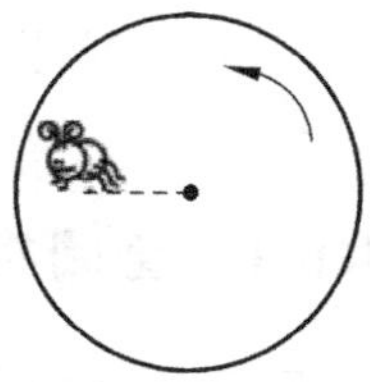

图 5.1

5.1.7 （知识点：刚体运动学）

一半径为 R 的车轮在水平面上无滑动地匀速滚动,设轮子中心的平移速率为 u,则轮绕中心的转动角速率的大小为( )。

A. Ru 　　　　　　　　　　　B. 0

C. u/R 　　　　　　　　　　　D. 信息太少无法判断

5.1.8 （知识点：刚体运动学）

一半径为 R 的车轮在水平面上无滑动地匀速滚动,设轮子中心的平移速率为 u,则轮上最低点的瞬时速度的大小为( )。

A. $2u$ 　　　　　　　　　　　B. 0

C. u 　　　　　　　　　　　　D. 信息太少无法判断

5.1.9 （知识点：刚体运动学）

一半径为 R 的车轮在水平面上无滑动地匀速滚动,设轮子中心的平移速率为 u,则轮上

最高点的瞬时速度的大小为（　　）。

A. $2u$

B. 0

C. u

D. 信息太少无法判断

Step 3　下面的题目需要一些技巧和综合能力,希望读者能坚持做完。

5.1.10　（知识点:刚体运动学）

如图 5.2 所示,一条缆绳绕过一定滑轮拉动一部电梯。滑轮半径为 1m,若电梯以加速度 $a=0.5\text{m/s}^2$ 由静止匀加速上升,且缆绳与滑轮不打滑,则滑轮的角加速度和 10s 末滑轮的角速度分别是（　　）。

A. 0,0

B. 0.25rad/s^2,25rad/s

C. 0.5rad/s^2,5rad/s

D. 以上都不对

5.1.11　（知识点:刚体运动学）

接上题,在 10s 内滑轮转过的圈数和电梯上升的高度分别是（　　）。

A. 0,0

B. 4 圈,25m

C. 3 圈,5m

D. 以上都不对

5.1.12　（知识点:刚体运动学）

如图 5.3 所示,一细棒绕通过 O 点的垂直轴转动,半径为 r 的半圆向右以匀速 u 运动,运动中细棒与半圆相切。当细棒与水平线的夹角为 θ 时,棒的角速度大小为（　　）。

A. $u\tan\theta/r$

B. $u\sin^2\theta/(r\cos\theta)$

C. $u\cos\theta/(r\sin^2\theta)$

D. $u/(r\sin\theta)$

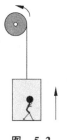

图　5.2

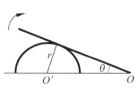

图　5.3

5.1.13　（知识点:刚体运动学）

如图 5.4 所示,一个圆柱形的铁桶放置在一水平面上,一人拉着绳子使铁桶滚动,若边缘的绳子使铁桶滚动了 $l/2$ 的距离,且铁桶是纯滚动(与地面之间没有相对滑动),此时人走过多少距离?（　　）

A. l

B. $l/2$

C. $2l$

D. $3l/2$

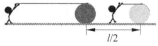

图　5.4

5.2 刚体的转动惯量

阅读指南：

(1) 理解刚体转动惯量的定义，掌握刚体转动惯量的计算方法。

(2) 转动惯量与刚体总质量的区别。

(3) 转动惯量与转轴位置有关。

(4) 转动惯量与刚体的形状和质量分布有关。

(5) 转动惯量的平行轴定理。

Step 1 查阅相关知识完成以下阅读题。

5.2.1 （知识点：转动惯量）

请进行判断：两个质量不同的刚体，质量大的刚体其转动惯量就一定大。（   ）

A. 对   B. 不对

5.2.2 （知识点：转动惯量）

A、B 为长度和质量相同的两根细直棒，A 质量分布均匀，B 质量分布不均匀。设它们对通过杆心并与杆垂直的轴的转动惯量分别为 J_A 和 J_B，比较其大小：（   ）。

A. $J_A > J_B$ B. $J_A < J_B$

C. $J_A = J_B$ D. 无法确定 J_A 和 J_B 哪个大

5.2.3 （知识点：转动惯量）

A、B 为两个形状相同、质量相同的细圆环，A 环的质量分布均匀，B 环的质量分布不均匀。设它们对通过环心并与环面垂直的轴的转动惯量分别为 J_A 和 J_B，则（   ）。

A. $J_A > J_B$ B. $J_A < J_B$

C. $J_A = J_B$ D. 无法确定 J_A 和 J_B 哪个大

5.2.4 （知识点：转动惯量）

关于刚体对轴的转动惯量，下列说法中正确的是（   ）。

A. 只取决于刚体的质量，与质量的空间分布和轴的位置无关

B. 取决于刚体的质量和质量的空间分布，与轴的位置无关

C. 取决于刚体的质量、质量的空间分布和轴的位置

D. 只取决于转轴的位置，与刚体的质量和质量的空间分布无关

Step 2 完成以上阅读题后，做以下练习。

5.2.5 （知识点：转动惯量）

一匀质圆环，质量为 M，半径为 r。当它绕其中心轴（即通过环心并与环面垂直的轴）旋

转时，它的转动惯量为（　　）。

A. 不用积分无法回答　　　　　　　　　B. Mr

C. $(1/2)Mr$　　　　　　　　　　　　　D. Mr^2

E. $(1/2)Mr^2$

5.2.6　（知识点：面积元）

如图 5.5 所示，一匀质圆盘，质量为 M，半径为 R。在圆盘内画一半径为 r 的圆环，宽度为 $\mathrm{d}r$，该圆环的面积是（　　）。

A. $2\pi r\mathrm{d}r$　　　　　　　　　　B. $r\mathrm{d}r$

C. πr^2　　　　　　　　　　　　　D. $\pi r^2 \mathrm{d}r$

E. r^2

图　5.5

5.2.7　（知识点：质量面积元）

接上题，该圆环的质量是（　　）。

A. $\left(\dfrac{M}{\pi R^2}\right)r^2\mathrm{d}r$　　　B. $\left(\dfrac{M}{R}\right)r$　　　C. $\left(\dfrac{MR^2}{r\mathrm{d}r}\right)$　　　D. $\left(\dfrac{2M}{R^2}\right)r\mathrm{d}r$

5.2.8　（知识点：转动惯量）

质量为 M、半径为 R 的匀质圆盘对垂直于该盘且通过圆盘中心的转轴的转动惯量是（　　）。

A. MR^2　　　　　B. MR　　　　　C. $\dfrac{1}{2}MR^2$　　　　　D. $\dfrac{1}{2}MR$

Step 3　下面的题目需要一些技巧和综合能力，希望读者能坚持做完。

5.2.9　（知识点：转动惯量）

如图 5.6 所示，质量为 M、长度为 L 的匀质细杆，其一端固定有一质量为 m 的小球，小球可视为质点，该系统对垂直于杆并通过杆中心的转轴的转动惯量是（　　）。

A. $\dfrac{1}{4}(M+m)L$　　　　　B. $\dfrac{1}{4}(M+m)L^2$

C. $\dfrac{1}{12}(M+m)L$　　　　　D. $\dfrac{1}{12}(M+3m)L^2$

图　5.6

5.2.10　（知识点：转动惯量）

如图 5.7 所示的圆环（内径 R_1，外径 R_2，质量 m），对垂直盘面的中心轴的转动惯量是（　　）。

A. $m(R_2^2-R_1^2)$　　　　　B. $m(R_2^2+R_1^2)$

C. $\dfrac{1}{2}m(R_2^2-R_1^2)$　　　　　D. $\dfrac{1}{2}m(R_2^2+R_1^2)$

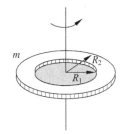

图　5.7

5.2.11 （知识点：转动惯量）

如图 5.8 所示，一质量为 m、半径为 R 的光盘在平面上滚动，则光盘绕其与地面接触的瞬时轴的转动惯量是多少？（   ）

A. mR^2 　　　　　　 B. $mR^2/2$ 　　　　　　 C. $2mR^2$ 　　　　　　 D. $3mR^2/2$

5.2.12 （知识点：转动惯量）

如图 5.9 所示，P、Q、R 和 S 是附于刚性轻质细杆上的质量分别为 $4m$、$3m$、$2m$ 和 m 的 4 个质点，已知 $PQ=QR=RS=l$，则系统对 OO' 轴的转动惯量为 _____。

图　5.8　　　　　　　　　　　　　　　图　5.9

5.2.13 （知识点：转动惯量）

如图 5.10 所示，一复摆，由一细棒（质量忽略不计）和两个质量相同的小球 A、B（看成质点）组成，小球固定在棒的两端，摆可绕水平轴 O 在竖直面内自由转动，问该摆摆动的周期是多少？（设摆角很小）。（已知复摆的周期 $T=2\pi\sqrt{\dfrac{J}{Mgr_c}}$，$J$ 是复摆对转轴的转动惯量，M 为复摆的质量，r_c 是复摆质心到转轴的距离。）

图　5.10

5.3　刚体绕定轴转动的转动定理

阅读指南：

（1）刚体绕定轴转动的转动定理 $M=J\beta$ 是怎么来的？对比质点的运动定律，能得出什么结论？

（2）某刚体对定轴的力矩和对空间某定点的力矩之间的区别与联系。

（3）由于作用在刚体上的外力的作用点不一定在相同的位置，所以合外力为零时，外力矩之和不一定为零。

（4）力是物体平动状态改变的原因，力矩是物体转动状态改变的原因。

Step 1 查阅相关知识完成以下阅读题。

5.3.1 （知识点：力矩）

一方向盘固定在水平轴 O 上,受到两个力的作用,如图 5.11 所示。已知这两个力大小相同,方向相反。下面哪个描述是正确的?（　　）

A. 这两个力的矢量和为零,它们对轴的力矩之和为零

B. 这两个力的矢量和为零,它们对轴的力矩之和不为零

C. 这两个力的矢量和不为零,它们对轴的力矩之和为零

D. 这两个力的矢量和不为零,它们对轴的力矩之和不为零

5.3.2 （知识点：力矩）

一方向盘固定在水平轴 O 上,受到两个力的作用,如图 5.12 所示。这两个力大小相同,方向相同。下面哪个描述是正确的?（　　）

A. 这两个力的矢量和为零,它们对轴的力矩之和为零

B. 这两个力的矢量和为零,它们对轴的力矩之和不为零

C. 这两个力的矢量和不为零,它们对轴的力矩之和为零

D. 这两个力的矢量和不为零,它们对轴的力矩之和不为零

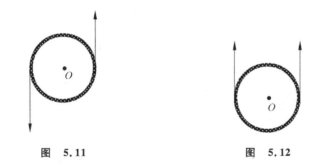

图 5.11　　　　　　　　　图 5.12

5.3.3 （知识点：力矩）

若作用在一力学体系上的外力的合力为零,则外力对某轴的力矩之和（　　）。

A. 一定为零　　　　　　　　　　B. 一定不为零

C. 不一定为零　　　　　　　　　D. 一定为零,且机械能守恒

5.3.4 （知识点：力矩）

若作用在刚体上的外力对固定轴的力矩之和为零,则刚体所受的合外力（　　）。

A. 一定为零　　　　　　　　　　B. 一定不为零

C. 不一定为零　　　　　　　　　D. 信息太少,不能判断

Step 2 完成以上阅读题后,做以下练习。

5.3.5 （知识点：力矩）

有一扇门,还没有装在门轴上,但门上点 O 处固定。此时有力 F 作用于门上一点 P,方

向在 Oxz 平面内,如图 5.13 所示。建立直角坐标系,坐标原点设在 O 点,P 点的位置矢量为 r,该力对原点 O 的力矩为(　　)。

A. Fr　　　　　B. $F \cdot r$　　　　　C. $F \times r$　　　　　D. $r \times F$　　　　　E. 0

5.3.6 （知识点：力矩）

有一扇门,固定在门轴（z 轴）上,此时有一个力 F 作用于门上一点 P,方向在 xOz 平面内,如图 5.13 所示。建立直角坐标系,坐标原点设在 O 点,P 点的位置矢量为 r,则该力对 z 轴的力矩为(　　)。

A. Fr　　　　　B. $F \cdot r$　　　　　C. $F \times r$　　　　　D. $r \times F$　　　　　E. 0

5.3.7 （知识点：力矩）

如图 5.14 所示,有一扇门,还没有装在门轴上,但点 O 处固定。此时有一个力 F 作用于门上一点 P,方向如图所示。建立直角坐标系,坐标原点设在 O 点,P 点的位置矢量为 r,该力对原点 O 的力矩方向(　　)。

A. 沿力的方向　　　　　　　　　　B. 为 OP 方向

C. 为 z 轴方向　　　　　　　　　　D. 与 r 和 F 组成的平面垂直

E. 在 r 与 F 组成的平面 S 上

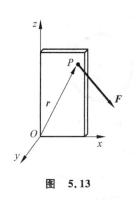

图　5.13

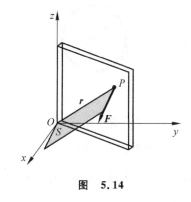

图　5.14

5.3.8 （知识点：力矩）

如图 5.14 所示,有一扇门,固定在门轴（z 轴）上,此时有一力 F 作用于门上一点 P,方向如图所示。建立直角坐标系,坐标原点设在 O 点,P 点的位置矢量为 r,该力对 z 轴的力矩(　　)。

A. 大小为零　　　　　　　　　　　B. 沿轴的方向,指向向上

C. 沿轴的方向,指向向下　　　　　D. 与 r 和 F 组成的平面垂直

E. 在 r 与 F 组成的平面 S 上

5.3.9 （知识点：力矩）

一质量为 1kg 的轮子,中心轴固定,所受力的方向如图 5.15 所示,假设轮轴和辐条质量

忽略不计。该力对于轮子中心轴的力矩是（　　）。

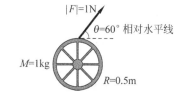

图　5.15

A. 0.5N·m

B. 0.25N·m

C. 1N·m

D. 2N·m

E. 4N·m

5.3.10　（知识点：刚体定轴转动定理）

接上题,轮子的角加速度大小是多少?（　　）

A. $1/4\text{rad}/\text{s}^2$

B. $1/2\text{rad}/\text{s}^2$

C. $1\text{rad}/\text{s}^2$

D. $2\text{rad}/\text{s}^2$

E. $4\text{rad}/\text{s}^2$

5.3.11　（知识点：刚体定轴转动定理）

两个质量均为1kg的轮子,它们的中心轴均固定,从静止开始运动,两轮所受力 F_1、F_2 的方向如图5.16所示。设轮轴和辐条的质量忽略不计,水平力大小 $F_1=1\text{N}$,为了使两个轮子有相同的角加速度,施加在第二个轮上的水平力 F_2 应为多大?（　　）

A. 0.5N

B. 0.25N

C. 1 N

D. 2 N

E. 4 N

5.3.12　（知识点：刚体定轴转动定理）

接上题,两轮所受的力方向如图5.17所示,大小均为1N。轮轴和辐条质量忽略不计。为了使两轮有相同的角加速度,F_1 应该从哪个角度施加(回答图示 θ 值)?（　　）

A. 0°

B. 15°

C. 30°

D. 45°

E. 60°

F. 90°

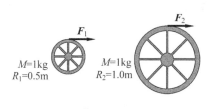

图　5.16

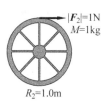

图　5.17

Step 3　下面的题目需要一些技巧和综合能力,希望读者能坚持做完。

5.3.13　（知识点：刚体定轴转动定理）

如图5.18所示,两个质量和半径都相同的匀质滑轮,轴处无摩擦,β_1 和 β_2 分别表示它们的角加速度,则有（　　）。

A. $\beta_1 > \beta_2$

B. $\beta_1 = \beta_2$

C. $\beta_1 < \beta_2$

D. 无法判断

5.3.14 （知识点：刚体定轴转动定理）

一轻绳跨过一具有水平光滑轴、质量为 M 的定滑轮，绳的两端分别悬有质量为 m_1、m_2 的物体（$m_1 < m_2$），如图 5.19 所示，绳与轮之间无相对滑动。若某时刻开始滑轮沿逆时针方向转动，则绳中的张力（　　）。

A. 处处相等　　　　　　　　　　B. 左边大于右边

C. 右边大于左边　　　　　　　　D. 哪边大无法判断

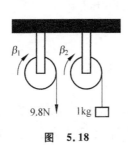

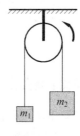

图 5.18　　　　　　　　　　图 5.19

5.3.15 （知识点：刚体定轴转动定理）

均匀细杆可绕通过其一端 O 与杆垂直的水平固定光滑轴转动，如图 5.20 所示。初始时刻，细杆静止处于水平位置，然后开始自由下落，在细杆摆到竖直位置的过程中，以下描述哪一个是正确的？（　　）

A. 角速度从小到大，角加速度从小到大　　B. 角速度从小到大，角加速度从大到小

C. 角速度从大到小，角加速度从小到大　　D. 角速度从大到小，角加速度从大到小

5.3.16 （知识点：刚体定轴转动定理）

如图 5.21 所示，转轮 A、B 可分别独立地绕光滑的固定轴 O 转动，它们的质量分别为 m_A 和 $m_B = 2m_A$，半径分别为 r_A 和 r_B。现用力 f_A 和 f_B 分别向下拉绕在轮上的细绳且使绳与轮之间无滑动。若 A、B 轮边缘处的切向加速度相同，则两轮的角加速度之比 β_A/β_B 等于（　　）。

A. m_A/m_B　　　　B. m_B/m_A　　　　C. r_A/r_B　　　　D. r_B/r_A

E. $(r_B/r_A)^2$

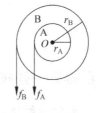

图 5.20　　　　　　　　　　图 5.21

5.3.17 （知识点：刚体定轴转动定理）

接上题，若 A、B 轮边缘处的切向加速度相同，相应的拉力 f_A、f_B 之比应为多少？（其中

A、B 轮绕 O 轴转动时的转动惯量分别为 $J_A = \frac{1}{2} m_A r_A^2$ 和 $J_B = \frac{1}{2} m_B r_B^2$)

5.3.18　（知识点：刚体定轴转动定理）

如图 5.22 所示，一质量为 m 的物体悬于一条轻绳的一端，绳另一端绕在一轮轴的轴上。轴水平且垂直于轮轴面，其半径为 r，整个装置架在光滑的固定轴承之上。设绳与轮之间无滑动，整个轮轴的转动惯量为 J。试对物体 m 和轮轴分别写出牛顿运动定律和转动定理，物体 m 的加速度和轮轴的角加速度的关系如何？

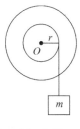

图　5.22

5.3.19　（知识点：刚体定轴转动定理）

一转动惯量为 J 的圆盘绕垂直圆盘并通过圆盘中心的固定轴转动，起初角速度为 ω_0。设它所受阻力矩与转动角速度成正比，即 $M = -k\omega$（k 为正的常数），求圆盘的角速度从 ω_0 变为 $\omega_0 / 2$ 时所需的时间。

5.3.20　（知识点：力矩）

有一半径为 R、质量为 m 的圆形平板平放在水平桌面上，平板与水平桌面的摩擦因数为 μ，若平板绕通过其中心且垂直板面的固定轴以角速度 ω_0 开始旋转，试问平板与桌面之间的摩擦力对中心轴的力矩是不是等于 $\mu m g R$？如果不是，则说明理由。

5.3.21 （知识点：力矩）

接上题，为了计算平板与桌面之间的摩擦力对中心轴的力矩，我们在平板上取一质元，计算该质元所受的摩擦力对中心轴的力矩，如何取质元比较合理？（设 σ 为平板的面密度）（　　　）

A. 取平板上任意小质元 dm，其面积为 $ds = dxdy$

B. 取半径为 r 的圆为质元 dm，$dm = \sigma\pi r^2$

C. 在 r 处取宽度为 dr 的环带面积为质元 dm，$dm = \sigma\pi r^2 dr$

D. 以上都不对

5.3.22 （知识点：力矩）

接上题，则总摩擦力矩为多少？

5.3.23 （知识点：刚体定轴转动定理）

接上题，若平板绕通过其中心且垂直板面的固定轴以角速度 ω_0 开始旋转，它将在旋转几圈后停止？（已知圆形平板的转动惯量 $J = \dfrac{1}{2}mR^2$，其中 m 为圆形平板的质量）

5.4　角动量定理　转动中的功与能

阅读指南：

（1）刚体绕定轴转动时刚体对该轴的角动量是如何定义的？与质点的角动量的定义有什么区别？

（2）系统角动量守恒的条件：对定轴的力矩（矢量）之和为零，则系统对该轴的角动量守恒。

（3）刚体绕定轴转动时刚体的转动动能是如何定义的？与质点的动能有什么区别？

（4）系统的机械能守恒的条件：外力做功为零，非保守内力做功为零。（一般把相互之间有保守力作用的对象放在一个系统中）

（5）刚体绕定轴转动的角动量定理，以及动能定理是怎么得来的？对比质点的运动定理，你能得出什么结论？

Step 1　查阅相关知识完成以下阅读题。

5.4.1　（知识点：刚体的角动量）

对绕对称轴高速旋转的圆盘，下面结论正确的是（　　）。
A. 其角加速度一定很大　　　　　　B. 它受到的外力矩一定很大
C. 它的转动惯量一定很小　　　　　D. 它的角动量一定很大

5.4.2　（知识点：刚体的角动量）

芭蕾舞演员可绕通过其脚尖的垂直轴转动，当她伸长两手时，其转动惯量为 J_0，角速度为 ω_0，当她突然手臂弯曲到胸前时，这时其转动惯量减小为 $J_0/2$，则该时刻她转动的角速度为（　　）。

A. $2\omega_0$　　　　　　　　　　　　B. $\sqrt{2}\,\omega_0$

C. $4\omega_0$　　　　　　　　　　　　D. $\omega_0/2$

5.4.3　（知识点：刚体的角动量）

一个物体正在绕固定光滑轴转动，则（　　）。
A. 它受热膨胀或遇冷收缩时，角速度不变
B. 它受热膨胀时角速度较大，遇冷收缩时角速度较小
C. 它受冷受热角速度均较大
D. 它受热膨胀时角速度较小，遇冷收缩时角速度较大

Step 2　完成以上阅读题后，做以下练习。

5.4.4　（知识点：刚体的重力势能）

　　一长为 l、质量为 m 的均匀细杆可绕通过其一端 O 而与杆垂直的水平固定光滑轴转动，如图 5.23 所示。初始时刻，细杆静止处于水平位置，开始自由下落，在细杆摆到竖直位置的过程中，其重力势能改变多少？（　　）

A. 0　　　　　　　　　　　　B. mgl

C. $mgl/2$　　　　　　　　　D. 信息不够，无法计算

图　5.23

5.4.5　（知识点：刚体的重力势能）

　　一长为 l、质量为 m 的均匀细杆可绕通过其一端 O 而与杆垂直的水平固定光滑轴转动。初始时刻，细杆静止处于如图 5.24 所示的位置，开始自由下落，在细杆摆到竖直位置的过程中，其重力势能改变多少？（　　）

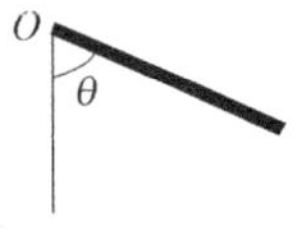

A. 0　　　　　B. $mgl\cos\theta$　　　　C. $mgl\cos\theta/2$

D. $mgl(1-\cos\theta)$　　　E. $mgl(1-\cos\theta)/2$

图　5.24

5.4.6　（知识点：刚体的转动动能）

接题 5.4.4，在细杆摆到竖直位置的过程中，细杆获得多少转动动能？（　　）

A. 0　　　　　　　　　　　　　　　　B. mgl

C. $mgl/2$　　　　　　　　　　　　　D. 信息不够，无法计算

5.4.7　（知识点：刚体的转动动能）

接题 5.4.4，当细杆摆到竖直位置时，细杆角速度是多少？（　　）

A. $\sqrt{6g/l}$　　　　B. $\sqrt{g/l}$　　　　C. $\sqrt{3g/l}$　　　　D. $\sqrt{12g/l}$

5.4.8　（知识点：刚体动力学）

如图 5.25 所示，一半径为 R、质量为 m 的水平转台上，有一质量是它一半的玩具小车。起初小车在转台的边缘，转台以角速度 ω_0 绕中心轴旋转。小车相对转台沿径向向里行驶，当小车缓慢行至 $R/2$ 处时，转台的角速度 ω 改变为（　　）。

A. $\omega = \dfrac{8}{5}\omega_0$　　　B. $\omega = \omega_0$　　　C. $\omega = \dfrac{3}{2}\omega_0$　　　D. $\omega = \dfrac{7}{10}\omega_0$

5.4.9　（知识点：刚体动力学）

接上题，小车相对转台沿径向向里行驶，当小车缓慢行至 $R/2$ 处时，转台与小车组成的系统的动能改变 ΔE_k 是多少？设初始时刻系统转动动能为 E_{k0}。（　　）

A. $\Delta E_k = 0$　　　B. $\Delta E_k = 3E_{k0}/5$　　　C. $\Delta E_k = 3E_{k0}/2$　　　D. $\Delta E_k = 2E_{k0}$

E. 以上都不对

系统的动能变大了，并不守恒，为什么？

5.4.10　（知识点：刚体动力学）

如图 5.26 所示，一半径为 R、质量为 m 的水平转台上有一质量是它一半的玩具小车。起初小车在转台的边缘，转台不动。小车沿转台边缘按逆时针方向行驶，当小车相对于转台的速度为 u 时，转台的运动状态如何？（　　）

A. 转台不动　　　　　　　　　　　　B. 转台沿顺时针方向旋转

C. 转台沿逆时针方向旋转　　　　　　D. 以上都不对

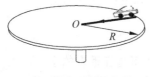　　　　　　　　

图　5.25　　　　　　　　　　　　　　图　5.26

5.4.11　（知识点：刚体动力学）

接上题，小车沿转台边缘按逆时针方向行驶，当小车相对于转台的速度为 u 时，转台相对于地面的角速度为（　　）。

A. $\dfrac{u}{R}$　　　　　B. $\dfrac{2u}{R}$　　　　　C. $\dfrac{u}{2R}$　　　　　D. $\dfrac{3u}{2R}$

5.4.12　（知识点：刚体动力学）

接上题，小车沿转台边缘按逆时针方向行驶，当小车相对于地面的速度为 v 时，转台相对于地面的角速度为（　　）。

A. $\dfrac{v}{R}$　　　　　B. $\dfrac{2v}{R}$　　　　　C. $\dfrac{v}{2R}$　　　　　D. $\dfrac{3v}{2R}$

5.5　刚体的进动

阅读指南：
(1) 了解进动的原理。
(2) 将生活中与刚体进动有关的例子进行总结。
(3) 会判断刚体进动的方向。

Step 3　下面的题目需要一些技巧和综合能力，希望读者能坚持做完。

5.5.1　（知识点：刚体进动）

如图 5.27 所示，一个快速转动的轮子，其中心轴不转动，该轴的末端被一根柱子支撑起来。轮子转动的方向是这样的：观察轮子上某一点，当它在轮子底端时，它朝你运动；当这一点到达轮子顶端的时候，它向纸内的方向运动。则轮子的角动量的方向是（　　）（利用右手定则）。

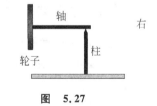

图　5.27

A. 向纸内　　　　　B. 向纸外
C. 向上　　　　　　D. 向下
E. 向左　　　　　　F. 向右

5.5.2　（知识点：刚体进动）

接上题，轮子和轴所受的重力竖直向下。问轮和轴组成的系统所受到的重力相对柱子的支撑点 O 的力矩是什么方向？（假设轮子在高速旋转）（　　）

A. 向纸内　　　　B. 向纸外　　　　C. 向上　　　　D. 向下
E. 向左　　　　　F. 向右

5.5.3　（知识点：刚体进动）

接上题，由于重力力矩的作用，轮和轴组成的系统开始运动。从上方看，这个系统将如何运动？（假设轮子在高速旋转）（　　）

A. 下落　　　　　　　　　　　B. 顺时针转动
C. 逆时针转动　　　　　　　　D. 信息不足，无法判断

5.5.4 （知识点：刚体进动）

如图 5.28 所示，一个绕轴 AB 作高速转动的轮子，轴的一端 A 用一根链条挂起，如果原来轴在水平位置，从轮子上面向下看，则（   ）。

A. 轴 AB 绕 A 点在竖直平面内作顺时针转动

B. 轴 AB 绕 A 点在竖直平面内作逆时针转动

C. 轴 AB 绕 A 点在水平面内作逆时针转动

D. 轴 AB 绕 A 点在水平面内作顺时针转动

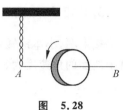

图   5.28

5.6   刚体综合训练

> **重点：**
> （1）角动量守恒定律、机械能守恒定律的应用。
> （2）刚体定轴转动定理 $M=J\beta$ 的运用。
>
> **难点：**
> （1）角动量定理的运用。
> （2）变力矩的计算。

Step 3   下面的题目需要一些技巧和综合能力，希望读者能坚持做完。

5.6.1 （知识点：守恒量）

下述说法中正确的是（   ）。

A. 不受外力作用的系统，动量和机械能必定守恒

B. 系统所受合外力为零，内力都是保守力，则该系统的动量和机械能必定守恒

C. 只受保守内力的系统，其动量和机械能必定同时守恒

D. 合外力为零，系统的动能和动量同时守恒

5.6.2 （知识点：守恒量）

一水平圆盘可绕过其中心的固定轴转动，盘上站着一个人，初始时整个系统处于静止状态，当此人在盘上任意走动时，若忽略轴处摩擦，则系统（   ）。

A. 动量守恒   B. 机械能守恒

C. 对转轴的角动量守恒   D. 动量、角动量、机械能都守恒

5.6.3 （知识点：守恒量）

如图 5.29 所示，一光滑细杆上端由光滑铰链固定，杆可绕其上端在任意角度的锥面上绕竖直轴 OO' 作匀角速转动。有一小环套在杆的上端处，开始使杆在一个锥面上运动起来，

而后小环由静止开始沿杆下滑。在小环下滑过程中,以小环、杆和地球组成的系统的机械能以及小环加杆对轴 OO' 的角动量这两个量中(　　)。

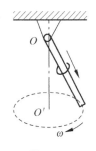

A. 机械能、角动量都守恒

B. 机械能守恒,角动量不守恒

C. 机械能不守恒,角动量守恒

D. 机械能、角动量都不守恒

图　5.29

5.6.4　(知识点:守恒量)

如图 5.30 所示,长为 l 的均匀刚性细杆,放在倾角为 α 的光滑斜面上,可以绕通过其一端垂直于斜面的光滑固定轴 O 在斜面上转动。在此杆绕该轴转动一周的过程中,(　　)。

A. 杆对轴的角动量守恒　　　　　　B. 杆对轴的角动量不守恒

C. 以杆与地球为系统,其机械能守恒　　D. 以杆与地球为系统,其机械能不守恒

5.6.5　(知识点:角动量与动量)

如图 5.31 所示,有一子弹质量为 m,以水平速度 v_0 射入杆的下端而不复出。若以杆和子弹为系统,在碰撞过程中,下面哪种描述是对的?(　　)

A. 因为子弹与杆的碰撞时间很短,在忽略空气阻力情况下,系统的动量守恒

B. 因为子弹与杆的碰撞时间很短,悬线还基本保持竖直,在忽略空气阻力情况下,系统在水平方向的动量守恒

C. 因为还有其他不能忽略的水平力作用于该系统上,所以系统在水平方向的动量不守恒

D. 以上都不对

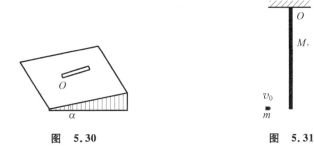

图　5.30　　　　　　　　　　图　5.31

5.6.6　(知识点:角动量与动量)

如图 5.31 所示,有一子弹质量为 m,以水平速度 v_0 射入杆的下端而不复出。若以杆和子弹为系统,在碰撞过程中,系统对轴 O 的角动量守恒,下面哪种数学表达式是对的?(　　)

A. $mv_0 = (m+M)v$　　　　　　B. $mlv_0 = (m+M)lv$

C. $mlv_0 = \dfrac{1}{3}Mlv$　　　　　　D. $mlv_0 = \dfrac{1}{3}(m+M)\omega$

E. 以上选项都不对

5.6.7　(知识点:角动量守恒)

如图 5.32 所示,有一子弹质量为 m,以水平速度 v_0 射入匀质杆的中点而不复出。若以

杆和子弹为系统,在碰撞过程中,系统对轴 O 的角动量守恒,下面哪种数学表达式是对的?(   )

A. $mlv_0 = \left(\frac{1}{2}m + \frac{1}{3}M\right)lv$ 　　　　　B. $mlv_0 = (m+M)lv$

C. $\frac{1}{2}mlv_0 = \frac{1}{3}Ml\omega^2 + \frac{1}{4}ml\omega^2$ 　　　　D. $\frac{1}{2}mlv_0 = \left(\frac{1}{4}m + \frac{1}{3}M\right)l^2\omega$

E. $\frac{1}{2}mlv_0 = \left(m + \frac{1}{3}M\right)l^2\omega$

5.6.8 (知识点:机械能守恒)

如图 5.33 所示,有一绳长为 L、质量为 m 的单摆和一长为 L、质量为 m 能绕水平轴自由转动的匀质细棒,现将摆球和细棒同时从与铅直线成 θ 角度的位置静止释放。当两者运动到竖直位置时,小球的角速度 ω_1 和细棒的角速度 ω_2 应满足(   )。

A. $\omega_1 > \omega_2$ 　　　　B. $\omega_1 = \omega_2$ 　　　　C. $\omega_1 < \omega_2$ 　　　　D. 不能唯一确定

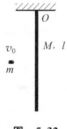

图 5.32

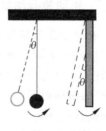

图 5.33

5.6.9 (知识点:机械能守恒)

如图 5.34 所示,有一长为 l、质量为 m 能绕水平轴自由转动的匀质细棒,现将细棒从与铅直线成 θ 角度的位置静止释放。当运动到竖直位置时,细棒的角速度 ω 应满足(   )。

A. $\frac{1}{2}ml^2\omega^2 = mgl(1-\cos\theta)$

B. $\frac{1}{6}ml^2\omega^2 = mgl(1-\cos\theta)$

C. $\frac{1}{2}ml^2\omega^2 = \frac{1}{2}mgl(1-\cos\theta)$

D. $\frac{1}{6}ml^2\omega^2 = \frac{1}{2}mgl(1-\cos\theta)$

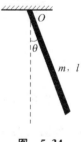

图 5.34

5.6.10 (知识点:机械能守恒)

如图 5.33 所示,有一绳长为 L、质量为 m 的单摆和一长为 L、质量为 m 能绕水平轴自由转动的匀质细棒,现将摆球和细棒同时从与铅直线成 θ 角度的位置静止释放。当两者运动到竖直位置时,细棒的角速度 ω_2 与小球的角速度 ω_1 的关系为(   )。

A. $\omega_1^2 : \omega_2^2 = 2 : 3$ 　　　　　　B. $\omega_1 : \omega_2 = 3 : 2$

C. $\omega_1^2 : \omega_2^2 = 6 : 1$ 　　　　　　D. $\omega_1 : \omega_2 = 1 : 6$

5.6.11　（知识点：刚体机械能守恒和角动量守恒）

如图 5.35 所示，长为 l 的匀质细杆，可绕过杆的一端 O 点的水平光滑固定轴转动，开始时静止于竖直位置，紧挨着 O 点悬挂一单摆，单摆质量为 m。轻质摆线的长度也是 l（摆线质量不计），设单摆从水平位置由静止自由摆下（忽略空气阻力）。若摆球与细杆作完全弹性碰撞，碰撞后摆球正好静止，计算细杆的质量和细杆能摆起的最大角度。

图　5.35

5.6.12　（知识点：刚体角动量定理和定轴转动动能定理）

如图 5.36 所示，质量为 m_1、长为 l 的均匀细棒静止平放在滑动摩擦因数为 μ 的水平桌面上，它可绕通过其端点 O 且与桌面垂直固定的光滑轴转动。另有一沿着水平方向运动的质量为 m_2 的小滑块，从侧面垂直于棒与棒的另一端碰撞。（1）求碰撞后细棒所受的摩擦力矩；（2）若小滑块碰撞前后速率分别为 v_1、v_2，方向如图所示，求碰撞后瞬间细棒从开始转动到停止转动的过程所需要的时间；（3）求碰撞后细棒从开始转动到停止转动的过程所转过的角度。

图　5.36

答案及部分解答

5.1.1　A　　　　5.1.2　A　　　　5.1.3　C　　　　5.1.4　A

5.1.5　C　　　　5.1.6　B　　　　5.1.7　C　　　　5.1.8　B

5.1.9　A　　　　5.1.10　C　　　　5.1.11　B　　　　5.1.12　B

5.1.12　B　解答：$\dfrac{1}{\sin\theta}=\dfrac{OO'}{r}$，$-\dfrac{\cos\theta}{\sin^2\theta}\dfrac{\mathrm{d}\theta}{\mathrm{d}t}=-\dfrac{u}{r}$，棒的角速度 $\omega=\dfrac{\mathrm{d}\theta}{\mathrm{d}t}=\dfrac{u}{r}\dfrac{\sin^2\theta}{\cos\theta}$

5.1.13　A　解答：人同时参与了铁桶的质心平动和铁桶边缘的放绳运动（转动）。由铁桶的纯滚动条件可知，铁桶转过的距离等于铁桶质心移动的距离，所以人走过的距离为这两者之和。

5.2.1　B	5.2.2　D	5.2.3　C	
5.2.4　C	5.2.5　D	5.2.6　A	5.2.7　D
5.2.8　C	5.2.9　D	5.2.10　D	5.2.11　D

5.2.12　$50ml^2$　　　　　5.2.13　$T=2\pi\sqrt{\dfrac{l_1^2+l_2^2}{g(l_2-l_1)}}$

5.3.1　B	5.3.2　C	5.3.3　C	5.3.4　C
5.3.5　D	5.3.6　E	5.3.7　D	5.3.8　C
5.3.9　B	5.3.10　C	5.3.11　D	5.3.12　E
5.3.13　A	5.3.14　C	5.3.15　B	5.3.16　D

5.3.17　$1/2$

5.3.18　设绳子对物体的拉力为 T,对 m 有 $mg-T=ma$,对轮轴有 $Tr=J\beta$,且 $a=r\beta$。

5.3.19　$t=J\ln2/k$

解答:$J\dfrac{\mathrm{d}\omega}{\mathrm{d}t}=-k\omega$,分离变量积分:$\displaystyle\int_{\omega_0}^{\omega_0/2}\dfrac{1}{\omega}\mathrm{d}\omega=-\int_0^t\dfrac{k}{J}\mathrm{d}t$

5.3.20　不是。

5.3.21　D　解答:在 r 处取宽度为 $\mathrm{d}r$ 的环带为质元 $\mathrm{d}m$,$\mathrm{d}m=\sigma2\pi r\mathrm{d}r$。

5.3.22　$M=\dfrac{2}{3}\mu mgR$　　　　　　　　　5.3.23　$n=3R\omega_0^2/(16\pi\mu g)$

5.4.1　D	5.4.2　A	5.4.3　D	5.4.4　C	5.4.5　E
5.4.6　C	5.4.7　C	5.4.8　A	5.4.9　B	5.4.10　B
5.4.11　C	5.4.12　A	5.5.1　E	5.5.2　B	5.5.3　C
5.5.4　C	5.6.1　C	5.6.2　C		

5.6.3　A　解答:以杆和环为系统,外力之一为轴承力,作用点在 O 点,所以它对轴 OO' 的力矩为零;外力之二为重力,它的方向与轴 OO' 方向平行,所以它对轴 OO' 的力矩亦为零;所以系统对轴 OO' 角动量守恒。显然轴承力矩做功当然也为零,同时小环与杆之间一对内力做功为零,所以以杆、环、地球为系统其机械能守恒。

| 5.6.4　BC | 5.6.5　C | 5.6.6　E | 5.6.7　D |
| 5.6.8　C | 5.6.9　D | 5.6.10　A | 5.6.11　$M=3m,\theta=\arccos(1/3)$ |

5.6.12　(1) $M=\mu gm_1l/2$;(2) $\Delta t=2m_2(v_1+v_2)/(\mu gm_1)$;(3) $\theta=3m_2^2(v_1+v_2)^2/(\mu gm_1^2l)$

第 6 章

相 对 论

6.1 狭义相对论运动学

> **阅读指南**：理解狭义相对论的两条基本假设，洛伦兹坐标变换，相对论速度变换公式，理解狭义相对论的时空观。
>
> （1）狭义相对论的两条基本假设：相对性原理和光速不变原理。
>
> （2）狭义相对论的时空观：异地同时的相对性，时间膨胀，长度收缩。
>
> （3）洛伦兹坐标变换和相对论速度变换公式的应用。

Step 1　查阅相关知识完成以下阅读题。

6.1.1　（知识点：狭义相对论的建立）

狭义相对论的两条基本假设是（　　）。

A. 相对性原理和量子理论　　　　　　B. 光速不变原理和量子理论

C. 相对性原理和光速不变原理　　　　D. 相对性原理和绝对性原理

6.1.2　（知识点：狭义相对论的建立）

爱因斯坦的相对论与牛顿力学体系的关系是（　　　）。

A. 完全继承　　　　　　　　　　　　B. 完全否定

C. 有否定，有发展　　　　　　　　　D. 没有任何关系

Step 2　完成以上阅读题后，做以下练习。

6.1.3　（知识点：光速不变原理）

电磁波传播的速度，与电磁波发生源的速度有关系吗？换言之，发射电磁波的物体的移动速度对电磁波的传播速度是否造成影响？（　　）

A. 有　　　　　　B. 没有　　　　　　C. 不确定

6.1.4　（知识点：同时的相对性）

甲说："今天早上七点整我在操场开始锻炼。"乙说："我今天也是早上七点整在教室开始早读。"那我们会按照常识得出结论，他们是同时（即早上七点整）在各自的场所（不同的地点）开始活动。试问这个"同时"的概念是绝对的，还是相对的？如果换在另外一个相对地球

作高速飞行的参考系来观察(设地球参考系和相对地球作高速飞行的参考系都是惯性系),结果如何?试讨论之。下列描述中哪种说法是对的?(   )

    A. 用北京时间和纽约时间描述同一件事情是不一样的,所以同时性是相对的

    B. 尽管用北京时间和纽约时间描述同一件事情是不一样的,但同时性表示两个事件的时间差,所以同时性是绝对的

    C. 换在另外一个相对地球作高速飞行的参考系来观察,这两个异地同时发生的事件不可能同时

    D. 如果早上七点整甲和乙一起在操场同一地点开始锻炼身体,那么换在另外一个相对地球作高速飞行的参考系来观察,他们是同时在操场开始锻炼的

6.1.5　(知识点:同时的相对性)

按照相对论的时空观,下列叙述中正确的是(   )。

    A. 在一个惯性系中,两个同时的事件,在另一惯性系中一定是同时事件

    B. 在一个惯性系中,两个同时的事件,在另一惯性系中一定是不同时事件

    C. 在一个惯性系中,两个同时又同地的事件,在另一惯性系中一定是同时同地事件

    D. 在一个惯性系中,两个同时不同地的事件,在另一惯性系中只可能同时不同地

    E. 在一个惯性系中,两个同时不同地的事件,在另一惯性系中只可能同地不同时

6.1.6　(知识点:相对论时空观)

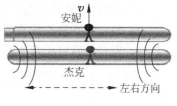

如图6.1所示,安妮和杰克站在各自飞船的中间部位,安妮的飞船以恒定速度v相对于杰克的飞船运动(速度方向垂直于飞船)。如果杰克同时收到飞船两侧信号器发出的信号,问安妮是否也能同时接收到这两个信号?(   )

    A. 不能

    B. 能

    C. 只有当两飞船相对静止时才能

图　6.1

6.1.7　(知识点:相对论时空观)

设细棒静止于某参考系沿x轴放置,有另一参考系相对该参考系以速度v沿x轴运动,下列表述中错误的是(   )。

    A. 固有长度总是最长

    B. 要测量细棒的固有长度,测量者相对于细棒应该是静止的

    C. 同时测量某一棒的两端所得的长度,即为固有长度

    D. 平行于物体运动速度方向的长度将收缩

6.1.8　(知识点:相对论时空观)

下列表述中错误的是(   )。

    A. 固有时间总是最短

    B. 原时是指在惯性系中,发生在同一地点的两事件的时间间隔

C. 如果某两个事件的空间间隔为零,则这两个事件的时间间隔即为固有时间

D. 原时是指在惯性系中一件事情经历的时间,如火车从广州出发到达北京历时 24h,
则 24h 就是原时

6.1.9　(知识点:相对论时空观)

如图 6.2 所示,一飞船上的宇航员向他经过的一面镜子发射一束光脉冲,然后接收此光
脉冲,则坐在镜子上的人观测到该光脉冲所经过的路程应该比宇航员测量此距离要长,这种
说法是否正确?(　　)

A. 正确　　　　　　B. 错误　　　　　　C. 不能确定

6.1.10　(知识点:相对论时空观)

有一宇宙飞船以速度 v 沿着 x 方向掠过地球,如图 6.3 所示。宇宙飞船中有一把长度
为 L 的直尺平行于 x 方向放置,现将直尺旋转至垂直于 x 方向,则在该飞船中的宇航员看
来,该直尺的长度变化为(　　)。

A. L 变短　　　　　　　　　　　B. L 变长

C. L 无变化　　　　　　　　　　D. 取决于飞船速度 v 的大小

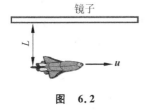
图　6.2

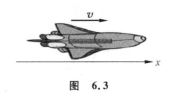
图　6.3

6.1.11　(知识点:相对论时空观)

宇宙飞船相对于地面以速度 v 作匀速直线飞行,某一时刻飞船头部的宇航员向飞船尾
部发出一个光讯号,经过 Δt(飞船上的钟)时间后,被尾部的接收器收到,则由此可知飞船的
固有长度为(c 表示真空中光速)(　　)。

A. $c\Delta t$　　　　B. $v\Delta t$　　　　C. $\dfrac{c\Delta t}{\sqrt{1-\left(\frac{v}{c}\right)^2}}$　　　　D. $c\Delta t\sqrt{1-\left(\frac{v}{c}\right)^2}$

6.1.12　(知识点:相对论时空观)

在某地发生两个事件,静止于该地的甲测得时间间隔为 4s,若相对于甲作匀速直线运
动的乙测得这两事件的时间间隔为 5s,则(　　)。

A. 两个事件的固有时间间隔为 4s　　　B. 两个事件的固有时间间隔为 5s

C. 甲观察到这两个事件是同地发生的　　D. 乙也观察到这两个事件是同地发生的

6.1.13　(知识点:相对论时空观)

在某地发生两个事件,静止于该地的甲测得时间间隔为 4s,若相对于甲作匀速直线运

动的乙测得这两事件的时间间隔为 5s,则乙相对于甲的运动速度是(　　　)。

　A. $(1/5)c$　　　　　B. $(2/5)c$　　　　　C. $(3/5)c$　　　　　D. $(4/5)c$

6.1.14　(知识点: 洛伦兹变换)

设 S' 系相对于 S 系以速度 $u=0.8c$ 沿 x 轴正向运动,在 S' 系中测得两个事件的空间间隔为 300m,时间间隔为 10^{-6}s。下面选项哪个是正确的?(　　　)。

　A. $\Delta x=0, \Delta t=10^{-6}$s　　　　　　B. $\Delta x=300$m, $\Delta t=10^{-6}$s

　C. $\Delta x'=300$m, $\Delta t'=10^{-6}$s　　　　D. $\Delta x'=0, \Delta t'=10^{-6}$s

　E. $\Delta x'=300$m, $\Delta t'=0$　　　　　F. $\Delta x=300$m, $\Delta t=0$

6.1.15　(知识点: 洛伦兹变换)

设 S' 系相对于 S 系以速度 $u=0.8c$ 沿 x 轴正向运动,在 S' 系中测得两个事件的空间间隔为 300m,时间间隔为 10^{-6}s,则 S 系中测得的两个事件的空间间隔(　　　)。

　A. $\Delta x=\gamma(\Delta x'-u\Delta t')$　　　　B. $\Delta x'=\gamma(\Delta x-u\Delta t)$

　C. $\Delta x'=\gamma(\Delta x+u\Delta t)$　　　　D. $\Delta x=\gamma(\Delta x'+u\Delta t')$

6.1.16　(知识点: 洛伦兹变换)

设 S' 系相对于 S 系以速度 $u=0.8c$ 沿 x 轴正向运动,在 S' 系中测得两个事件的空间间隔为 300m,时间间隔为 10^{-6}s,则 S 系中测得的两个事件的时间间隔(　　　)。

　A. $\Delta t=\gamma\left(\Delta t'-\dfrac{u}{c^2}\Delta x'\right)$　　　　B. $\Delta t=\gamma\left(\Delta t'+\dfrac{u}{c^2}\Delta x'\right)$

　C. $\Delta t'=\gamma\left(\Delta t-\dfrac{u}{c^2}\Delta x\right)$　　　　D. $\Delta t'=\gamma\left(\Delta t+\dfrac{u}{c^2}\Delta x\right)$

Step 3　下面的题目需要一些技巧和综合能力,希望读者能坚持做完。

6.1.17　(知识点: 爱因斯坦假设)

下列哪个物理量与测量者所处的参考系无关,总是不变的?(　　　)

　A. 真空中的光速　　　　　　　B. 两事件的时间间隔

　C. 物体的长度　　　　　　　　D. A 与 B

　E. A 与 C　　　　　　　　　　F. B 与 C

6.1.18　(知识点: 洛伦兹变换)

高速宇宙飞船上的人从尾部向前面的靶子发射高速子弹,此人测得飞船长 60m,子弹的速度是 $0.8c$。当飞船相对地球以 $0.6c$ 运动时,计算地球上的观察者测得子弹飞行的时间。

飞船人测得子弹飞行时间 $\Delta t'=60/0.8c=2.50\times10^{-7}$s,则地球上的观察者测得子弹飞行的时间 $\Delta t=\dfrac{\Delta t'}{\sqrt{1-\left(\dfrac{u}{c}\right)^2}}$。

这种做法是否正确？（　　）

　A. 做法正确　　　　　B. 做法不正确　　　C. 不知道

6.1.19 （知识点：洛伦兹变换）

高速宇宙飞船上的人从尾部向前面的靶子发射高速子弹，此人测得飞船长 60m，子弹的速度是 $0.8c$。当飞船相对地球以 $0.6c$ 运动时，地球上的观察者测得子弹飞行的时间为（　　）。

　A. 3.125×10^{-7} s　　　　　　　　B. 4.625×10^{-7} s

　C. 2.50×10^{-7} s　　　　　　　　D. 以上都不对

6.1.20 （知识点：相对论时空观）

一架飞船从地球飞向某一星球（星球相对地球是静止的），以 $v=0.8c$ 的速度行驶，当驶经地面上的某一时钟时，飞行员注意到那只钟指向零，自己的钟也指向零。后来当他自己的钟指到 6s 时，飞行员看他经过的星球上另一只钟，问该钟的读数是多少？

6.1.21 （知识点：相对论时空观）

接上题，在飞船参考系和地球参考系观察，地球和星球的距离各是多少？

*6.1.22 （知识点：相对论时空观）

如图 6.4 所示，一架飞船以 $v=0.8c$ 的速度从地球飞向某一星球（星球相对地球是静止的），星球与地球相距 8 光年。设在地球和星球上各有一钟 C_1、C_2 是彼此对准的，飞船起飞时刻地球上的钟 C_1 和飞船上的钟 C_1' 都指向零。用 a 表示"年"的符号，l.y 表示"光年"的符号。

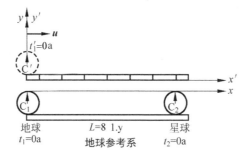

图　6.4

72

问题 1：在飞船参考系 S' 观察，地球与星球的距离 x' 为多少光年？

问题 2：计算在飞船参考系 S' 飞船起飞时刻，和到达星球时刻各钟的读数。

并将回答标在图 6.5 和图 6.6 上。

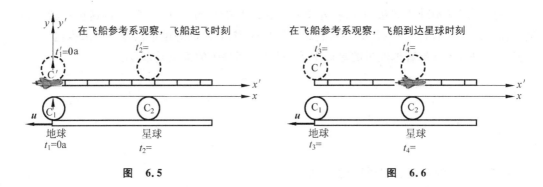

图 6.5　　　　　　　　　　　　图 6.6

*6.1.23　（知识点：相对论时空观）

接上题，飞船立即掉头以原速率返回地球，如图 6.7 所示。

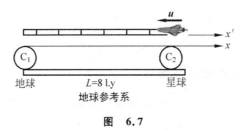

图 6.7

问题 1：计算在飞船返航参考系 S'' 飞船离开星球时刻，和到达地球时刻各钟的读数。

问题 2：计算在地球参考系 S 观察，飞船来回所用的时间。

并在图 6.8 和图 6.9 中标出答案。

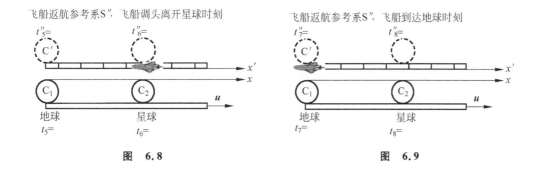

图 6.8   图 6.9

6.2 狭义相对论动力学

> **阅读指南**：理解狭义相对论质量、动量、动能、能量等概念及其公式，能正确进行有关的计算。
> （1）狭义相对论质量，即质速关系。
> （2）狭义相对论能量、动能、静止能量。
> （3）狭义相对论动量和能量的关系。

Step 1 查阅相关知识完成以下阅读题。

6.2.1 （知识点：相对论质量、能量与动量）

根据爱因斯坦的狭义相对论，物体的质量随着其速度增加而如何变化？（   ）

A. 不变　　　　　B. 增加　　　　　C. 减少　　　　　D. 不确定

6.2.2 （知识点：相对论质量、能量与动量）

由爱因斯坦的质能关系可知（   ）。

A. 质量和能量可以互相转化

B. 时间和空间是联系在一起的

C. 质量变化的同时，必然有相应能量的变化

D. 能量变化的同时，必然有相应质量的变化

E. 在任何惯性系中测得的真空中的光速都相同

6.2.3 （知识点：相对论质量、能量与动量）

如图 6.10 所示，有两惯性系 S 和 S′，S′ 系以速度 v 相对于 S 系运动。杰克坐在 S′ 系中休息，但他是以速度 v 相对于 S 系运动，那么，在 S 系和 S′ 系的观测者看来，杰克就有不同的动量 p 和动能 K，下面哪个陈述正确？（   ）

A. 只有 S 系中 p 和 K 的值才是正确的

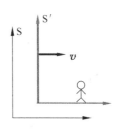

图 6.10

B. 只有 S' 系中 p 和 K 的值才是正确的

C. 只在洛伦兹变换下可以得到 p 和 K 在不同参考系中有不同的值

D. 在洛伦兹变换和伽利略变换下都可得到 p 和 K 在不同参考系中有不同的值

E. 用洛伦兹变换可以证明 p 和 K 的值在 S 系和 S' 系中相同

6.2.4 （知识点：相对论质量、能量与动量）

如图 6.10 所示，惯性系 S' 以速度 v 相对于惯性系 S 运动，杰克坐在 S' 系中休息，故其相对于 S 系以速度 v 运动，所以在两坐标系中的观测者看来，杰克的动量 p 和动能 K 是不同的。下列哪个式子所得的结果在 S 系和 S' 系中都相同？（　　　）

A. $(cp)^2 - K^2$ 　　　　　　　　　　B. $x^2 + y^2 + z^2 - (ct)^2$

C. $E^2 - (pc)^2$ 　　　　　　　　　　D. A 和 C

E. B 和 C 　　　　　　　　　　　　　F. A 和 B

Step 2　完成以上阅读题后，做以下练习。

6.2.5 （知识点：相对论动能）

设某微观粒子的总动能是它的静止能量的 $K-1$ 倍，则（　　　）。

A. $mc^2 = (K-1)m_0 c^2$ 　　　　　　　　　B. $\frac{1}{2}mv^2 = \frac{1}{2}(K-1)m_0 v^2$

C. $\frac{1}{2}mv^2 = (K-1)m_0 c^2$ 　　　　　　　D. $mc^2 = Km_0 c^2$

6.2.6 （知识点：相对论能量）

设某微观粒子的总能量是它的静止能量的 K 倍，则微粒的质量应为（　　　）。

A. $m = Km_0$ 　　　B. $m = m_0$ 　　　C. $m = (K-1)m_0$ 　　　D. 以上都不对

6.2.7 （知识点：相对论能量）

设某微观粒子的总能量是它的静止能量的 K 倍，则其运动速度应为（　　　）。

A. $v = c\sqrt{1 - K^2}$ 　　B. $v = c\sqrt{1 - 1/K^2}$ 　　C. $v = cK$ 　　　D. $v = c/K$

6.2.8 （知识点：相对论能量）

设某微观粒子的总能量是它的静止能量的 K 倍，则其动量应为（　　　）。

A. $p = m_0 c\sqrt{1 - 1/K^2}$ 　　　　　　　B. $p = m_0 c\sqrt{K^2 - 1}$

C. $p = m_0 cK$ 　　　　　　　　　　　D. $p = m_0 c/K$

6.2.9 （知识点：相对论质量）

有一静止质量为 m_0 的粒子，具有初速度为 $0.4c$。若粒子的速度增加 1 倍，则它的质量将（　　　）。

A. 不变 　　　　　　B. 增加 　　　　　　C. 减小 　　　　　　D. 不确定

6.2.10 （知识点：相对论质量）

有一静止质量为 m_0 的粒子，具有初速度 $0.4c$。若粒子的速度增加 1 倍，则它的质量将变为（　　）。

A. m_0　　　　　B. $1.1m_0$　　　　　C. $1.67m_0$　　　　　D. $0.6m_0$

6.2.11 （知识点：相对论质量）

有一静止质量为 m_0 的粒子，具有初速度 $0.4c$。若粒子的速度增加 1 倍，则它的动量是初动量的几倍？（　　）

A. 3 倍　　　　　B. 2 倍　　　　　C. 6 倍　　　　　D. 0.6 倍

6.2.12 （知识点：相对论动力学）

有一静止质量为 m_0 的粒子，具有初速度 $0.4c$。若使粒子的末动量等于初动量的 10 倍，则其末速度应为初速度的几倍？（　　）

A. 3 倍　　　　　B. 10 倍　　　　　C. 约 4 倍　　　　　D. 2.4 倍

6.2.13 （知识点：相对论动能）

把一静止质量为 m_0 的粒子由静止加速到 $0.1c$ 所需要的功是多少？（　　）

A. $0.5m_0c^2$　　　B. $0.005m_0c^2$　　　C. $5m_0c^2$　　　D. $4.9m_0c^2$

6.2.14 （知识点：相对论动能）

把一静止质量为 m_0 的粒子由 $0.89c$ 加速到 $0.99c$ 所需要的功是多少？（　　）

A. $0.5m_0c^2$　　　B. $0.005m_0c^2$　　　C. $5m_0c^2$　　　D. $4.9m_0c^2$

6.2.15 （知识点：相对论动能）

把一静止质量为 m_0 的粒子加速，在增加同样大小的速度大小情况下，高速（接近光速时）所需的外力功与低速时所需要的外力功相比（　　）。

A. 应该是一样的

B. 不一样，但是应该为同一数量级

C. 相差很大，接近光速时所需的外力功要大得多

D. 相差很大，低速时所需的外力功要大得多

6.2.16 （知识点：相对论质量）

在核反应中，原子能的释放对应核反应前后质量亏损，质量亏损是指（　　）。

A. 在相对论中质量不守恒

B. 核反应后的总静止质量少于反应前的静止质量

C. 核反应后的总质量少于反应前的总质量

D. 在相对论中能量不守恒

6.2.17 （知识点：相对论质量）

一个质子与一个中子结合成氘核过程中要吸收能量还是释放能量？已知质子的静止质量 $m_p = 1.67266 \times 10^{-27}$ kg；中子的静止质量 $m_n = 1.67495 \times 10^{-27}$ kg；氘核的静止质量 $m_p = 3.34365 \times 10^{-27}$ kg。（ ）

A. 吸收　　　　　　　B. 释放　　　　　　　C. 有时候吸收有时候释放

6.2.18 （知识点：相对论质量）

一个质子与一个中子结合成氘核过程中的结合能是多少？已知质子的静止质量 $m_p = 1.67266 \times 10^{-27}$ kg；中子的静止质量 $m_n = 1.67495 \times 10^{-27}$ kg；氘核的静止质量 $m_p = 3.34365 \times 10^{-27}$ kg。（ ）

A. 2.22MeV　　　　B. 0　　　　　　C. 22.4MeV　　　　D. 以上都不对

答案及部分解答

6.1.1　C　　　6.1.2　C　　　6.1.3　B　　　6.1.4　CD　　　6.1.5　C
6.1.6　B　　　6.1.7　C　　　6.1.8　D　　　6.1.9　A　　　6.1.10　C
6.1.11　A　　　6.1.12　AC　　　6.1.13　C　　　6.1.14　C　　　6.1.15　D
6.1.16　B　　　6.1.17　A　　　6.1.18　B　　　6.1.19　B

6.1.20　10s。因为飞行员测得的时间间隔是固有时间 τ，地面和星球的两只钟的时间间隔应为 $\Delta t = \gamma \tau$。

6.1.21　飞船参考系：$x' = tv = 1.44 \times 10^6$ km；地球参考系 $x = tv = 2.4 \times 10^6$ km 或 $x = x'\gamma = x'/0.6 = 2.4 \times 10^6$ km

*6.1.22　(1) $x' = 8/\gamma = 4.8$ l. y.。(2) 飞船起飞时刻：$t_{1'} = t_{2'} = 0, t_1 = 0, t_2 = \gamma\beta x'/c = \beta x/c = 0.8 \times 8a = 6.4a, \beta = \dfrac{u}{c}, \gamma = \dfrac{1}{\sqrt{1-u^2/c^2}}$；

飞船到达星球时刻：$t_{3'} = t_{4'} = x'/v = 6a; t_4 = x/v = 10a, t_3 = t_{3'}/\gamma = 6 \times 0.6a = 3.6a$。

*6.1.23　(1) 飞船调头离开星球时刻：$t_{5''} = t_{6''} = 6a, t_6 = 10a, t_5 = (10+6.4)a = 16.4a$；

飞船到达地球时刻：$t_{7'} = t_{8'} = (6+6)a = 12a, t_8 = (10+3.6)a = 13.6a, t_7 = (16.4 + 3.6)a = 20a$

(2) 即为上述计算的 $t_7 = 20a, t_7 - t_{7'} = 8a$。地球上的钟比飞船上的钟慢了 8 年。

6.2.1　B　　　6.2.2　ACD　　　6.2.3　D　　　6.2.4　E
6.2.5　D　　　6.2.6　A　　　6.2.7　B　　　6.2.8　B
6.2.9　B　　　6.2.10　C　　　6.2.11　A　　　6.2.12　D
6.2.13　B　　　6.2.14　D　　　6.2.15　C　　　6.2.16　B
6.2.17　B　　　6.2.18　A

第7章

静 电 场

7.1 电荷 库仑定律 电场强度

> **阅读指南**：掌握电荷的基本性质，掌握库仑定律与静电力的叠加原理。理解电场强度的定义和场强叠加原理。
> (1) 注意库仑定律的适应条件。
> (2) 注意利用场强叠加原理计算某带电体的场强的方法与技巧。

Step 1 查阅相关知识完成以下阅读题。

7.1.1 （知识点：电荷的基本概念）

对于带电粒子之间的任何反应，总电荷量在反应之前和之后总是保持不变的，该原理称为（　　）。

A. 电荷量子化   B. 电荷守恒

C. 静电感应   D. 电荷具有相对论不变性

7.1.2 （知识点：电荷的基本概念）

将电子或质子加速后，其质量会随着其运动状态变化，但是电量并不改变。一个电荷的电量与它的运动状态无关，称为（　　）。

A. 电荷量子化   B. 电荷守恒

C. 静电感应   D. 电荷具有相对论不变性

7.1.3 （知识点：库仑力）

在外加匀强电场 E 中，一电偶极子的偶极矩与电场夹角为 θ，则该电偶极子在外加匀强电场 E 中（　　）。

A. 将只受到外力作用，没有力矩的作用   B. 将只受到力矩作用

C. 既没有力的作用，也没有力矩的作用   D. 既有力的作用，也有力矩的作用

E. 答案取决于外电场强度 E 的方向

7.1.4 （知识点：库仑力）

在外加电场 E 中，以下哪种情况下图示的偶极子所受的合力为零？（　　）

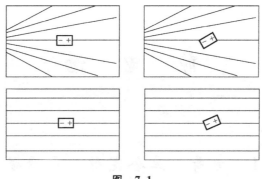

图　7.1

A. 图 7.1 左上图　　　B. 图 7.1 右上图　　　C. 图 7.1 左下图　　　D. 图 7.1 右下图

7.1.5 （知识点：电场强度）

边长为 a 的正方形的 4 个顶点分别放置 4 个点电荷,其电量如图 7.2 所示,则中心 P 点的电场大小是( )。

A. $\dfrac{\sqrt{Q^2+q^2}}{\pi\varepsilon_0 a^2}$ 　　　　　　B. $\dfrac{Q+q}{2\pi\varepsilon_0 a^2}$ 　　　　　　C. 0

D. $\dfrac{Q+q}{\pi\varepsilon_0 a^2}$ 　　　　　　E. 以上都不对

7.1.6 （知识点：电场强度）

考虑图 7.3 所示电偶极子激发的电场,中垂线上某点 P 的场强的方向为( )。

A. 　　B. 　　C. 　　D. 　　E. 　　F.

7.1.7 （知识点：电场强度）

如图 7.4 所示,接上题,延长线上某点 Q 的场强的方向为( )。

A. 　　B. 　　C. 　　D. 　　E. 　　F.

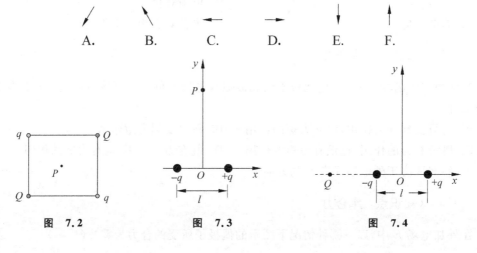

图　7.2　　　　　　　　图　7.3　　　　　　　　图　7.4

Step 2 完成以上阅读题后,做以下练习。

7.1.8 (知识点:电场强度的计算)

如图 7.5 所示,一电量为 q、半径为 R 的均匀带电细圆环,在环心 O 点处产生的电场强度大小为( )。

A. 0

B. $\dfrac{q}{4\pi\varepsilon_0 R^2}$

C. 以上都不对

图 7.5

7.1.9 (知识点:电场强度的计算)

如图 7.6 所示,电量为 q、半径为 R 的均匀带电细圆环,轴线上一点 P 处产生的电场强度大小为( )。

A. 0
B. $\dfrac{q}{4\pi\varepsilon_0 r^2}$
C. $\dfrac{q}{4\pi\varepsilon_0 r^2}\cos\theta$

D. $\dfrac{q}{4\pi\varepsilon_0 r^2}\sin\theta$
E. 不用积分无法计算出来

7.1.10 (知识点:电场强度的计算)

如图 7.7 所示,一个半径为 R 的带电细圆环,电量为 q,电荷非均匀分布,线密度 $\lambda = \lambda(\beta)$,该圆环在轴线上一点 P 处产生的电场强度大小( )。

A. $E_x = \dfrac{q}{4\pi\varepsilon_0 r^2}$,$E_y = 0$

B. $E_x = \dfrac{q}{4\pi\varepsilon_0 r^2}\cos\theta$,$E_y = 0$

C. $E_x = \dfrac{q}{4\pi\varepsilon_0 r^2}\cos\theta$,$E_y$ 由电荷分布情况决定

D. E_x、E_y 均由电荷分布情况决定

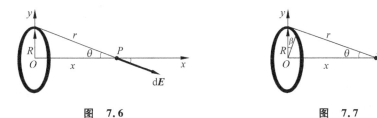

图 7.6   图 7.7

7.1.11 (知识点:电场强度的计算)

有 N 个电荷均为 q 的点电荷,以两种方式分布在相同半径的圆周上,如图 7.8 所示,一种是无规则的分布,另一种是均匀分布。比较这两种情况下,在圆周的轴线上一点 P 处产生的电场强度大小。( )

A. 两者场强大小相同　　　　　　　　B. 两者场强在 x 方向的分量相同

C. 两者场强在 y 方向的分量相同　　　D. 两者场强在 x、y 方向的分量都不同

7.1.12　（知识点：电场强度的计算）

如图 7.9 所示，一均匀带电圆盘，半径为 R，电荷面密度为 σ。取圆盘内半径为 r、宽度为 $\mathrm{d}r$ 的圆环，其所带的电量应为（　　）。

A. $\sigma 2\pi r\mathrm{d}r$　　　　　　B. $\sigma r\mathrm{d}r$　　　　　　C. $\sigma \pi R^2$　　　　　　D. $\sigma \pi r^2\mathrm{d}r$

E. σr^2

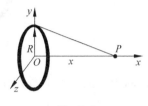　　　　　　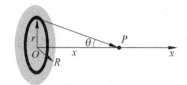

图　7.8　　　　　　　　　　　　　　　图　7.9

7.1.13　（知识点：电场强度的计算）

接上题，取圆盘内半径为 r、宽度为 $\mathrm{d}r$ 的圆环，该圆环在轴线上一点 P 处产生的电场强度的大小是（　　）。

A. $\mathrm{d}E=\dfrac{\sigma 2\pi r\mathrm{d}r\cdot x}{4\pi\varepsilon_0\left(r^2+x^2\right)^{\frac{3}{2}}}$　　　　　　B. $\mathrm{d}E=\dfrac{\sigma 2\pi r\mathrm{d}r}{4\pi\varepsilon_0\left(r^2+x^2\right)}$

C. $\mathrm{d}E=\dfrac{\sigma 2\pi r\mathrm{d}r}{4\pi\varepsilon_0 r^2}$　　　　　　　　D. 以上都不对

7.1.14　（知识点：电场强度的计算）

一均匀带电圆盘，半径为 R_2，中间挖去一个半径为 R_1 的圆盘，成为一个圆环，如图 7.10 所示，设该圆环的电荷面密度为 σ。则该圆环在轴线上一点 P 处产生的电场强度的大小是（　　）。

A. $E=\dfrac{\sigma}{2\varepsilon_0}\left(\sqrt{R_2^2+x^2}-\sqrt{R_1^2+x^2}\right)$

B. $E=\dfrac{\sigma x}{2\varepsilon_0}\left(\dfrac{1}{\sqrt{R_1^2+x^2}}-\dfrac{1}{\sqrt{R_2^2+x^2}}\right)$

C. $E=\dfrac{\sigma}{2\varepsilon_0}\left(\dfrac{1}{R_1}-\dfrac{1}{R_2}\right)$

D. 以上都不对

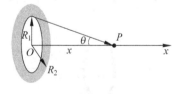

图　7.10

7.1.15　（知识点：静电综合）

在地球周围的大气中，电场 E 的平均值约为 150N/C，方向向上。我们尝试使 0.5kg 的带电硫黄小球体浮在电场中，则硫黄球上须带多少电量？（　　）

A. 3.27×10^{-2}C　　　B. 2.56C　　　　C. 以上都不对　　　D. 无法计算

7.1.16　（知识点：静电综合）

接上题,估算该硫黄小球在其表面附近所产生的电场有多大。估算数量级。（　　）

A. ~100N/C　　　B. ~ 10^{-5} N/C　　C. ~ 10^{10} N/C　　D. 无法估算

7.1.17　（知识点：静电综合）

在地球周围的大气中,电场 E 的平均值约为 150N/C,方向向上。我们尝试使 0.5kg 的带电硫黄球体浮在电场中,你认为这个实验能否实现?（　　）

A. 可以实现,只要让硫黄球带上足够的电量

B. 不能实现,因为硫黄球和空气将被击穿,因而不可能使硫黄球带有这么大的电量

C. 很难明确给出结果

Step 3　下面的题目需要一些技巧和综合能力,希望读者能坚持做完。

7.1.18　（知识点：电场强度计算）

如图 7.11 所示,一半无限长的均匀带电细棒,单位长度上带有恒定电荷 λ,则细棒一端垂线上任一点 P 处的电场强度在 x 方向和 y 方向的分量分别为（　　）。

A. $E_x = 0, E_y = \dfrac{\lambda}{4\pi\varepsilon_0 a}$　　　　　B. $E_x = \dfrac{\lambda}{4\pi\varepsilon_0 a}, E_y = 0$

C. $E_x = \dfrac{\lambda}{4\pi\varepsilon_0 a}, E_y = \dfrac{\lambda}{4\pi\varepsilon_0 a}$　　　D. $E_x = -\dfrac{\lambda}{4\pi\varepsilon_0 a}, E_y = \dfrac{\lambda}{4\pi\varepsilon_0 a}$

E. $E_x = -\dfrac{\lambda}{4\pi\varepsilon_0 a}\sin\theta, E_y = \dfrac{\lambda}{4\pi\varepsilon_0 a}\cos\theta$

7.1.19　（知识点：电场强度计算）

接上题,如图 7.11 所示,P 点处的电场方向（　　）。

A. 与棒成 45°角,与 P 点和棒的垂直距离 a 无关

B. 与棒成某一角度,与 P 点和棒的垂直距离 a 有关

C. 垂直纸面向里或向外,与 P 点和棒的垂直距离 a 无关

D. 以上都不对

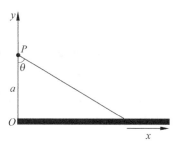

图　**7.11**

7.1.20　（知识点：电场强度计算）

如图 7.12 所示,正电荷均匀分布的一段圆弧线,它对圆心 O 的张角为 θ,圆弧半径为 R,则圆心 O 处场强 E 的方向为（　　）。

A. 垂直纸面向里

B. 垂直纸面向外

C. 由圆心 O 点指向圆弧的中心 b 点

D. 由圆弧的中心 b 点指向圆心 O 点

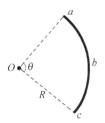

图　**7.12**

7.1.21 （知识点：电场强度计算）

如图 7.12 所示，电荷均匀分布的一段圆弧线，电量为 q，它对圆心 O 的张角为 θ，圆弧半径为 R，则圆心 O 处场强 E 的大小为（　　）。

A. $\dfrac{q}{4\pi\varepsilon_0 R}$ 　　　　B. $\dfrac{q}{4\pi\varepsilon_0 R^2\theta}$ 　　　　C. $\dfrac{q\sin\theta}{2\pi\varepsilon_0 R\theta}$ 　　　　D. $\dfrac{q\sin\theta/2}{2\pi\varepsilon_0 R^2\theta}$

7.1.22 （知识点：电场强度计算）

如图 7.13 所示，两根无限长均匀带正电的直导线 1、2 相互平行，相距为 d，其电荷密度为 λ_1、λ_2。则（　　）。

A. 场强为零的点应在两根直导线中间的某点

B. 场强为零的点应在两根直导线之外的某点

C. 没有一个点场强为零

D. 无法判断

7.1.23 （知识点：电场强度计算）

接上题，场强为零的点离导线 1 的距离为（　　）。

A. $\dfrac{\lambda_2 d}{\lambda_1+\lambda_2}$ 　　　　　　　　　　　　B. $\dfrac{\lambda_1 d}{\lambda_1+\lambda_2}$

C. $\dfrac{\lambda_1 d}{\lambda_1-\lambda_2}$ 　　　　　　　　　　　　D. 以上都不对

图　7.13

7.2　电通量　高斯定理

阅读指南：掌握电通量的物理意义，掌握高斯定理。

（1）理解三个定义：矢量面元 dS，一个矢量场的通量 Φ_e，开放面和闭合面。

（2）高斯定理中涉及的电场强度是所有源电荷（闭合曲面内外）在面元 dS 处所产生的总电场强度。

（3）高斯定理是静电场的一条基本原理，反映了静电场是一个有源场。

Step 1　查阅相关知识完成以下阅读题。

7.2.1 （知识点：高斯定理）

关于矢量面元 dS 的理解：如图 7.14 所示柱形闭合面上的矢量面元 dS_1 的方向是（　　）。

A. 沿上表面半径方向　　　　B. 沿上表面切线方向

C. 垂直向上　　　　　　　　D. 垂直向下

E. 上表面方向

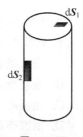

图　7.14

7.2.2 （知识点：高斯定理）

关于矢量面元 dS 的理解：如图 7.14 所示柱形闭合面侧面上的矢量面元 dS_2 的方向是
（　　）。

A. 沿圆柱侧面方向
B. 沿圆柱的轴线向上
C. 沿圆柱的轴线向下
D. 沿该面元所在处圆柱的半径方向，并且向外
E. 沿该面元所在处圆柱的半径方向，并且向里

7.2.3 （知识点：电通量）

如图 7.15 所示，一边长为 2m 的正方体盒子，其面向读者的平面 S 的法线方向如图中
箭头所示，置入电场强度大小为 10N/C 的匀强电场 E 中，其电力线与盒子表平面成 30°角
进入盒子并穿出，则通过该平面 S 的电通量为多少？（　　）

A. 20N·m²/C　　　　B. −20N·m²/C
C. 35N·m²/C　　　　D. −35N·m²/C
E. 40N·m²/C　　　　F. −40N·m²/C
G. 0

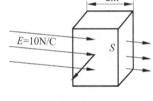

图　7.15

7.2.4 （知识点：电通量）

接上题，则通过该正方体表面的电通量为多少？（　　）

A. 120N·m²/C　　　　　　　　B. 120N·m²/C
C. 240N·m²/C　　　　　　　　D. −240N·m²/C
E. 0

7.2.5 （知识点：电通量）

在均匀的电场 E 中沿电场方向放一横截面半径为
R、长为 L 的圆柱面，如图 7.16 所示。则通过其侧面的电
通量为（　　）。

A. 0　　　　　　　B. $2\pi RLE$
C. $\pi R^2 E$　　　　　D. $(2\pi RL - \pi R^2)E$

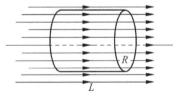

图　7.16

7.2.6 （知识点：电通量）

如图 7.17 所示，在外电场 E 中放一圆柱形绝缘材料，则
通过这个圆柱表面的电通量（　　）。

A. 为 0
B. 为正
C. 为负
D. 必须知道电场 E 的表达形式才可以求出

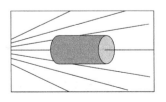

图　7.17

Step 2 完成以上阅读题后,做以下练习。

7.2.7 (知识点:高斯定理)

如图 7.18 所示,箭头表示电力线方向,穿过一立方形盒子。电场与盒子的左右两面垂直。试问盒子左右两面的电场是否相等?( )

A. 相等   B. 不相等   C. 无法判断

7.2.8 (知识点:高斯定理)

接上题,试问盒内电荷的极性如何?( )

A. 净余电荷为正   B. 净余电荷为负

C. 无净余电荷   D. 无法确定

7.2.9 (知识点:高斯定理)

接上题,以下描述哪个是正确的?( )

A. 通过盒子左、右两面的电通量不为零,但是通过整个盒子的电通量为零

B. 通过盒子左面的电通量为负、通过右面的电通量为正,都不为零

C. 通过整个盒子的电通量为正

D. 通过盒子左面的电通量为正、通过右面的电通量为负

E. 通过盒子左面的电通量的绝对值小于通过右面的电通量的绝对值

7.2.10 (知识点:高斯定理)

点电荷 q_1、q_2、q_3 和 q_4 在真空中的分布如图 7.19 所示,S 为闭合曲面,则通过该闭合曲面的电通量 $\oint_S \boldsymbol{E} \cdot \mathrm{d}\boldsymbol{S} =$ ( )。

A. $(q_1 + q_2 + q_3 + q_4)/\varepsilon_0$ B. $(q_1 + q_3)/\varepsilon_0$

C. $(q_2 + q_4)/\varepsilon_0$ D. q_1/ε_0

E. q_2/ε_0 F. q_3/ε_0

G. q_4/ε_0

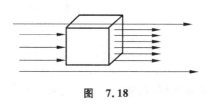 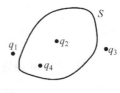

图 7.18   图 7.19

7.2.11 (知识点:高斯定理)

同上题,点电荷 q_1、q_2、q_3 和 q_4 在真空中的分布如图 7.19 所示,S 为闭合曲面,若通过该闭合曲面的电通量为 $\oint \boldsymbol{E} \cdot \mathrm{d}\boldsymbol{S}$,则 $\boldsymbol{E}$ 是哪几个点电荷在闭合曲面 S 上任一点产生的场强的矢

量和？（ ）

    A. q_1、q_4 B. q_2、q_3 C. q_1、q_3 D. q_2、q_4

    E. q_1、q_2、q_3、q_4

7.2.12 （知识点：高斯定理）

如图 7.20 所示，阴影部分为三个电量为 Q 均匀分布的球体电荷的横截面，半径 $R_1 <$ $R_2 < R_3$。其外围有三个半径相同的球形高斯面，设高斯面都与带电球体同心，则通过这三个高斯面的电通量（ ）。

    A. $\Phi_1 > \Phi_2 > \Phi_3$ B. $\Phi_3 > \Phi_2 > \Phi_1$ C. $\Phi_2 > \Phi_3 > \Phi_1$ D. $\Phi_2 > \Phi_1 > \Phi_3$

    E. $\Phi_1 = \Phi_2 = \Phi_3$

7.2.13 （知识点：高斯定理）

接上题，则三个高斯面上任意一点的电场强度大小关系为（ ）。

    A. $E_1 > E_2 > E_3$ B. $E_3 > E_2 > E_1$ C. $E_2 > E_3 > E_1$ D. $E_2 > E_1 > E_3$

    E. $E_1 = E_2 = E_3$

7.2.14 （知识点：高斯定理）

如图 7.21 所示，5 个封闭面的横截面内均有电量为正的电荷。试比较通过各封闭面的电通量大小：（ ）。

    A. $\Phi_a > \Phi_b > \Phi_c > \Phi_d > \Phi_e$ B. $\Phi_e = \Phi_b > \Phi_c = \Phi_d = \Phi_a$

    C. $\Phi_e > \Phi_d > \Phi_b > \Phi_c > \Phi_a$ D. $\Phi_b > \Phi_a > \Phi_c > \Phi_e > \Phi_d$

    E. $\Phi_d = \Phi_e > \Phi_c > \Phi_a = \Phi_b$

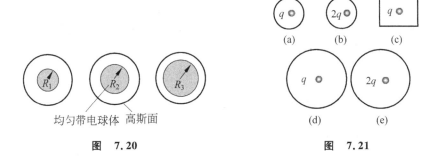

          均匀带电球体 高斯面

      图　7.20   **图　7.21**

7.2.15 （知识点：高斯定理）

如图 7.22 所示，一无限大均匀带电平面，电量为 q，作如图所示的一个高斯面 S，若通过该闭合面 S 的电通量为零，则下列说法中正确的是（ ）。

    A. 该面上的场强一定处处为零

    B. 该面内一定没有电荷

    C. 该面内的净电荷一定为零

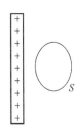

            图　7.22

D. 该面内外电荷的代数和一定为零

E. 穿过该面上每个面元的电通量均为零

7.2.16 （知识点：高斯定理）

接上题，则高斯面 S 上任意一点的电场强度（　　）。

A. 由该面 S 内的电荷决定　　　　　　B. 由该面 S 外的电荷决定

C. 由空间所有电荷决定　　　　　　　　D. 以上都不对

7.2.17 （知识点：高斯定理）

如图 7.23 所示，设盒内电量的代数和 $\sum q_i = 0$，则下列说法正确的是（　　）。

A. 盒面上各点的场强 $E = 0$

B. 穿过盒上每个面元的电通量均为零

C. 将盒外一点电荷在外面移动，通过该盒的电通量将发生变化

D. 将盒外一点电荷在外面移动，盒面上各点场强将发生变化

E. 将盒外一点电荷移入高斯面内，通过该盒的电通量将发生变化，
盒面上各点场强也将发生变化

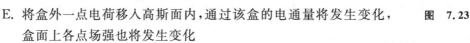

图　7.23

7.2.18 （知识点：利用高斯定理求电通量）

一点电荷 Q 处于边长为 a 的正方体的中心，如图 7.24 所示，则该点电荷电场通过正方体外表面的电通量是（　　）。

A. $6Q/\pi\varepsilon_0$　　　　　　B. Q　　　　　　C. Q/ε_0　　　　　　D. $6Q/\varepsilon_0$

7.2.19 （知识点：利用高斯定理求电通量）

一点电荷 Q 处于边长为 a 的正方体的中心，如图 7.25 所示，则该点电荷电场通过正方体某一表面的电通量是（　　）。

A. $6Q/\varepsilon_0$　　　　　　B. $Q/2\varepsilon_0$　　　　　　C. Q/ε_0　　　　　　D. $Q/6\varepsilon_0$

7.2.20 （知识点：利用高斯定理求电通量）

一点电荷 Q 处于边长为 a 的正方体的顶角处，如图 7.26 所示，则该点电荷电场通过正方体外表面的电通量是（　　）。

A. $Q/4\varepsilon_0$　　　　　　B. $Q/8\varepsilon_0$　　　　　　C. $Q/6\varepsilon_0$　　　　　　D. Q/ε_0

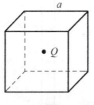

图　7.24

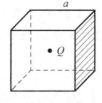

图　7.25

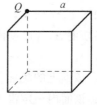

图　7.26

7.2.21 （知识点：利用高斯定理求电通量）

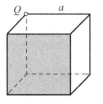

一点电荷 Q 处于边长为 a 的正方体的顶角处，如图 7.27 所示，则该点电荷电场通过图示面的电通量是（　　）。

A. $Q/24\varepsilon_0$ 　　　　　　　　　　 B. $Q/32\varepsilon_0$

C. $Q/36\varepsilon_0$ 　　　　　　　　　　 D. $Q/8\varepsilon_0$

图 7.27

7.2.22 （知识点：高斯定理）

如图 7.28 所示，半径为 R 的均匀带电球面，若其电荷面密度为 σ，则在球面外靠近球面附近一点 N 的电场强度大小 E_N 为（　　）。

A. σ/ε_0 　　　　　　　　　　 B. $\sigma/2\varepsilon_0$

C. $\sigma/4\varepsilon_0$ 　　　　　　　　　　 D. $\sigma/8\varepsilon_0$

图 7.28

7.2.23 （知识点：高斯定理）

如图 7.29 所示，半径为 R 的均匀带电球面，若其电荷面密度为 σ，则在距离球面 R 处 M 点的电场强度大小 E_M 为（　　）。

A. σ/ε_0 　　　 B. $\sigma/2\varepsilon_0$ 　　　 C. $\sigma/4\varepsilon_0$ 　　　 D. $\sigma/8\varepsilon_0$

7.2.24 （知识点：电场强度）

如图 7.30 所示，真空中有一均匀带正电球面，带电量为 Q，半径为 R，则球心 O 处电场强度的大小是（　　）。

A. $\dfrac{Q}{4\varepsilon_0 R^2}$ 　　　 B. $\dfrac{Q}{\pi\varepsilon_0 R^2}$ 　　　 C. 0 　　　 D. $\dfrac{Q}{8\pi\varepsilon_0 R^2}$

7.2.25 （知识点：电场强度）

如图 7.31 中有一均匀带正电球面，带电量为 Q，半径为 R，则球内任一点 P 处的电场强度大小是（　　）。

A. $\dfrac{Q}{4\pi\varepsilon_0 r^2}$ 　　　 B. $\dfrac{Q}{4\pi\varepsilon_0 R^2}$ 　　　 C. 0 　　　 D. $\dfrac{Q}{8\pi\varepsilon_0 R^2}$

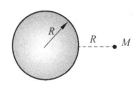 　　 　　

图 7.29 　　　　　　　 图 7.30 　　　　　　　 图 7.31

7.2.26 （知识点：电场强度）

如图 7.32 所示，真空中有两个同心的均匀带电球面，内球带电量为 Q_1，外球带电量为

Q_2,则距离球心某一点 P 处的电场强度大小是（　　）。

A. $\dfrac{Q_1}{4\pi\varepsilon_0 r^2}$　　　　　　　B. $\dfrac{Q_2}{4\pi\varepsilon_0 r^2}$

C. 0　　　　　　　　　　　D. $\dfrac{Q_1+Q_2}{4\pi\varepsilon_0 r^2}$

E. $\dfrac{Q_1-Q_2}{4\pi\varepsilon_0 r^2}$

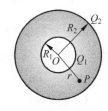

图 7.32

7.2.27　（知识点：电场强度）

两个无限大平面平行放置,电荷密度分别是 $+\sigma$、$-\sigma$,如图 7.33 所示。若以水平向右场强为正,则在Ⅰ、Ⅱ、Ⅲ 三个区域的电场强度大小分别是（　　）。

A. $0,0,0$　　　　　　　　　B. $-\sigma/\varepsilon_0,0,\sigma/\varepsilon_0$

C. $0,\sigma/2\varepsilon_0,0$　　　　　　D. $-\sigma/2\varepsilon_0,0,\sigma/2\varepsilon_0$

E. $0,\sigma/\varepsilon_0,0$　　　　　　F. $\sigma/2\varepsilon_0,\sigma/2\varepsilon_0,\sigma/2\varepsilon_0$

G. $\sigma/\varepsilon_0,\sigma/\varepsilon_0,\sigma/\varepsilon_0$

7.2.28　（知识点：电场强度）

两个无限大平面平行放置,电荷密度都是 $+\sigma$,如图 7.34 所示。若以水平向右场强为正,则在Ⅰ、Ⅱ、Ⅲ三个区域的电场强度大小分别是（　　）。

A. $0,0,0$　　　　　　　　　B. $-\sigma/\varepsilon_0,0,\sigma/\varepsilon_0$

C. $0,\sigma/2\varepsilon_0,0$　　　　　　D. $-\sigma/2\varepsilon_0,0,\sigma/2\varepsilon_0$

E. $0,\sigma/\varepsilon_0,0$　　　　　　F. $\sigma/2\varepsilon_0,\sigma/2\varepsilon_0,\sigma/2\varepsilon_0$

G. $\sigma/\varepsilon_0,\sigma/\varepsilon_0,\sigma/\varepsilon_0$

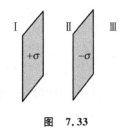　　　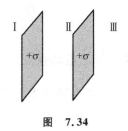

图 7.33　　　　　　　　　　　图 7.34

7.2.29　（知识点：电场强度）

如图 7.35 所示,一无限长均匀带电同轴圆筒,内外半径分别为 a、b,两筒单位长度上带有等值异号的电荷 λ,试问该带电体所激发的场强具有什么对称性? 场强分布如何?（　　）

A. 场强分布具有轴对称性

B. 场强分布具有球对称性

C. 场强分布具有面对称性

D. 电场线沿轴线方向

E. 电场线沿半径方向

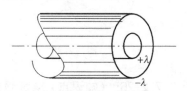

图 7.35

7.2.30　（知识点：高斯定理应用）

接上题，如图 7.35 所示，在离轴线 r 处（$a<r<b$）该带电体所激发的场强大小为（　　）。

A. 0　　　　B. $\dfrac{\lambda}{2\pi\varepsilon_0}$　　　　C. $\dfrac{\lambda}{2\pi\varepsilon_0 r^2}$　　　　D. $\dfrac{\lambda}{2\pi\varepsilon_0 r}$

7.2.31　（知识点：高斯定理应用）

接上题，如图 7.35 所示，在离轴线 r 处（$r>b$）该带电体所激发的场强大小为（　　）。

A. 0　　　　　　　　　　　　B. $\dfrac{\lambda}{2\pi\varepsilon_0}$

C. $\dfrac{\lambda}{2\pi\varepsilon_0 r}$　　　　　　　　　D. $\dfrac{-\lambda}{2\pi\varepsilon_0 r}$

7.2.32　（知识点：高斯定理应用）

接上题，如图 7.35 所示，在离轴线 r 处（$r<a$）该带电体所激发的场强大小为（　　）。

A. 0　　　　　　　　　　　　B. $\dfrac{\lambda}{2\pi\varepsilon_0}$

C. $\dfrac{\lambda}{2\pi\varepsilon_0 r}$　　　　　　　　　D. $\dfrac{-\lambda}{2\pi\varepsilon_0 r}$

7.2.33　（知识点：高斯定理应用）

接上题，如图 7.35 所示，设有一个电子在两圆柱之间以半径 r（$a<r<b$）作匀速圆周运动，此圆周路径与圆柱共轴，则该电子的动能应为（　　）。

A. $\dfrac{\lambda e}{4\pi\varepsilon_0}$　　　　　　　　　　B. $\dfrac{\lambda e}{2\pi\varepsilon_0}$

C. $\dfrac{\lambda e}{2\pi\varepsilon_0 r}$　　　　　　　　　D. $\dfrac{-\lambda e}{2\pi\varepsilon_0 r}$

Step 3　下面的题目需要一些技巧和综合能力，希望读者能坚持做完。

7.2.34　（知识点：电场强度）

图 7.36 所示为一具有球对称性分布的静电场场强分布 E-r 函数，其中 r 是空间任意点与球心的距离，指出该静电场是由下列哪种带电体产生的：（　　）。

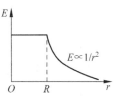

图　**7.36**

　A. 半径为 R 的均匀带电球面

　B. 半径为 R 的均匀带电球体

　C. 半径为 R，电荷体密度 $\rho=Ar$（A 为常数）的非均匀球体

　D. 半径为 R，电荷体密度 $\rho=A/r$（A 为常数）的非均匀带电球体

7.2.35　（知识点：电场强度）

半径为 R 的无限长均匀带电圆柱体的静电场中各点的电场强度大小与距轴线的距离 r

的关系为图 7.37 中的(　　)。

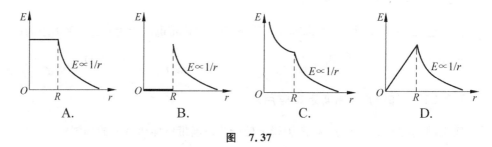

图　7.37

7.2.36　(知识点：高斯定理应用)

设图 7.38 中的场强分量为 $E_x = b\sqrt{x}$，$E_y = 0$，$E_z = 0$。设正方体的边长为 a，则该正方体内的电荷电量应为(　　)。

A. 0

B. $b\sqrt{x}a^2$

C. $\varepsilon_0 ba^{\frac{5}{2}}(\sqrt{2}-1)$

D. $\varepsilon_0 ba^{\frac{5}{2}}$

E. $\varepsilon_0 ba^{\frac{5}{2}}\sqrt{2}$

F. $\varepsilon_0 bx^{\frac{3}{2}}(\sqrt{2}-1)$

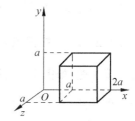

图　7.38

7.2.37　(知识点：高斯定理应用)

实验表明：在靠近地面处有相当强的电场，E 垂直地面向下，大小约为 100V/m；在离地面 1.5km 高处，场强大小约为 25V/m。

(1) 试计算从地面到此高度大气中电荷的平均体密度 ρ。

(2) 如果地球上的电荷全部均匀分布在表面，则地面上的电荷密度是多少?

7.3　静电场的环路定理　电势

阅读指南：掌握静电场的环路定理和电势。

(1) 环路定理是静电场的另一条基本原理，反映了静电场是一个无旋场。

(2) 理解电势差的定义以及它与电势能差之间的关系。

(3) 掌握一个点电荷电场的电势计算。

(4) 电势是一个标量，计算方法有两种：一是由电势叠加法计算，二是由电势与场强的关系计算。特别要注意两种方法中的积分前者是对整个带电体做积分，而后者是一个路径积分。

Step 1　查阅相关知识完成以下阅读题。

7.3.1　（知识点：电势）

根据电势定义判断下列哪种说法正确。（　　）
A. 电场中某点的电势等于该点的电场强度和点电荷移动的路程的乘积
B. 电场中某点的电势等于将电荷从该点移到无穷远处静电力所做的功
C. 电场中某点的电势等于将单位正电荷从该点沿任何路径移到电势零点,静电力所做的功
D. 电场中某点的电势是空间所有电荷单独存在时在该点产生的电势的代数和

7.3.2　（知识点：电势）

静电场力做功是如何定义的？设 a、b 两点的电势分别为 U_a、U_b,如果把一个点电荷从 a 点移到 b 点,则静电力做功为（　　）。
A. $A=q(U_b-U_a)$ 　　　　　　　　　B. $A=q(U_a-U_b)$
C. $A=U_a-U_b$ 　　　　　　　　　　D. $A=U_b-U_a$

7.3.3　（知识点：电势）

设电场中有 a、b 两点,其电势分别为 U_a、U_b,如果外力把一个点电荷从 a 点移到 b 点时,外力克服静电场力所做的功为（　　）。
A. $A=q(U_b-U_a)$ 　　　　　　　　　B. $A=q(U_a-U_b)$
C. $A=U_a-U_b$ 　　　　　　　　　　D. $A=U_b-U_a$

7.3.4　（知识点：电势）

设原点处有一个电荷 Q,距离原点 r 处放置一点电荷 q,距离原点 $3r$ 处放置一点电荷 $3q$,如果所有电荷电量都为正,且 $Q\gg q$,那么哪个电荷的电势能较高？（设无穷远处为电势能零点）（　　）
A. q 　　　　　　　B. $3q$ 　　　　　　　C. 两个电荷具有同样的电势能

7.3.5　（知识点：电势）

接上题,在哪个电荷处的电势较高？（设无穷远处为电势零点）（　　）
A. q 　　　　　　　B. $3q$ 　　　　　　　C. 两电荷处的电势相同

7.3.6　（知识点：电势）

如图 7.39 所示,空间有两个点电荷 $+q$、$2q$,若引入一正电荷 Q 放在它们连线的中点,该点电势和电荷 Q 的电势能分别为（设无穷远处为电势和电势能的零点）（　　）。

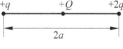

图　7.39

A. $\dfrac{2q}{4\pi\varepsilon_0 a}$,$\dfrac{2qQ}{4\pi\varepsilon_0 a}$ 　　　　　B. $\dfrac{q}{4\pi\varepsilon_0 a}$,$\dfrac{-qQ}{4\pi\varepsilon_0 a}$

C. $\dfrac{3q}{4\pi\varepsilon_0 a},\dfrac{3qQ}{4\pi\varepsilon_0 a}$ D. $\dfrac{q}{4\pi\varepsilon_0 a},\dfrac{qQ}{4\pi\varepsilon_0 a}$ E. $\dfrac{-q}{4\pi\varepsilon_0 a},\dfrac{qQ}{4\pi\varepsilon_0 a}$

7.3.7 （知识点：电势）

如图 7.40 所示，空间有两个点电荷 $+q$、$2q$，若引入一负电荷 $-Q$ 放在它们连线的中点，该点电势和电荷 Q 的电势能分别为（设无穷远处为电势和电势能的零点）（   ）。

A. $\dfrac{3q}{4\pi\varepsilon_0 a},\dfrac{3qQ}{4\pi\varepsilon_0 a}$ B. $\dfrac{2q}{4\pi\varepsilon_0 a},\dfrac{-2qQ}{4\pi\varepsilon_0 a}$ C. $\dfrac{-3q}{4\pi\varepsilon_0 a},\dfrac{3qQ}{4\pi\varepsilon_0 a}$

D. $\dfrac{3q}{4\pi\varepsilon_0 a},\dfrac{-3qQ}{4\pi\varepsilon_0 a}$ E. $\dfrac{q}{4\pi\varepsilon_0 a},\dfrac{-qQ}{4\pi\varepsilon_0 a}$

7.3.8 （知识点：电场力）

如图 7.41 所示，将两个点电荷分先后引入点电荷 Q 附近的区域，首先将点电荷 $+q$ 放到距离 $-Q$ 为 a 的位置，然后将其移走（到无穷远处），接着将点电荷 $-q$ 放在相同的位置，然后将 $-q$ 移到无穷远处，试比较两次电荷移到无穷远处静电场力所做的功：（   ）。

A. 第一次电场力做的是正功   B. 第二次电场力做的是正功
C. 两次电场力做功一样大，都是正功   D. 两次电场力做功一样大，都是负功

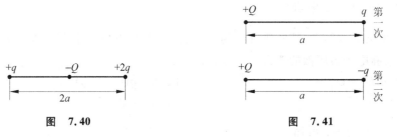

图 7.40   图 7.41

7.3.9 （知识点：电势）

如图 7.42 所示，有两个点电荷先后引入点电荷为 Q 附近的区域，首先将点电荷 q 放到距离 Q 为 a 的位置，然后将其移走（到无穷远处）；接着将点电荷 $2q$ 放在距离 Q 为 $2a$ 的位置，然后将其移到无穷远处，试比较两次将电荷移到无穷远处静电场力所做的功：（   ）。

A. 第一次做的功大   B. 第二次做的功大   C. 两次做功一样大

7.3.10 （知识点：电势）

接上题，如图 7.43 所示，试比较 A、B 两点的电势（设无穷远处为电势零点）：（   ）。

A. A 点电势大   B. B 点电势大   C. 两点电势相同

图 7.42   图 7.43

7.3.11 （知识点：电场力的功）

如图 7.44 所示,将一单位正电荷从一对相距为 a 的等量异号电荷连线的中点 O 沿任意路径移到无限远处,则电场力对它做的功为（　　）。

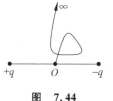

图　7.44

A. $\dfrac{2q}{4\pi\varepsilon_0 a}$ B. 0

C. $\dfrac{q}{4\pi\varepsilon_0 a}$ D. ∞

Step 2　完成以上阅读题后,做以下练习。

7.3.12 （知识点：静电场的概念）

关于静电场,以下哪种描述是不正确的?（　　）
A. 空中某点电场不可能有两个方向
B. 静电场的电场线不闭合
C. 由静止的带电体所激发的场为静电场
D. 在电场中释放一个静止点电荷,则此电荷一定沿着电场线运动

7.3.13 （知识点：静电场的概念）

图 7.45 所示为五种不同的电场分布,假定图中范围内没有电荷,那么以下哪个图最有可能表示的是静电场?（　　）

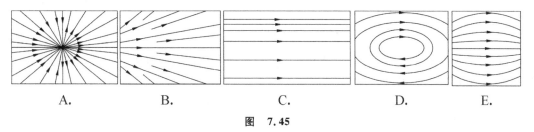

A.　　　　　　B.　　　　　　C.　　　　　　D.　　　　　　E.

图　7.45

7.3.14 （知识点：电势）

如图 7.46 所示,在点电荷 $+q$ 激发的静电场中,设 P 点电势为零,P 点距离点电荷 $+q$ 为 a,则 ∞ 处的电势为（　　）。

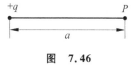

图　7.46

A. $\dfrac{-q}{4\pi\varepsilon_0 a^2}$ B. 0

C. $\dfrac{-q}{4\pi\varepsilon_0 a}$ D. $\dfrac{q}{4\pi\varepsilon_0 a}$

7.3.15 （知识点：电势）

如图 7.47 所示,在点电荷 $+q$ 激发的静电场中,设 P 点电势为零,P 点距离点电荷 $+q$ 为 a,则场中距点电荷 $+q$ 为 $2a$ 的任意 M 点的电势为（　　）。

A. $\dfrac{q}{4\pi\varepsilon_0 a}$

B. $\dfrac{-q}{8\pi\varepsilon_0 a}$

C. $\dfrac{-q}{4\pi\varepsilon_0 a}$

D. $\dfrac{q}{8\pi\varepsilon_0 a}$

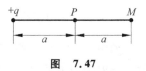

图 7.47

7.3.16 （知识点：电势）

如图 7.48 所示，在点电荷 $+q$ 的电场中，设 P 点电势为零，P 点距离点电荷 $+q$ 为 a，则场中任意 M、N 两点的电势差 U_M-U_N 为（   ）。

A. $\dfrac{q}{24\pi\varepsilon_0 a}$ B. $\dfrac{-q}{24\pi\varepsilon_0 a}$ C. $\dfrac{q}{8\pi\varepsilon_0 a}$ D. $\dfrac{-q}{8\pi\varepsilon_0 a}$

7.3.17 （知识点：电势）

某电场的电场线分布如图 7.49 所示，一正电荷 $+q$ 从 M 点移动到 N 点，有人根据这个图得出下列几点结论，其中正确的是（   ）。

A. 电场强度大小 $E_M<E_N$ B. 电势 $U_M<U_N$

C. 电势能 $W_M<W_N$ D. 电场力的功 $A>0$

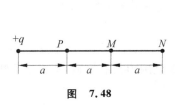

图 7.48

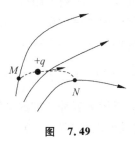

图 7.49

7.3.18 （知识点：电势、电势能、电场力的功）

某电场的电场线分布如图 7.50 所示，一负电荷 $-q$ 从 M 点移动到 N 点，有人根据这个图得出下列几点结论，其中正确的是（   ）。

A. 电场强度大小 $E_M>E_N$ B. 电势 $U_M<U_N$

C. 电势能 $W_M<W_N$ D. 电场力的功 $A>0$

7.3.19 （知识点：电势）

真空中有一半径为 R 的半圆细环，均匀带电量为 Q，如图 7.51 所示。设无限远处为电势零点，则圆心 O 处的电势为（   ）。

A. 0   B. $\dfrac{Q}{2\pi\varepsilon_0 R}$ C. $\dfrac{Q}{4\pi\varepsilon_0 R}$ D. $\dfrac{Q}{8\pi\varepsilon_0 R}$

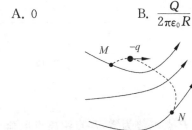

图 7.50

图 7.51

7.3.20 （知识点：电势）

如图 7.52 所示,有 N 个电量均为 q 的点电荷,以两种方式分布在相同半径的圆周上,一种是无规则的分布,另一种是均匀分布。比较这两种情况下,在圆周的轴线上一点 P 处产生的电势大小:（　　）。

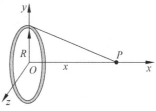

A. 两者电势大小相同

B. 两者电势大小不相同

C. 无法判断

7.3.21 （知识点：球面电势）

图 7.52

设以无限远处电势为零,一半径为 r 的均匀带电球面,带电量为 q,则下面哪种说法正确?（　　）

A. 在球中心处 O 点电势最大

B. 在球表面处电势最大

C. 球面内任一点电势都为零

D. 整个球(包括球面上各点和球面内各点)的电势是一个常数

E. 球面外任一点的电势为一个常数

7.3.22 （知识点：球面电势）

设有两个孤立的均匀带电球面,带电量为 q,半径分别为 a、b,设 $a>b$,若以无限远处为电势零点,则以下描述哪种说法正确?（　　）

A. 半径为 a 的带电球面的电势较高

B. 半径为 b 的带电球面的电势较高

C. 两个球面的电势一样大

D. 两个球面的电势无法比较

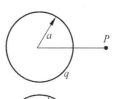

7.3.23 （知识点：电势）

设有两个孤立的均匀带电球面,带电量为 $+q$,半径分别为 a、b,设 $a>b$,若以无限远为电势零点,试比较图 7.53 中两点 P、Q 的电势高低,已知 $r_P=r_Q>a>b$。（　　）

A. P 点电势高　　　B. Q 点电势高

C. 两点电势一样大　　D. 两点的电势无法比较

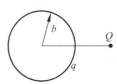

图 7.53

7.3.24 （知识点：电势）

如图 7.54 所示,半径为 r 的均匀带电球面 1,带电量为 q,其外有一同心的半径为 R 的均匀带电球面 2,带电量为 Q,若以无限远处为电势零点,则带电球面 1 上的电势 U_1 为（　　）。

A. $\dfrac{q}{4\pi\varepsilon_0}\left(\dfrac{1}{R}+\dfrac{1}{r}\right)$　　　　B. $\dfrac{1}{4\pi\varepsilon_0}\left(\dfrac{q}{R}+\dfrac{Q}{r}\right)$

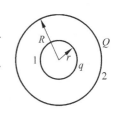

图 7.54

C. $\dfrac{1}{4\pi\varepsilon_0}\left(\dfrac{Q}{R}+\dfrac{q}{r}\right)$ D. $\dfrac{q+Q}{4\pi\varepsilon_0 r}$ E. $\dfrac{q}{4\pi\varepsilon_0 r}$

7.3.25　（知识点：电势）

接上题，如图 7.54 所示，带电球面 2 上的电势 U_2 为（　　）。

A. $\dfrac{Q}{4\pi\varepsilon_0}\left(\dfrac{1}{R}+\dfrac{1}{r}\right)$ B. $\dfrac{1}{4\pi\varepsilon_0}\left(\dfrac{q}{R}+\dfrac{Q}{r}\right)$

C. $\dfrac{1}{4\pi\varepsilon_0}\left(\dfrac{Q}{R}+\dfrac{q}{r}\right)$ D. $\dfrac{q+Q}{4\pi\varepsilon_0 R}$

E. $\dfrac{Q}{4\pi\varepsilon_0 R}$

7.3.26　（知识点：电势）

接上题，如图 7.54 所示，两球面之间的电势差 U_1-U_2 为（　　）。

A. $\dfrac{q}{4\pi\varepsilon_0}\left(\dfrac{1}{r}-\dfrac{1}{R}\right)$ B. $\dfrac{Q}{4\pi\varepsilon_0}\left(\dfrac{1}{R}-\dfrac{1}{r}\right)$

C. $\dfrac{1}{4\pi\varepsilon_0}\left(\dfrac{q}{r}-\dfrac{Q}{R}\right)$ D. $\dfrac{q+Q}{4\pi\varepsilon_0 r}$

7.3.27　（知识点：电势）

如图 7.55 所示，一半径为 a、长为 L 的均匀带电圆柱面，其单位长度带电量为 $+\lambda$，在圆柱面的中垂面上有两点 P、Q，它们到轴线的距离分别为 r_1、r_2，r_1、$r_2>a$，且 r_1、$r_2\ll L$，则 P、Q 两点间的电势差为（　　）。

A. $U_P-U_Q=\dfrac{\lambda}{2\pi\varepsilon_0}\ln\dfrac{r_1}{r_2}$ B. $U_P-U_Q=\dfrac{\lambda}{2\pi\varepsilon_0}\ln\dfrac{r_2}{r_1}$

C. $U_P-U_Q=\dfrac{\lambda}{2\pi\varepsilon_0}\ln\dfrac{r_1}{a}$ D. $U_P-U_Q=\dfrac{\lambda}{2\pi\varepsilon_0}\ln\dfrac{r_2}{a}$

E. 0

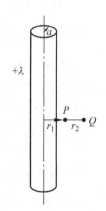

图　7.55

7.3.28　（知识点：电势）

如图 7.56 所示，一半径为 a、长为 L 的均匀带电圆柱面，其单位长度带电量为 $+\lambda$，在圆柱面的中垂面上有两点 P、Q，它们到轴线的距离分别为 r_1、r_2，r_1、$r_2<a$，且 r_1、$r_2\ll L$，则 P、Q 两点间的电势差为（　　）。

A. $U_P-U_Q=\dfrac{\lambda}{2\pi\varepsilon_0}\ln\dfrac{r_1}{r_2}$ B. $U_P-U_Q=\dfrac{\lambda}{2\pi\varepsilon_0}\ln\dfrac{r_2}{r_1}$

C. $U_P-U_Q=\dfrac{\lambda}{2\pi\varepsilon_0}\ln\dfrac{r_1}{a}$ D. $U_P-U_Q=\dfrac{\lambda}{2\pi\varepsilon_0}\ln\dfrac{r_2}{a}$

E. 0

7.3.29　（知识点：电势）

如图 7.57 所示，一半径为 a、长为 L 的均匀带电圆柱面，其单位长度

图　7.56

带电量为$+\lambda$,在圆柱面的中垂面上有两点P、Q,它们到轴线的距离分别为r_1、r_2,$r_1 < a$,$r_2 > a$,且r_1、$r_2 \ll L$,则P、Q两点间的电势差为(　　)。

A. $U_P - U_Q = \dfrac{\lambda}{2\pi\varepsilon_0}\ln\dfrac{r_1}{r_2}$ 　　　　　B. $U_P - U_Q = \dfrac{\lambda}{2\pi\varepsilon_0}\ln\dfrac{r_2}{r_1}$

C. $U_P - U_Q = \dfrac{\lambda}{2\pi\varepsilon_0}\ln\dfrac{r_1}{a}$ 　　　　　D. $U_P - U_Q = \dfrac{\lambda}{2\pi\varepsilon_0}\ln\dfrac{r_2}{a}$

E. 0

7.3.30　(知识点：电势)

如图 7.58 所示,一对无限长的共轴直圆筒,半径分别为a、b,筒面上均匀带电,沿轴线单位长度所带的电量分别是λ、$-\lambda$,则两筒之间的电势差为(　　)。

A. $\dfrac{\lambda}{2\pi\varepsilon_0}\ln\dfrac{b}{a}$ 　　　　　　　　　B. $\dfrac{\lambda}{2\pi\varepsilon_0}\ln\dfrac{r}{a}$

C. $\dfrac{\lambda}{2\pi\varepsilon_0}\ln\dfrac{r}{b}$ 　　　　　　　　　D. 0

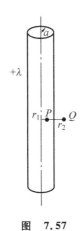

图　7.57

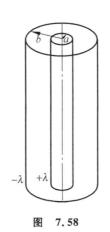

图　7.58

答案及部分解答

7.1.1　B	7.1.2　D	7.1.3　B	7.1.4　CD
7.1.5　C	7.1.6　C	7.1.7　D	7.1.8　A
7.1.9　C	7.1.10　C	7.1.11　B	7.1.12　A
7.1.13　A	7.1.14　B	7.1.15　A	
7.1.16　C			

简答：可以根据硫黄的密度估算该硫黄球的大小。其半径约为几十厘米左右。

7.1.17　B	7.1.18　D	7.1.19　A	7.1.20　D
7.1.21　D	7.1.22　A	7.1.23　B	7.2.1　C
7.2.2　D	7.2.3　B	7.2.4　E	7.2.5　A
7.2.6　A	7.2.7　B	7.2.8　A	7.2.9　BCE

7.2.10　C	7.2.11　E	7.2.12　E	7.2.13　E
7.2.14　B	7.2.15　C	7.2.16　C	7.2.17　DE
7.2.18　C	7.2.19　D	7.2.20　B	7.2.21　A
7.2.22　A	7.2.23　C	7.2.24　C	7.2.25　C
7.2.26　A	7.2.27　E	7.2.28　B	7.2.29　AE
7.2.30　D	7.2.31　A	7.2.32　A	7.2.33　A
7.2.34　D	7.2.35　D	7.2.36　C	

7.2.37　(1) $\rho = 0.05\varepsilon_0$; (2) $\sigma = 100\varepsilon_0$

7.3.1　CD	7.3.2　B	7.3.3　A	7.3.4　C
7.3.5　A	7.3.6　C	7.3.7　D	7.3.8　A
7.3.9　C	7.3.10　A	7.3.11　B	7.3.12　D
7.3.13　E	7.3.14　C	7.3.15　B	7.3.16　A
7.3.17　D	7.3.18　C	7.3.19　C	7.3.20　A
7.3.21　D	7.3.22　B	7.3.23　C	7.3.24　C
7.3.25　D	7.3.26　A	7.3.27　B	7.3.28　E
7.3.29　D	7.3.30　A		

第 8 章

导体与电介质

8.1 静电场与导体的相互作用

> **阅读指南**：掌握导体的静电平衡条件；能运用静电平衡条件分析导体上电荷的分布，进行有导体存在时静电场的分析和计算。
>
> （1）了解静电感应过程，以及静电感应条件，即当静电平衡时，没有电荷的定向移动。
>
> （2）注意从场强和电势两个角度来描述导体的静电平衡条件。
>
> （3）静电平衡时，导体上的电荷分布的特征。

Step 1　查阅相关知识完成以下阅读题。

8.1.1　（知识点：导体的静电平衡条件）

当导体达到静电平衡时，下面叙述正确的是（　　）。

A. 导体内部的场强等于零　　　　　　B. 导体上的电荷没有定向移动

C. 导体中所有电荷均匀分布在导体表面　D. 导体中所有的电荷分布在导体内部

E. 导体内部的电势为零　　　　　　　F. 导体表面是一个等势面

8.1.2　（知识点：导体的静电平衡条件）

当导体达到静电平衡时，下面叙述错误的是（　　）。

A. 导体表面附近的场强垂直表面

B. 导体是一个等势体

C. 导体中所有电荷都分布在表面

D. 只有当导体表面的电荷是均匀分布时，靠近导体表面任一点的场强才等于电荷面密度除以 ε_0

E. 导体外任一点的场强都等于导体的电荷面密度除以 ε_0

F. 导体表面附近某一点的场强等于该点的电荷面密度除以 ε_0

8.1.3　（知识点：导体的静电平衡条件）

一个不带电金属实心球，放入均匀电场中，当达到静电平衡时，判断以下描述哪个是正确的。（　　）

A. 金属球表面带有均匀的电荷,金属球内部没有电荷

B. 金属球内部电荷均匀分布

C. 金属球内部一部分带正电荷,一部分带负电荷,总量为零

D. 金属球表面带有电荷,金属球内部没有净余电荷

8.1.4 （知识点：导体的静电平衡条件）

一个带电金属实心球放在一个静电场中,它们相互作用达到静电平衡时,则（　　）。

A. 只有导体表面附近的场强不为零

B. 导体内部的场强是带电金属球电场和外部的静电场的叠加

C. 导体表面附近的场强不一定都和表面垂直,要看球表面的电荷是否均匀分布

D. 以上都不对

8.1.5 （知识点：导体的静电平衡条件）

一个孤立带电金属实心球,静电平衡时该导体的电势（　　）。

A. 在中心处最大　　　　　　　　　　B. 在表面处最大

C. 在中心与表面之间最大　　　　　　D. 在整个实心球的体积内都是常数

Step 2　完成以上阅读题后,做以下练习。

8.1.6 （知识点：导体的静电平衡条件）

如图 8.1 所示,有一点电荷 q 及导体 A 处在静电平衡状态。下列说法中正确的是（　　）。

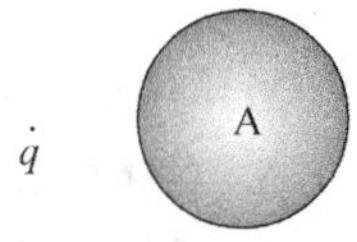

A. 导体内 $E=0$,q 不在导体内产生电场

B. 导体内 $E\neq0$,q 在导体内产生电场

C. 导体内 $E=0$,q 在导体内产生电场

D. 导体内 $E\neq0$,q 不在导体内产生电场

图　8.1

8.1.7 （知识点：导体的静电平衡条件）

如图 8.1 所示,当一带正电的点电荷 q 移近导体 A 时,（　　）。

A. 导体球 A 的电势要变,导体表面不再是等势面

B. 导体球 A 的电势不变化

C. 导体球 A 左边的电势大于右边的电势

D. 导体球 A 的电势要变,导体表面仍是等势面

8.1.8 （知识点：导体的静电平衡条件）

如图 8.2 所示,当带负电的导体 A 靠近一个不带电的孤立导体 B 时,（　　）。

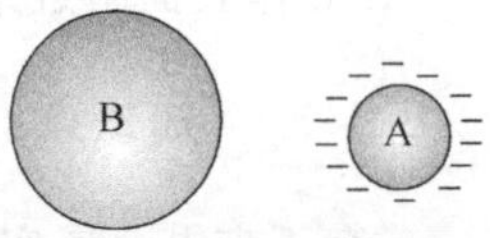

A. 导体 B 的电势降低

B. 导体 B 的电势升高

图　8.2

C. 导体 B 的右端电势比左端高

D. 导体 B 的电势不变

8.1.9 （知识点：导体的静电平衡条件）

如图 8.3 所示,距面积为 S 的接地金属平板为 d 处有一点电荷 $+q$,则(　　)。

A. 金属板的左面感应电荷为 q,右面感应电荷为 $-q$

B. 金属板接地,所以左面无感应电荷

C. 金属板右面有均匀的负感应电荷

D. 以上都不对

8.1.10 （知识点：导体的静电平衡条件）

接上题,如图 8.4 所示,设 P 点为金属板内一点并靠近金属表面,离
点电荷 q 很近,则对 P 点电场强度 E_P 的大小,以下正确的是(　　)。

A. 离 P 点最近处金属表面的感应电荷面密度为 σ,则 $E_P = \sigma/\varepsilon_0$

B. $E_P = q/4\pi\varepsilon_0 d^2$

C. E_P 应为金属板上所有感应电荷产生的电场与点电荷在 P 点的电场的叠加

D. $E_P = 0$

图　8.3

8.1.11 （知识点：导体的静电平衡条件）

接上题,如图 8.4 所示,则板上离点电荷 q 最近处的感应电荷密度应为(　　)。

A. 0 　　　　　　 B. $-q/4\pi d^2$ 　　　　 C. $q/4\pi d^2$ 　　　　　 D. $-q/2\pi d^2$

E. $q/2\pi d^2$ 　　　　　 F. $-q/2\pi S$

8.1.12 （知识点：导体）

如图 8.5 所示,设有三块相距很近平行放置的面积均为 S 的导体薄板,当导体处于静电
平衡时,各板表面上电荷密度的关系必然满足(　　)。

A. $\sigma_2 = \sigma_3$,$\sigma_4 = \sigma_5$

B. $\sigma_1 = -\sigma_6$

C. $\sigma_1 = \sigma_6$,$\sigma_2 = -\sigma_3$,$\sigma_4 = -\sigma_5$

D. 应该由各板带的电荷量来决定

E. 应该与各板的电荷量以及两板的距离有关

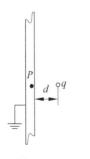

图　8.4

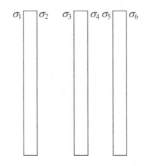

图　8.5

8.1.13 （知识点：导体）

如图 8.6 所示,设有三块相距很近平行放置的面积均为 S 的导体 A、B、C 板,当导体处于静电平衡时,若 C 板外侧接地,各板表面上电荷密度的关系应为（   ）。

A. $\sigma_5 = \sigma_6 = 0$ B. $\sigma_6 = \sigma_5 = -\sigma_4 = 0$

C. $\sigma_1 = \sigma_6 = 0, \sigma_2 = -\sigma_3, \sigma_4 = -\sigma_5$ D. 应该由各板带的电荷量来决定

E. 应该与各板的电荷量以及两板的距离有关

8.1.14 （知识点：导体）

接上题,如图 8.7 所示若在 C 板的内侧接地,各板表面上电荷密度的关系应为（   ）。

A. $\sigma_5 = \sigma_6 = 0$ B. $\sigma_6 = \sigma_5 = -\sigma_4 = 0$

C. $\sigma_1 = \sigma_6 = 0, \sigma_2 = -\sigma_3, \sigma_4 = -\sigma_5$ D. 应该由各板带的电荷量来决定

E. 应该与各板的电荷量以及两板的距离有关

8.1.15 （知识点：导体）

接上题,如图 8.8 所示,若用导线连接 A、C 板,各板表面上电荷密度的关系应满足（多选）（   ）。

A. $\sigma_2 = -\sigma_3 = 0, \sigma_4 = -\sigma_5 = 0$ B. $\sigma_3 = \sigma_4 = 0$

C. $\sigma_1 = \sigma_6, \sigma_2 = -\sigma_3, \sigma_4 = -\sigma_5$ D. $\dfrac{\sigma_2}{\varepsilon_0} d_{AB} + \dfrac{\sigma_4}{\varepsilon_0} d_{BC} = 0$

E. $\sigma_1 d_{AB}/\varepsilon_0 = \sigma_6 d_{BC}/\varepsilon_0$

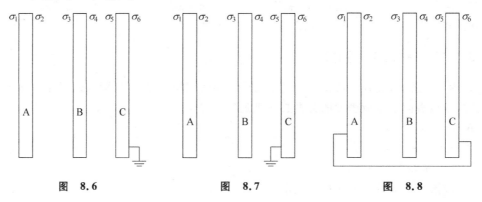

图 8.6   图 8.7   图 8.8

Step 3   下面的题目需要一些技巧和综合能力,希望读者能坚持做完。

8.1.16 （知识点：导体）

有一电荷密度为 σ 的无限大均匀带电平面,将一中性无限大导体平板移到其附近并平行地放置,如图 8.9 所示,则当静电平衡后,导体平板两面上的感应电荷面密度 σ_1 和 σ_2 分别为（   ）。

A. $\sigma_1 = -\sigma, \sigma_2 = 0$ B. $\sigma_1 = -\sigma, \sigma_2 = +\sigma$

C. $\sigma_1 = -\dfrac{1}{2}\sigma, \sigma_2 = +\dfrac{1}{2}\sigma$ D. $\sigma_1 = -\dfrac{1}{2}\sigma, \sigma_2 = -\dfrac{1}{2}\sigma$

8.1.17　（知识点：导体）

有一电荷面密度为 σ_1 的无限大均匀带电介质平板 A，将 A 移近导体 B 后，当导体 B 处于静电平衡时，此时导体 B 表面上靠近 P 点处的电荷面密度为 σ_2，P 点是极靠近导体 B 表面外的一点，如图 8.10 所示。则 P 点的场强是（　　）。

A. $\dfrac{\sigma_1}{2\varepsilon_0}+\dfrac{\sigma_2}{2\varepsilon_0}$　　　　B. $\dfrac{\sigma_2}{2\varepsilon_0}-\dfrac{\sigma_1}{2\varepsilon_0}$　　　　C. $\dfrac{\sigma_1}{2\varepsilon_0}$　　　　D. $\dfrac{\sigma_2}{\varepsilon_0}$

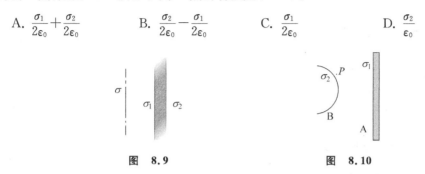

图　8.9　　　　　　　　　　　图　8.10

8.1.18　（知识点：导体的静电平衡条件）

距面积为 S 的接地金属板为 d 处有电荷线密度为 λ 的无限长直导线，垂直导体板放置，如图 8.11 所示。试计算板上离导线端点 A 最近处 O 点的感应电荷密度。

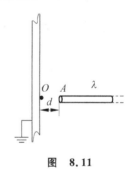

图　8.11

8.2　空腔导体在静电场中的性质

阅读指南：

（1）掌握空腔导体在静电场中的性质，有两种情况：

① 腔内没有电荷，则空腔是个等势体，电荷只分布在空腔导体的外表面，这与前面 8.1 节内容没有什么区别。② 腔内有电荷 q，空腔带电量为 Q，则空腔内表面带电量 $-q$，外表面带电量 $Q+q$。

（2）有导体存在时静电场的分析依据：①导体的静电平衡条件；②电荷守恒定律或者导体接地时导体电势为零的条件；③高斯定理和电势的定义。

（3）导体空腔外部的电场不影响腔内；当空腔外表面接地时，腔内电荷的场不影响腔外。

Step 1　查阅相关知识完成以下阅读题。

8.2.1　（知识点：空腔导体）

设一中空球形导体带正电 Q,导体空腔内无其他电荷,如图 8.12 所示。该导体内外表面的电荷分别是多少?（　　）

A. 内表面$-Q$,外表面 Q

B. 内表面不带电,外表面 Q

C. 内表面 Q,外表面不带电

D. 内表面 Q,外表面 Q

E. 内表面 $Q/2$,外表面 $Q/2$

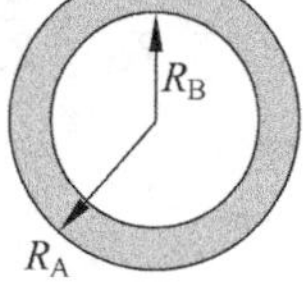

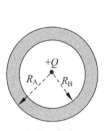

图　8.12

8.2.2　（知识点：空腔导体）

接上题,则该导体电场强度分布为（　　）。

A. $E=kQ/R^2$,$R<R_B$
B. $E=kQ/R^2$,$R>R_A$

C. $E=0$,$R<R_B$
D. $E=0$,$R_B<R<R_A$

8.2.3　（知识点：空腔导体）

接上题,则该导体电势分布为（　　）。

A. $U=kQ/R$,$R<R_B$
B. $U=kQ/R$,$R>R_A$

C. $U=0$,$R<R_A$
D. $U=kQ/R_A$,$R_B<R<R_A$

E. $U=kQ/R_A$,$R<R_B$

8.2.4　（知识点：空腔导体）

如图 8.13 所示,有一空心厚壁的孤立金属球壳（起初不带电）,现中心处放入一个电量为$+Q$的点电荷,当静电平衡时,该金属球壳内外表面各带什么电荷?（　　）

A. 内表面$-Q$,外表面$-Q$

B. 内表面 0,外表面$-Q$

C. 内表面$-Q$,外表面 0

D. 内表面$-Q$,外表面 Q

图　8.13

8.2.5　（知识点：空腔导体）

接上题,在 $R<R_B$ 处电场强度大小为（　　）。

A. $E=kQ/R^2$　　　B. 0　　　C. 趋近于 0　　　D. 上述答案均不对

8.2.6　（知识点：空腔导体）

接上题,在 $R>R_A$ 处电场强度大小为（　　）。

A. $E=kQ/R^2$　　　B. 0　　　C. 趋近于 0　　　D. 上述答案均不对

8.2.7　（知识点：空腔导体）

接上题，在 $R_A > R > R_B$ 处电场强度大小为（　　　）。

A. $E = kQ/R^2$ 　　　　　　　　　　　　 B. 0

C. 趋近于 0 　　　　　　　　　　　　 D. 上述答案均不对

Step 2　完成以上阅读题后，做以下练习。

8.2.8　（知识点：空腔导体）

如图 8.14 所示，有一带 $-50e$ 电量的小球，置于金属球壳的正中心，若金属球壳带 $-100e$ 净电荷，当达到静电平衡时，则金属球壳内外表面各带多少电荷？（　　　）

A. 内表面 $-50e$，外表面 $-50e$ 　　　　 B. 内表面 0，外表面 $-100e$

C. 内表面 $+50e$，外表面 $-100e$ 　　　 D. 内表面 $+50e$，外表面 $-150e$

E. 内表面 0，外表面 $-150e$ 　　　　　 F. 内表面 $+50e$，外表面 $-50e$

8.2.9　（知识点：空腔导体）

如图 8.15 所示，偏心放置在金属球壳内一带 $-50e$ 电量的小球，若金属球壳带 $-100e$ 净电荷，则在静电平衡时，金属球壳内外表面各带多少电荷？（　　　）

A. 内表面 $-50e$，外表面 $-50e$ 　　　　 B. 内表面 0，外表面 $-100e$

C. 内表面 $+50e$，外表面 $-100e$ 　　　 D. 内表面 $+50e$，外表面 $-150e$

E. 内表面 0，外表面 $-150e$ 　　　　　 F. 内表面 $+50e$，外表面 $-50e$

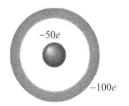　　　　　　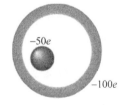

图　8.14　　　　　　　　　　　　　图　8.15

8.2.10　（知识点：空腔导体）

接上题，若将有一带 $-50e$ 电量的小球与球壳接触一下之后再置于该金属球壳的中心，则当达到静电平衡时金属球壳内外表面各带多少电荷？（　　　）。

A. 内表面 $-50e$，外表面 $-50e$ 　　　　 B. 内表面 0，外表面 $-100e$

C. 内表面 $+50e$，外表面 $-100e$ 　　　 D. 内表面 $+50e$，外表面 $-150e$

E. 内表面 0，外表面 $-150e$ 　　　　　 F. 内表面 $+50e$，外表面 $-50e$

8.2.11　（知识点：空腔导体）

如图 8.16 所示，在金属球壳的中心放置一带 $-50e$ 电量的小球，设小球半径可以忽略不计，金属球壳带 $-100e$ 净电荷，如果球壳内外半径分别为 10cm、15cm，其中 $k = \dfrac{1}{4\pi\varepsilon_0}$，在静电平衡时,金属球壳内、外区域的电场强度的大小为(　　)。

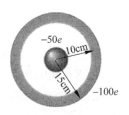

A. $E=-5000ek,R<10$cm

B. $E=-50ek/R^2,R<10$cm

C. $E=-6666.66ek,R>15$cm

D. $E=-150ek/R^2,R>15$cm

8.2.12 （知识点：空腔导体）

图 8.16

接上题,当静电平衡时,金属球壳中(10cm<R<15cm)的电场强度大小为(　　)。

A. $E=-6666.66ek$

B. $E=0$

C. $E=-5000ek$

D. $E=-150ek/R$

E. $E=-50ek/R$

8.2.13 （知识点：空腔导体）

接上题,当静电平衡时,金属球中球壳(10cm<R<15cm)的电势为(　　)。$\left(k=\dfrac{1}{4\pi\varepsilon_0}\right)$

A. $U=-1000ek$

B. $U=0$

C. $U=-500ek$

D. $U=-1500ek$

E. $U=-50ek/R$

F. $U=-150ek/R$

8.2.14 （知识点：空腔导体）

接上题,当静电平衡时,金属球壳内、外区域的电势分布为(　　)。$\left(k=\dfrac{1}{4\pi\varepsilon_0}\right)$

A. $U=-500ek/R,R<10$cm

B. $U=-50ek/R,R<10$cm

C. $U=-1000ek,R>15$cm

D. $U=-150ek/R,R>15$cm

8.2.15 （知识点：导体球电场）

一个中空导体球壳带正电,尺寸如图 8.17 所示。以下哪个图正确表示了电场强度大小随半径 r 的变化?(　　)

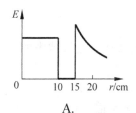

A.

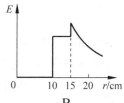

B.

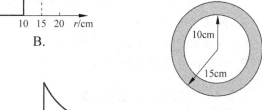

图 8.17

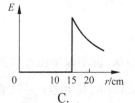

C.

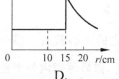

D.

8.2.16　（知识点：导体球电势）

接上题，一个中空导体球壳带正电，尺寸如图 8.17 所示。以下哪个图正确表示了电势大小随半径 r 的变化？（　　）

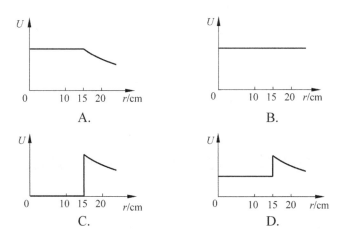

8.2.17　（知识点：导体球电场）

如图 8.18 所示的中空球壳导体表面起初不带电，导体内部放上一个正电荷。以下哪个图正确表示了电场强度大小随半径的变化？（　　）

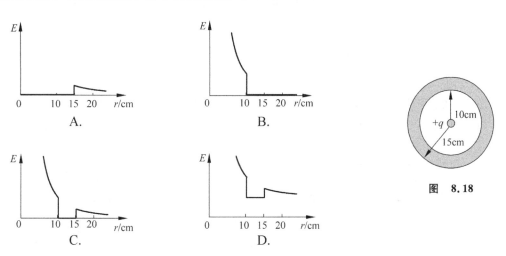

图　8.18

8.2.18　（知识点：导体球电势）

接上题，如图 8.18 所示的中空球壳导体表面起初不带电，导体内部放上一个正电荷。以下哪个图正确表示了电势大小随半径的变化？（　　）

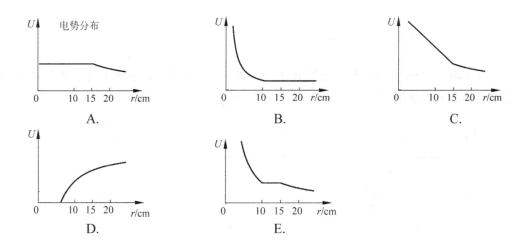

Step 3　下面的题目需要一些技巧和综合能力,希望读者能坚持做完。

8.2.19 (知识点:导体)

如图 8.19 所示,在一原来不带电的孤立球壳空腔内,中心处有一个电量为 $+Q$ 的点电荷,若将电量为 $-2Q$ 的点电荷置于球壳外附近,则球壳内 $R < R_B$ 区域的电场强度大小为( )。

A. $-2kQ/R^2$ 　　　　　　　B. $+2kQ/R^2$

C. 0 　　　　　　　　　　D. 需要用电场分布求积分计算

E. 以上都不对

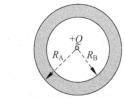

图　8.19

8.2.20 (知识点:导体)

接上题,电荷 $-2Q$ 和 $+Q$ 所受电场力的方向分别为( )。

A. $-2Q$ 所受电场力方向向右,$+Q$ 所受电场力方向向左

B. $-2Q$ 不受力,$+Q$ 所受电场力方向向左

C. 两电荷均不受力

D. $-2Q$ 所受电场力方向向右,$+Q$ 不受力

8.2.21 (知识点:电势的计算)

如图 8.20 所示,横截面半径为 a 的一长直导线,同轴套一半径为 b 的接地导体薄圆筒($b > a$),设导线沿轴线单位长度所带的电量是 λ,试计算两导体间某一点的电场强度和电势。

8.2.22 (知识点:导体在静电场中)

两个半径皆为 0.15m 的导体球相距 10m。若一球的电势是 $+1500V$,另一球的电势是 $-1500V$,则在每个球所带的电量是多少?

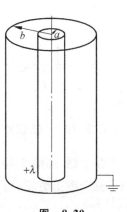

图　8.20

8.3　电介质在静电场中的性质

> **阅读指南**：了解电介质在电场中的极化过程；理解电位移矢量的物理意义；熟练掌握有电介质存在时，静电场的分析和计算。
>
> （1）电位移矢量是一个辅助物理量，只有对于均匀电介质，电位移矢量与电场强度矢量才具有线性关系。
>
> （2）电位移矢量的通量仅与自由电荷有关。电场强度矢量的通量与自由电荷和极化电荷都有关。
>
> （3）有电介质存在时，静电场的分析和计算分三步：首先根据有介质时的高斯定理求出电位移矢量；然后根据电位移矢量与电场强度的关系求出电场强度；最后由场强再计算其他要求的物理量。

Step 1　查阅相关知识完成以下阅读题。

8.3.1　（知识点：电介质在静电场中的性质）

一块中性的电介质放置在静电场中，会有什么反应？（　　　）
A. 电介质中不存在自由电荷，所以它和静电场没有作用
B. 电介质表面出现电荷，但是内部没有电荷
C. 电介质表面出现电荷，有时电介质的内部也出现电荷，这与电介质的性质有关

8.3.2　（知识点：电介质在静电场中的性质）

一块中性的电介质放置在静电场中，此时电介质的表面有了电荷，原因可能是（　　　）。
A. 电介质材料的分子或原子发生了极化　　B. 材料中无规则取向的有极分子重新排列
C. 电介质内部出现自由电荷　　　　　　　D. 电介质被电离

8.3.3　（知识点：电介质在静电场中的性质）

什么是无极分子？以下描述中错误的是哪一个？（　　　）
A. 无极分子的正负电荷中心重合
B. 在没有外电场时无极分子的固有电矩为零
C. 在外电场中无极分子的固有电矩转向外电场方向
D. 无极分子电介质的极化是一种位移极化

8.3.4　（知识点：电介质在静电场中的性质）

什么是有极分子？以下描述中错误的是哪一个？（　　　）
A. 有极分子的正负电荷中心不重合
B. 在没有外电场时有极分子的固有电矩为零
C. 在外电场中有极分子的固有电矩转向外电场方向

D. 有极分子电介质的极化主要是取向极化

8.3.5 （知识点：电介质在静电场中的性质）

一块各向同性的电介质放置在外静电场 E 中，则电介质中电场的大小（　　）。

A. 比外电场 E 大　　　　　B. 比外电场 E 小　　　　　C. 取决于电介质

Step 2　完成以上阅读题后，做以下练习。

8.3.6 （知识点：电介质）

如图 8.21 所示，平板电容器两极板带等量异号电荷，其面密度分别为 $+\sigma_0$ 和 $-\sigma_0$，在该电容器之间平行插入两块介电常数为 ε_1、ε_2 的均匀电介质，分析电容器极板间两个区域 A 和 B 的电位移 D 与电场 E：（　　）。

A. 两区域 D 相同，电位移线连续

B. 两区域 E 不相同，电场线不连续

C. 两区域 E 相同，电场线连续

D. 两区域 D 不相同，电位移线不连续

图　8.21

8.3.7 （知识点：电介质）

接上题，在该电容器之间插入半块介电常数为 ε 的均匀电介质，如图 8.22 所示，分析电容器极板间两个区域 A、B 的电位移 D 与电场 E 的大小：（　　）。

A. 两区域 D 相同　　　　　　　　　B. 两区域 E 不相同

C. 两区域 E 相同　　　　　　　　　D. 两区域 D 不相同

8.3.8 （知识点：电介质）

如图 8.23 所示，一个金属球半径为 R，带电量 q_0，现置入无限大各向同性的介电常数为 ε 的电介质中，设表面束缚电荷为 q'，则介质中任意一点与球心距离为 r 的电位移 D 和电场 E 的大小分别为（　　）。

A. $D=q_0/4\pi\varepsilon r^2$　　　B. $D=q_0/4\pi\varepsilon_0 r^2$　　　C. $D=q'/4\pi r^2$　　　D. $D=q_0/4\pi r^2$

E. $E=q_0/4\pi\varepsilon r^2$　　　F. $E=(q_0+q')/4\pi\varepsilon r^2$

G. $E=(q_0+q')/4\pi\varepsilon_0 r^2$

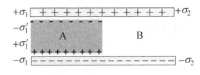

图　8.22

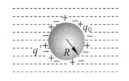

图　8.23

8.3.9 （知识点：电介质）

接上题，如图 8.23 所示，此球的电势大小为（　　）。

A. $U=q_0/4\pi\varepsilon R^2$　　　　　　B. $U=q_0/4\pi\varepsilon_0 R$　　　　　　C. $U=q_0/4\pi R^2$

D. $U = q_0 / 4\pi \varepsilon R$ E. 以上都不对

8.3.10 （知识点：电容器）

如图 8.24 所示,同轴电缆内导线半径为 a,外圆筒内半径为 b。现紧贴圆筒内壁充入一同轴圆筒形电介质,内半径为 R,相对介电常数为 ε_r。设导线和圆筒带电,线密度为 $\pm\lambda$,若以 $r < a$ 为 1 区,$a < r < R$ 为 2 区,$R < r < b$ 为 3 区,则这三个区域的电位移大小为（   ）。

A. $D_1 = 0, D_2 = \dfrac{\lambda}{2\pi r}, D_3 = \dfrac{\lambda}{2\pi \varepsilon_0 \varepsilon_r r}$

B. $D_1 = 0, D_2 = \dfrac{\lambda}{2\pi r}, D_3 = \dfrac{\lambda}{2\pi r}$

C. $D_1 = \dfrac{\lambda}{2\pi \varepsilon_0 r}, D_2 = \dfrac{\lambda}{2\pi \varepsilon_0 r}, D_3 = 0$

D. $D_1 = \dfrac{\lambda}{2\pi \varepsilon_0 r}, D_2 = 0, D_3 = \dfrac{\lambda}{2\pi \varepsilon_0 r}$

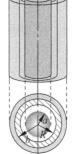

图 8.24

8.3.11 （知识点：电容器）

接上题,则这三个区域的电场强度大小为（   ）。

A. $E_1 = 0, E_2 = \dfrac{\lambda}{2\pi r}, E_3 = \dfrac{\lambda}{2\pi \varepsilon_0 \varepsilon_r r}$ B. $E_1 = \dfrac{\lambda}{2\pi \varepsilon_0 r}, E_2 = \dfrac{\lambda}{2\pi r}, E_3 = \dfrac{\lambda}{2\pi r}$

C. $E_1 = 0, E_2 = \dfrac{\lambda}{2\pi \varepsilon_0 r}, E_3 = \dfrac{\lambda}{2\pi \varepsilon_0 \varepsilon_r r}$ D. $E_1 = \dfrac{\lambda}{2\pi r}, E_2 = \dfrac{\lambda}{2\pi \varepsilon_0 r}, E_3 = 0$

8.3.12 （知识点：电容器）

接上题,两筒间的电势差为（   ）。

A. $\Delta U = \dfrac{\lambda}{2\pi \varepsilon_0 \varepsilon_r r}$ B. $\Delta U = \dfrac{\lambda}{2\pi \varepsilon_0 \varepsilon_r} \left(\varepsilon_r \ln \dfrac{R}{a} + \ln \dfrac{b}{R} \right)$

C. $\Delta U = \dfrac{\lambda}{2\pi \varepsilon_0 \varepsilon_r} \ln \dfrac{R}{a}$ D. 以上都不对

8.4 电容 静电能

阅读指南：了解电容器的定义；掌握电容器电容的概念及典型电容器电容的计算方法；理解静电场储能的概念。

（1）熟记平行板电容器、圆柱形电容器和球形电容器三种典型电容器的电容。

（2）利用电容的定义计算电容器的电容,掌握电介质对电容器电容的影响,会分析电容器的并联和串联。

（3）熟练掌握应用电场能量密度法计算某些对称分布电场的能量,步骤：①应用有介质时的高斯定理,计算电场分布；②写出单位体积内能量；③选取合适的体积元,计算静电场的能量。

Step 1　查阅相关知识完成以下阅读题。

8.4.1　（知识点：电容）

增大平板电容器的电容的方法有（　　）。

A. 增加极板的面积　　　　　　　　　B. 增加极板之间的距离

C. 在极板之间插入电介质　　　　　　D. 增加极板间的电压

E. 增加极板上的电量

8.4.2　（知识点：电容）

当外加电压保持一定时,增加平板电容器所储存的能量的方法是（　　）。

A. 增加极板的面积　　　　　　　　　B. 增加极板之间的距离

C. 在极板之间插入电介质　　　　　　D. 以上都对

8.4.3　（知识点：电容）

两个电容相同的电容器,当并联或串联时,哪种连接的方式电容较大?（　　）

A. 并联　　　　　　　B. 串联　　　　　　C. 两种连接方式具有相同的电容

8.4.4　（知识点：电介质）

平行板电容器充电后与电源断开,此时平板电容器两板带等量异号电量。插入一介电常数为 ε_r 的均匀电介质,如图 8.25 所示,比较插入介质前后两极板之间电压和电场的变化：（　　）。

A. 电压变大　　　　　　B. 电场增大

C. 电压减小　　　　　　D. 电场减小

E. 电压和电场不变

图　8.25

8.4.5　（知识点：电介质）

接上题,比较插入介质前后两极板上电荷电量和电位移的变化：（　　）。

A. 电量增大　　　B. 电量减小　　　C. 电量不变　　　D. 电位移减小

E. 电位移增大　　　F. 电位移不变

8.4.6　（知识点：电介质）

接上题,极板间的电位移和电场的大小为（　　）。

A. $D=\sigma_0,E=\dfrac{\sigma_0}{\varepsilon_0}$　　　　　B. $D=\sigma_0,E=\dfrac{\sigma_0}{\varepsilon}$　　　　　C. $D=\dfrac{\sigma_0}{\varepsilon_0},E=\dfrac{\sigma'}{\varepsilon}$

D. $D=\dfrac{\sigma_0}{\varepsilon_0},E=\dfrac{\sigma_0}{\varepsilon}$　　　　　E. 以上都不对

Step 2 完成以上阅读题后,做以下练习。

8.4.7 (知识点:电容器)

如图 8.26 所示,设平板电容器的两板之间的电压为V_0,两块平行板间距离为 d。两板带电量为 Q、$-Q$,若在两平行板中间位置放一块厚度为 $d/3$ 的导体,则此时两板间的电压 V 将是( )。

A. $V=\dfrac{2}{3}V_0$ B. $V=\dfrac{3}{2}V_0$ C. $V=V_0$ D. $V=\dfrac{1}{2}V_0$

8.4.8 (知识点:电容器)

如图 8.27 所示,设平板电容器的面积为 S,板间距离为 d,此时电容器电容为C_0。若在两平行板的中间位置放置一块厚度为 $d/3$ 的导体,则此时电容器的电容 C 为( )。

A. $C=\dfrac{2}{3}C_0$ B. $C=\dfrac{3}{2}C_0$ C. $C=C_0$ D. $C=\dfrac{1}{2}C_0$

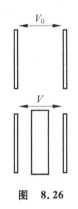

图 8.26

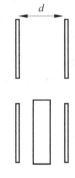

图 8.27

8.4.9 (知识点:电容)

如图 8.28 所示,当连接在电池两端的两平行板之间的距离增加时,以下叙述正确的是( )。

A. 两块板之间的电压下降

B. 两块板之间的电场强度增加

C. 两块板上的电荷会减少

D. 由这两块板组成的电容会增加

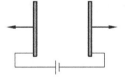

图 8.28

8.4.10 (知识点:电容)

如图 8.29 所示,两块平行板分别带 $+Q$ 和 $-Q$ 的电量。板间的距离增大时,以下叙述正确的是( )。

A. 两块板之间的电压增加

B. 两块板之间的电场强度下降

C. 两块板上的电荷会减少

图 8.29

D. 由这两块板组成的电容的容量会增加

8.4.11 （知识点：电容器）

一平板电容器，极板间为真空，连接在电压为 U 的电源上。充电后，断开电源，再插入相对介电常数为 ε_r、厚度为 d 的电介质板，当电介质插入过程中外力对介质（   ）。

A. 做正功，因为极板间的电场能量增大   B. 做正功，因为极板间的电场能量减小

C. 做负功，因为极板间的电场能量增大   D. 做负功，因为极板间的电场能量减小

8.4.12 （知识点：电容器   能量）

接上题，以下叙述正确的是（   ）。

A. 由于极板间的电场作用电介质被吸入   B. 由于极板间的电场作用电介质被排斥

C. 极板间的电场对电介质没有作用   D. 以上都不对

8.4.13 （知识点：电容器   能量）

将一板间距离为 d 的真空平板电容器连在电压为 U 的电源上，现插入相对介电常数为 ε_r、厚度为 d 的电介质板，在插入过程中，（   ）。

A. 由于极板间的电场作用电介质被吸入

B. 由于极板间的电场作用电介质被排斥

C. 极板间的电场对电介质没有作用

D. 以上都不对

8.4.14 （知识点：电容）

如图 8.30 所示的平板电容器两极板带等量异号电量，极板面积为 S，极板间距为 d，插入两块介电常数为 ε_1、ε_2 的均匀电介质，其厚度分别为 d_1、d_2，且 $d=d_1+d_2$。若 $C_1=\dfrac{\varepsilon_1 S}{d_1}$，$C_2=\dfrac{\varepsilon_2 S}{d_2}$，则该电容器的电容可表达为（   ）。

A. $C=C_1+C_2$

B. $\dfrac{1}{C}=\dfrac{1}{C_1}+\dfrac{1}{C_2}$

C. 很难计算电容

D. 以上都不对

图 8.30

8.4.15 （知识点：电容）

在极板面积为 S、间距为 d 的平板电容器间插入半块均匀电介质（介电常数为 ε），如图 8.31 所示，若电容 $C_1=\dfrac{\varepsilon S}{2d}$，电容 $C_2=\dfrac{\varepsilon_0 S}{2d}$，则该电容器的电容可表达为（   ）。

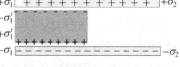

A. $C=C_1+C_2$

B. $\dfrac{1}{C}=\dfrac{1}{C_1}+\dfrac{1}{C_2}$

C. 很难计算电容

D. 以上都不对

图 8.31

8.4.16 （知识点：电容）

如图 8.32 所示，将两电容相同的平板电容器 A 和 B 串联后接在电源上，随后将电容器 B 充满介电常数为 ε 的均匀电介质，则两电容器中的场强大小 E_A 和 E_B 变化的情况为（　　）。

A. E_A 不变，E_B 增大　　　　B. E_A 不变，E_B 减小

C. E_A 减小，E_B 增大　　　　D. E_A 增大，E_B 减小

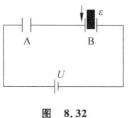

图 8.32

答案及部分解答

8.1.1　ABF	8.1.2　DE	8.1.3　D	8.1.4　B
8.1.5　D	8.1.6　C	8.1.7　D	8.1.8　A

8.1.9　B

解答：因为金属板接地，金属板上各点的电势为零。因为金属板左侧空间中没有带电体，如果金属板左侧有感应电荷，则金属板左面将发出电力线至无穷远处（或无穷远处至金属板左面），而无穷远处的电势为零，因此得出结论：金属板左面电势不为零。该结论与金属板接地，电势为零矛盾，所以金属板左面没有感应电荷。感应电荷分布在右面，为 $-q$，点电荷 $+q$ 发出电力线将终止于金属板。

设想如果金属板右侧接地，结论是否改变。（结论不变）

8.1.10　CD　　　　8.1.11　D

解答：因为金属板内场强为零，$E_P=0$，而此场强是该处金属板感应电荷激发的电场与点电荷在 P 点的电场的叠加，所以得出结论：$\sigma/2\varepsilon_0 + q/4\pi\varepsilon_0 d^2 = 0$。$\sigma$ 是板上离点电荷 q 最近处的感应电荷密度，它在板内 P 点产生的场强是 $\sigma/2\varepsilon_0$，而不是 σ/ε_0。

8.1.12　C	8.1.13　C	8.1.14　C	8.1.15　CD
8.1.16　C	8.1.17　D		

8.1.18　$\sigma = -\lambda/2\pi d$

解答：假设有一点 P，P 点在金属板内部，并靠近 O 点。因为金属板内场强为零，而该点场强是该处金属板感应电荷激发的电场与导线在 P 点的电场的叠加，所以得出结论：$\dfrac{\sigma}{2\varepsilon_0} + \dfrac{\lambda}{4\pi\varepsilon_0 d} = 0$。其中 σ 是板上离导线最近处 O 点的感应电荷密度。

8.2.1　B	8.2.2　BCD	8.2.3　BDE	8.2.4　D
8.2.5　A	8.2.6　A	8.2.7　B	8.2.8　D
8.2.9　D	8.2.10　E	8.2.11　BD	8.2.12　B
8.2.13　A	8.2.14　D	8.2.15　C	8.2.16　A
8.2.17　C	8.2.18　E	8.2.19　E	8.2.20　D

8.2.21　$E = \dfrac{\lambda}{2\pi\varepsilon_0 r}$，$U = \dfrac{\lambda}{2\pi\varepsilon_0}\ln\dfrac{b}{r}$

8.2.22　$Q_1 = 2.54\times10^{-8}\text{C}$　　$Q_2 = -2.54\times10^{-8}\text{C}$

8.3.1　C	8.3.2　AB	8.3.3　C	8.3.4　B

8.3.5 B	8.3.6 AB	8.3.7 CD	8.3.8 DEG
8.3.9 D	8.3.10 B	8.3.11 C	8.3.12 B
8.4.1 AC	8.4.2 AC	8.4.3 A	8.4.4 CD
8.4.5 CF	8.4.6 B	8.4.7 A	8.4.8 B
8.4.9 C	8.4.10 A	8.4.11 D	8.4.12 A
8.4.13 A	8.4.14 B	8.4.15 A	
8.4.16 D			

解答：B 中产生退极化场，E_B 减少，所以 B 的电势差减小，因为串联后连接在电源上，总电压应不变，故 A 的电势差增大，也即 A 中的电场增大。

第9章

磁　场

9.1　恒定电流和恒定电场

> **阅读指南：**
> (1) 理解电流密度的概念以及它与电流的关系。
> (2) 理解恒定电流和恒定电场的意义，掌握电动势的概念。
> (3) 掌握欧姆定律的微分形式和焦耳楞次定律的微分形式。

Step 1　查阅相关知识完成以下阅读题。

9.1.1　（知识点：欧姆定律）

有关欧姆定律，以下叙述中正确的是（　　）。

A. 导线内的电流正比于导线的电阻

B. 适用于半导体材料

C. 描述了一些导体材料的电学性质

D. 以上都正确

9.1.2　（知识点：电动势）

有关电动势的概念，下列说法中正确的是（　　）。

A. 电动势是电源对外做功的本领

B. 电动势是电场力把单位正电荷从负极经电源内部运送到正极所做的功

C. 电动势是正负两极间的电势差

D. 电动势是单位正电荷在非静电力作用下沿闭合回路绕行一周所做的功

9.1.3　（知识点：电动势）

试比较电动势和电势差，下列哪种描述是正确的？（　　）

A. 两者没有区别，都与静电力做功有关

B. 两者有区别，电动势与化学力做功有关，电势差与静电力做功有关

C. 两者有区别，电动势与非静电力做功有关，电势差与静电力做功有关

D. 两者没有区别，但是理由没有在上面给出

E. 两者有区别，但是 B、C 中未能给出正确的理由

Step 2　完成以上阅读题后,做以下练习。

9.1.4 （知识点：恒定电场与恒定电流）

根据你对静电场与恒定电场异同的了解,判断以下哪种叙述是正确的。（　　）
A. 恒定电场是产生恒定电流的充要条件
B. 仅在闭合回路中才可能存在恒定电场
C. 在导体回路中,自由电子在静电场的作用下作定向运动
D. 在导体回路中,自由电子在恒定电场的作用下作定向运动

9.1.5 （知识点：恒定电场与恒定电流）

在恒定电流不为零的回路中有一段导体,试探讨该导体内的电场与电流。（　　）
A. 导体内电场一定为零　　　　　　　　B. 导体内一定没有电流
C. 导体内电场不为零　　　　　　　　　D. 电流仅分布在导体表面
E. 仅在导体的表面有电场

9.1.6 （知识点：恒定电场与恒定电流）

关于通电的灯丝内部的电场,以下哪种叙述是对的。（　　）
A. 灯丝内部的电场一定为零,因为灯丝是金属做的
B. 灯丝内部的电场一定为零,因为所有净余的电荷都在灯丝的表面上
C. 灯丝内部的电场一定不为零,因为灯丝上流过的电流要产生电场
D. 灯丝内部的电场一定不为零,因为如果没有电场,灯丝就不会有电流流过
E. 灯丝内部的电场一定为零,但是理由上面没有给出
F. 灯丝内部的电场一定不为零,但是理由上面没有给出

9.1.7 （知识点：欧姆定律）

两个截面积不同、长度相同的铜棒串联在一起,如图 9.1 所示,在两端加一定的电压,下列说法正确的是（　　）。
A. 两个铜棒中的电流密度相同
B. 通过两个铜棒截面上的电流相同
C. 两个铜棒中的电场强度相同
D. 两个铜棒中的端电压相同

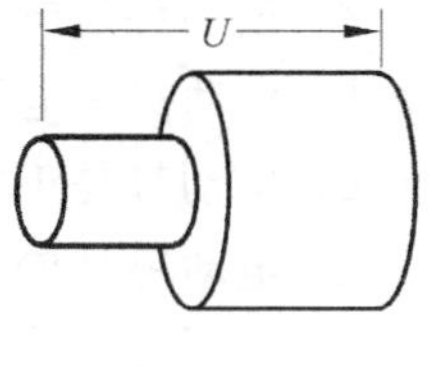

图　9.1

9.1.8 （知识点：电场强度）

三根截面积和长度相同的圆柱状均匀导线串联在一起的,它们是由不同材质制成的,其电导率分别为 γ_1、γ_2、γ_3 且 $\gamma_1 > \gamma_2 > \gamma_3$,当通有恒定电流时,三根导线内场强大小的关系为（　　）。
A. $E_1 > E_2 > E_3$ 　　　　　　B. $E_1 < E_2 < E_3$ 　　　　　　C. $E_2 > E_1 > E_3$
D. $E_2 > E_1 = E_3$ 　　　　　　E. $E_2 = E_1 = E_3$

9.2 恒定磁场的计算

阅读指南：理解磁感应强度 **B** 的概念和毕奥-萨伐尔定律；掌握用磁场叠加原理计算磁感应强度。

（1）空间某点 P 的 **B** 的方向垂直于电流元 $I\mathrm{d}\boldsymbol{l}$ 与 $\boldsymbol{r}$ 组成的平面，为 $I\mathrm{d}\boldsymbol{l}$ 与 $\boldsymbol{r}$ 的矢积方向。$\boldsymbol{r}$ 的方向为电流元 $I\mathrm{d}\boldsymbol{l}$ 到 P 点的方向。

（2）熟记典型电流的磁感应强度。

Step 1 查阅相关知识完成以下阅读题。

9.2.1 （知识点：磁场的方向）

如图 9.2 所示，一根通电导线中电流方向向右，则导线外一点 P 处磁场方向应为（　　）。

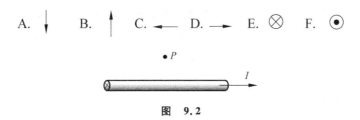

图 9.2

9.2.2 （知识点：磁场的方向）

一通电线圈，电流方向如图 9.3 所示，线圈内部磁场方向为以下哪个方向？（　　）

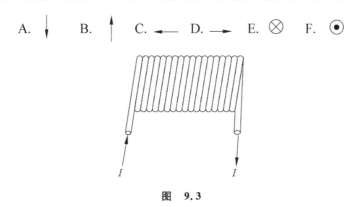

图 9.3

9.2.3 （知识点：磁场的方向）

一圆电流产生磁场为 B，如图 9.4 所示，从回路平面上方观察，回路中电流方向如何？

回路的哪边是磁北极？（为确定回路磁场北极，可以用一与回路磁极方向一致的条形磁铁替代图示圆电流）（　　）

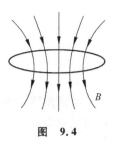

图　9.4

A. 回路电流方向为顺时针；北极位于回路上方

B. 回路电流方向为逆时针；北极位于回路上方

C. 回路电流方向为顺时针；北极位于回路下方

D. 回路电流方向为逆时针；北极位于回路下方

Step 2　完成以上阅读题后，做以下练习。

9.2.4　（知识点：磁场的叠加）

如图 9.5 所示，两根通电导线平行放置，电流大小相等方向相反，则两导线正中 P 点处的磁感应强度方向（　　）。

A. 垂直纸面向内　　　　　B. 垂直纸面向外　　　　　C. 向左

D. 向右　　　　　　　　　E. 无磁场

9.2.5　（知识点：磁场的叠加）

如图 9.6 所示，有一半圆环形回路，通以电流 I，则圆心 P 点处磁感应强度方向（　　）。

A. 垂直纸面向内　　　　　B. 垂直纸面向外　　　　　C. 向左

D. 向右　　　　　　　　　E. 无磁场

图　9.5

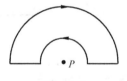

图　9.6

9.2.6　（知识点：磁场的叠加）

如图 9.7 所示，有三个闭合回路，通以相同电流 I，比较三个回路在 O 点的磁感应强度大小。（　　）

回路a

回路b

回路c

图　9.7

A. a>b>c　　　　　B. a>c>b　　　　　C. b>c>a　　　　　D. b>a>c

E. c>b>a　　　　　F. c>a>b

9.2.7 （知识点：磁场的叠加）

如图 9.8 所示，四根长直导线相距均为 R，通有电流均为 I，则与它们等距离的点 O 的磁感应强度为（ ）。

A. 0

B. $B_O = \dfrac{2\mu_0 I}{\pi R}$，方向水平向左

C. $B_O = \dfrac{2\mu_0 I}{\pi R}$，方向水平向右

D. $B_O = \dfrac{\mu_0 I}{2\pi R}$，方向竖直向上

E. $B_O = \dfrac{2\mu_0 I}{\pi R}$，方向竖直向下

F. $B_O = \dfrac{2\mu_0 I}{\pi R}$，方向竖直向上

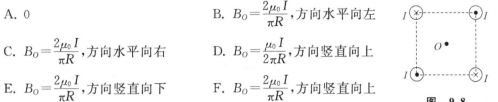

图 9.8

9.2.8 （知识点：磁场的叠加）

如图 9.9 所示，四根长直导线相距均为 R，通有电流均为 I，则与它们等距离的点 O 的磁感应强度为（ ）。

A. 0

B. $B_O = \dfrac{2\mu_0 I}{\pi R}$，方向水平向左

C. $B_O = \dfrac{2\mu_0 I}{\pi R}$，方向水平向右

D. $B_O = \dfrac{\mu_0 I}{2\pi R}$，方向竖直向上

E. $B_O = \dfrac{2\mu_0 I}{\pi R}$，方向竖直向下

F. $B_O = \dfrac{2\mu_0 I}{\pi R}$，方向竖直向上

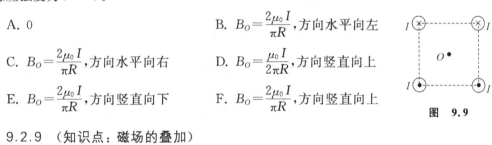

图 9.9

9.2.9 （知识点：磁场的叠加）

如图 9.10 所示，四根长直导线相距均为 R，通有电流均为 I，则与它们等距离点 O 的磁感应强度为（ ）。

A. 0

B. $B_O = \dfrac{2\mu_0 I}{\pi R}$，方向水平向左

C. $B_O = \dfrac{2\mu_0 I}{\pi R}$，方向水平向右

D. $B_O = \dfrac{\mu_0 I}{2\pi R}$，方向竖直向上

E. $B_O = \dfrac{2\mu_0 I}{\pi R}$，方向竖直向下

F. $B_O = \dfrac{2\mu_0 I}{\pi R}$，方向竖直向上

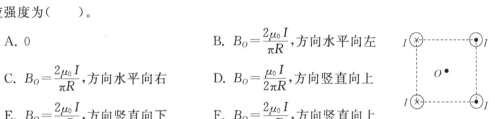

图 9.10

9.2.10 （知识点：磁场的叠加）

如图 9.11 所示，通有电流的组合体在 P 点的磁感应强度是（ ）。

A. $B_P = \dfrac{\mu_0 I}{2\pi d}$，方向垂直纸面向里

B. $B_P = \dfrac{\mu_0 I}{2\pi d}$，方向垂直纸面向外

C. $B_P = \dfrac{\mu_0 I}{4\pi d}$，方向垂直纸面向里

D. $B_P = \dfrac{\mu_0 I}{4\pi d}$，方向垂直纸面向外

E. 0

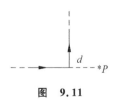

图 9.11

9.2.11　（知识点：磁场的叠加）

如图 9.12 所示，通有电流的组合体在点 O 的磁场的大小和方向为（　　　）。

A. $B_O = \left| \dfrac{\mu_0 I}{4R_2} + \dfrac{\mu_0 I}{4R_1} + \dfrac{\mu_0 I}{4\pi R_1} \right|$，方向垂直纸面向里

B. $B_O = \left| \dfrac{\mu_0 I}{4R_2} + \dfrac{\mu_0 I}{4R_1} - \dfrac{\mu_0 I}{4\pi R_1} \right|$，方向垂直纸面向里

C. $B_O = \left| \dfrac{\mu_0 I}{4R_2} - \dfrac{\mu_0 I}{4R_1} + \dfrac{\mu_0 I}{4\pi R_1} \right|$，方向垂直纸面向里

D. $B_O = \left| \dfrac{\mu_0 I}{4R_2} - \dfrac{\mu_0 I}{4R_1} - \dfrac{\mu_0 I}{4\pi R_1} \right|$，方向垂直纸面向里

E. $B_O = \left| \dfrac{\mu_0 I}{4R_2} - \dfrac{\mu_0 I}{4R_1} - \dfrac{\mu_0 I}{4\pi R_1} \right|$，方向垂直纸面向外

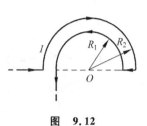

图　9.12

9.2.12　（知识点：磁场的叠加）

一长载流导线弯成如图 9.13 所示的形状，在 P 点导线绝缘，则 O 点处 B 的大小为（　　　）。

A. $\dfrac{\mu_0 I}{2R}$

B. $\dfrac{\mu_0 I \left(1 + \dfrac{1}{\pi}\right)}{2R}$

C. $\dfrac{2\mu_0 I}{\pi R}$

D. $\dfrac{\mu_0 I}{2\pi R}$

9.2.13　（知识点：磁场的叠加）

将载流导线弯成如图 9.14 所示的形状，则 O 点处磁感应强度的大小为（　　　）。

A. $\dfrac{\mu_0 I}{2R}$

B. $\dfrac{\mu_0 I}{4R}$

C. $\dfrac{\mu_0 I \left(1 - \dfrac{1}{\pi}\right)}{4R}$

D. $\dfrac{\mu_0 I \left(1 + \dfrac{1}{\pi}\right)}{4R}$

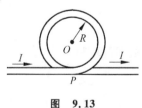

图　9.13

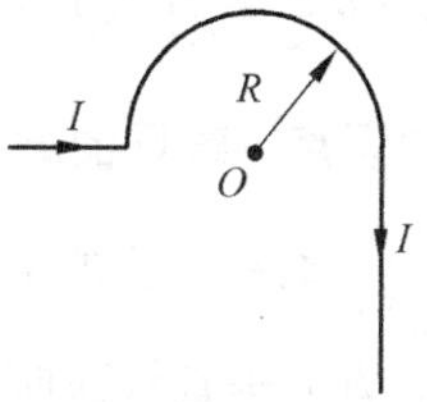

图　9.14

9.2.14　（知识点：磁场的叠加）

通有电流 I 的无限长直导线有如图 9.15 所示三种形状，则 P、Q、O 各点磁感应强度的大小 B_P、B_Q、B_O 间的关系为（　　　）。

A. $B_P > B_Q > B_O$

B. $B_Q > B_P > B_O$

C. $B_Q > B_O > B_P$

D. $B_O > B_Q > B_P$

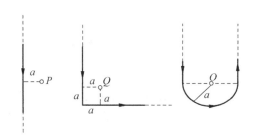

图 9.15

9.2.15 （知识点：运流电流的磁场）

如图 9.16 所示，氢原子中，电子绕原子核作半径为 R 的圆周运动，它等效于一个圆形电流。设电子质量为 m_e，电子电荷的绝对值为 e，绕核转动的角速度为 ω，则等效圆电流的大小为（ ）。

A. $e\omega$ 　　　　　 B. $e\omega/2\pi$ 　　　　　 C. $e\omega/R$ 　　　　　 D. $e\omega/2\pi R$

9.2.16 （知识点：运流电流的磁场）

如图 9.16 所示，氢原子中，电子绕原子核作半径为 R 的圆周运动，它等效于一个圆形电流。设电子质量为 m_e，电子电荷的绝对值为 e，绕核转动的角速度为 ω，则该等效圆电流在圆心处产生的磁感应强度的大小为（ ）。

A. $\dfrac{\mu_0 e\omega}{2\pi R}$ 　　　 B. $\dfrac{\mu_0 e\omega}{2\pi^2 R}$ 　　　 C. $\dfrac{\mu_0 e\omega}{2\pi}\ln R$ 　　　 D. $\dfrac{\mu_0 e\omega}{4\pi R}$

9.2.17 （知识点：运流电流的磁场）

如图 9.17 所示，半径为 R 的圆片上均匀带电，面电荷密度为 σ。令该圆片以匀角速度 ω 绕它的轴旋转，则圆片上半径为 r、宽度为 dr 的圆环可以等效为一个圆电流 dI，该圆电流 dI 为（ ）。

A. $dI=\sigma 2\pi r\dfrac{\omega}{2\pi}dr$ 　　 B. $dI=\sigma\pi r^2\dfrac{\omega}{2\pi}$ 　　 C. $dI=\sigma\pi r^2\dfrac{\omega}{2\pi}dr$ 　　 D. $dI=\sigma\omega 2\pi r dr$

9.2.18 （知识点：运流电流的磁场）

如图 9.18 所示，半径为 R 的圆片上均匀带电，面电荷密度为 σ。令该圆片以匀角速度 ω 绕它的轴旋转，则圆心处的磁感应强度为（ ）。

A. $\dfrac{1}{2}\mu_0\sigma\omega R$ 　　　 B. $\mu_0\sigma\pi\omega R$ 　　　 C. $\mu_0\sigma\pi\omega\ln R$ 　　　 D. $\mu_0\sigma\pi\omega/R^2$

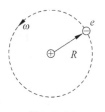

图 9.16

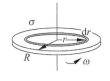

图 9.17

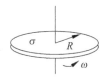

图 9.18

9.3　安培环路定理

> **阅读指南**：掌握安培环路定理的物理意义，并会用安培环路定理计算磁感应强度。
>
> （1）安培环路定理是把沿一闭合路径 B 的线积分和被这闭合路径所包含的电流联系起来。
>
> （2）理解三个概念：闭合路径，被这个闭合路径所包围的电流，闭合路径的方向。
>
> （3）安培环路定理中涉及的磁感应强度是所有电流（闭合路径内外）产生的总磁感应强度。
>
> （4）安培环路定理是稳恒磁场的一条基本原理，反映了稳恒磁场是一个有旋场。

Step 1　查阅相关知识完成以下阅读题。

9.3.1　（知识点：安培环路定理）

两根长直导线通有电流 I，对如图 9.19 所示的环路，其环流 $\oint \boldsymbol{B} \cdot \mathrm{d}\boldsymbol{l} = (\quad\quad)$。

A. $\mu_0 I$ 　　　　　　B. $2\mu_0 I$ 　　　　　　C. 0

D. I 　　　　　　　E. $2I$

9.3.2　（知识点：安培环路定理）

两根长直导线通有电流 I，对如图 9.20 所示的环路，其环流 $\oint \boldsymbol{B} \cdot \mathrm{d}\boldsymbol{l} = (\quad\quad)$。

A. $\mu_0 I$ 　　　　　　B. $2\mu_0 I$ 　　　　　　C. 0

D. I 　　　　　　　E. $2I$

9.3.3　（知识点：安培环路定理）

两根长直导线通有电流 I，对如图 9.21 所示的环路，其环流 $\oint \boldsymbol{B} \cdot \mathrm{d}\boldsymbol{l} = (\quad\quad)$。

A. $\mu_0 I$ 　　　　　　B. $2\mu_0 I$ 　　　　　　C. 0

D. I 　　　　　　　E. $2I$

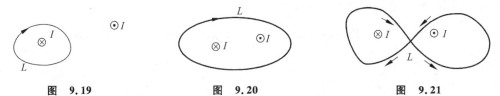

图 9.19　　　　　　　　　图 9.20　　　　　　　　　图 9.21

9.3.4　（知识点：安培环路定理）

如图 9.22 所示，三根长直导线通有电流 I_1、I_2、I_3，对环路 L 有 $\oint \boldsymbol{B} \cdot \mathrm{d}\boldsymbol{l} = 0$，说

明（　　）。

　　A. 回路上各点的磁感应强度为 0　　　　　B. 回路上各点的磁感应强度一定不为 0

　　C. $I_2 = I_1 + I_3$　　　　　　　　　　　D. $I_1 + I_2 + I_3 = 0$

Step 2　完成以上阅读题后，做以下练习。

9.3.5　（知识点：安培环路定理）

　　一个环形回路中，穿过两根通电导线，电流方向如图 9.23 所示。设回路方向为逆时针，则 $\oint \boldsymbol{B} \cdot \mathrm{d}\boldsymbol{l}$ 是（注：电流 i_1 不一定等于 i_2）（　　）。

　　A. $\mu_0 i_1$　　　　　　　B. $\mu_0 i_2$　　　　　　　C. $\mu_0 (i_1 - i_2)$

　　D. $\mu_0 (i_1 + i_2)$　　　E. 0

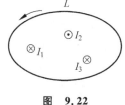

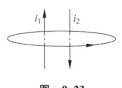

图　9.22　　　　　　　　　　　　　　　图　9.23

9.3.6　（知识点：安培环路定理）

　　如图 9.24 所示，一不规则的回路中，穿过一根通电导线，导体与回路所围成的横截面成 θ 角。设回路方向为逆时针，则 $\oint \boldsymbol{B} \cdot \mathrm{d}\boldsymbol{l} = $（　　）。

　　A. $\mu_0 I$　　　　　　　　B. $\mu_0 I \sin\theta$　　　　　　C. $\mu_0 I \cos\theta$

　　D. $\mu_0 I \tan\theta$　　　　　E. $-\mu_0 I$　　　　　　　F. 0

9.3.7　（知识点：安培环路定理）

　　如图 9.25 所示，一个 ∞ 形不规则回路中，穿过两根通电导线，电流为 I_1、I_2，分别与回路平面成 θ_1 和 θ_2 角，则 $\oint \boldsymbol{B} \cdot \mathrm{d}\boldsymbol{l} = $（　　）。

　　A. $\mu_0 (I_2 - I_1 \cos\theta_1)$　　　　　　　　B. $\mu_0 (I_1 + I_2 \cos\theta_2)$

　　C. $\mu_0 (I_1 \cos\theta_1 + I_2 \cos\theta_2)$　　　　D. $\mu_0 (I_2 \cos\theta_2 - I_1 \cos\theta_1)$

　　E. $\mu_0 (I_1 + I_2)$　　　　　　　　　　　F. $\mu_0 (I_2 - I_1)$

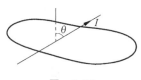

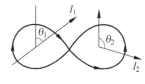

图　9.24　　　　　　　　　　　　　　　图　9.25

9.3.8　（知识点：磁场叠加原理）

　　如图 9.26 所示，两根长直导线沿半径方向引到铜环上 A、B 两点，并与很远的电源相连，环中心 O 点的磁感应强度为（　　　）。

A. $B_O = \dfrac{\mu_0 I_2}{2R}$，垂直纸面向外

B. $B_O = \dfrac{\mu_0 I_1}{2R}$，垂直纸面向里

C. $B_O = 0$

D. $B_O = \dfrac{\mu_0 I_1 l_1 + I_2 l_2}{2R}$，垂直纸面向里

9.3.9　（知识点：安培环路定理）

如图 9.27 所示，两根长直导线 ab 和 cd 沿半径方向被接到截面处处相等的铁环上，恒定电流从 a 端流入而从 d 端流出，则磁感应强度 B 沿闭合路径 L 的积分 $\oint \boldsymbol{B} \cdot \mathrm{d}\boldsymbol{l} = $（　　　）。

A. $\mu_0 I$ 　　　　B. $\dfrac{2}{3}\mu_0 I$ 　　　　C. $\dfrac{1}{3}\mu_0 I$ 　　　　D. $\dfrac{1}{4}\mu_0 I$

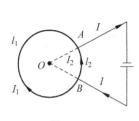

图　9.26

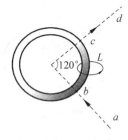

图　9.27

9.3.10　（知识点：安培环路定理）

一载有电流 I 的无限长直空心圆筒，半径为 R，筒壁厚可以略去，电流 I 沿轴线方向流动，且是均匀分布的，则以下哪个是正确的？（　　　）

A. $B_内 = \dfrac{\mu_0 I}{2\pi r}$，$r<R$；$B_外 = \dfrac{\mu_0 Ir}{2\pi R^2}$，$r>R$

B. $B_内 = 0$，$r<R$；$B_外 = \dfrac{\mu_0 Ir}{2\pi R^2}$，$r>R$

C. $B_内 = \dfrac{\mu_0 I}{2\pi r}$，$r<R$；$B_外 = 0$，$r>R$

D. $B_内 = 0$，$r<R$；$B_外 = \dfrac{\mu_0 I}{2\pi r}$，$r>R$

9.3.11　（知识点：安培环路定理）

如图 9.28 所示，一根半径为 R 的无限长直铜导线，载有电流 I，电流均匀分布在导线的横截面上。则以下哪个是正确的？（　　　）

A. $B_内 = \dfrac{\mu_0 I}{2\pi r}$，$r<R$；$B_外 = \dfrac{\mu_0 Ir}{2\pi R^2}$，$r>R$

B. $B_内 = 0$，$r<R$；$B_外 = \dfrac{\mu_0 Ir}{2\pi R^2}$，$r>R$

C. $B_内 = \dfrac{\mu_0 Ir}{2\pi R^2}$，$r<R$；$B_外 = \dfrac{\mu_0 I}{2\pi r}$，$r>R$

D. $B_内 = 0$，$r<R$；$B_外 = \dfrac{\mu_0 I}{2\pi r}$，$r>R$

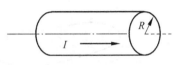

图　9.28

9.3.12 （知识点：安培环路定理）

如图 9.29 所示，通电无限长直同轴空心圆筒电缆，内外筒半径分别为 R_1、R_2，筒壁厚可以略去。电流 I 沿内筒流去，沿外筒流回。试问下面哪个磁场分布图是正确的？（　　）

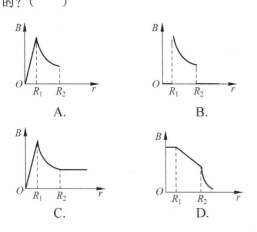

A.　　　　B.

C.　　　　D.

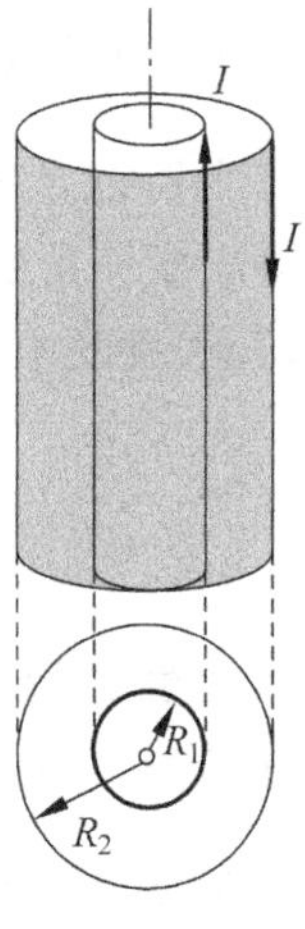

图　9.29

9.3.13 （知识点：安培环路定理）

如图 9.29 所示，通电无限长直同轴空心圆筒电缆，内外筒半径分别为 R_1、R_2。电流 I 沿内筒流去，沿外筒流回，则两筒间（$R_1 < r < R_2$）的磁感应强度 B 为（　　）。

A. $\dfrac{\mu_0 I}{2r}$　　　　　　　　　B. 0

C. $\dfrac{\mu_0 I}{2\pi}(R_1 - R_2)$　　　　D. $\dfrac{\mu_0 I}{2\pi r}$

9.3.14 （知识点：磁场的叠加）

如图 9.30 所示，两无限大均匀载流平面，在垂直于电流流向的方向上，单位长度的电流为 i。试写出 Ⅰ、Ⅱ、Ⅲ 三个区域内的磁感应强度 B 的表达式，并指出其方向。（　　）

A. $B_{\text{Ⅰ}} = 0$，$B_{\text{Ⅱ}} = \mu_0 i$，方向垂直纸面向外，$B_{\text{Ⅲ}} = 0$

B. $B_{\text{Ⅰ}} = 0$，$B_{\text{Ⅱ}} = \mu_0 i$，方向垂直纸面向里，$B_{\text{Ⅲ}} = 0$

C. $B_{\text{Ⅰ}} = \mu_0 i$，方向垂直纸面向外，$B_{\text{Ⅱ}} = 0$，$B_{\text{Ⅲ}} = \mu_0 i$，方向垂直纸面向里

D. $B_{\text{Ⅰ}} = \mu_0 i$，方向垂直纸面向里，$B_{\text{Ⅱ}} = 0$，$B_{\text{Ⅲ}} = \mu_0 i$，方向垂直纸面向外

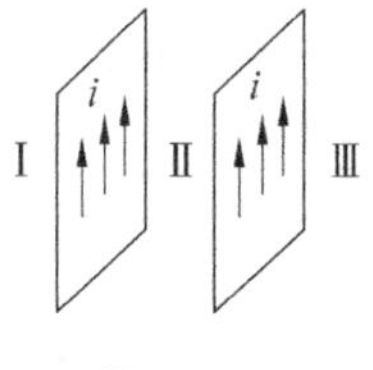

图　9.30

9.3.15 （知识点：磁场的叠加）

如图 9.31 所示，两无限大均匀载流平面，在垂直于电流流向的方向上，单位长度的电流为 i。试写出 Ⅰ、Ⅱ、Ⅲ 三个区域内的磁感应强度 B 的表达式，并指出其方向。（　　）

A. $B_{\text{Ⅰ}} = 0$，$B_{\text{Ⅱ}} = \mu_0 i$，方向垂直纸面向外，$B_{\text{Ⅲ}} = 0$

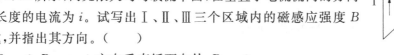

图　9.31

B. $B_{\text{I}}=0$，$B_{\text{II}}=\mu_0 i$，方向垂直纸面向里，$B_{\text{III}}=0$

C. $B_{\text{I}}=\mu_0 i$，方向垂直纸面向外，$B_{\text{II}}=0$，$B_{\text{III}}=\mu_0 i$，方向垂直纸面向里

D. $B_{\text{I}}=\mu_0 i$，方向垂直纸面向里，$B_{\text{II}}=0$，$B_{\text{III}}=\mu_0 i$，方向垂直纸面向外

9.3.16 （知识点：安培环路定理）

半径为 R 的无限长直圆筒上有一层均匀分布的面电流，电流都环绕着轴线流动并与轴线方向成一角度 θ，即电流在筒面上沿螺旋线向前流动，如图 9.32 所示。设面电流密度为 i（单位长度的电流），则轴线上磁感应强度为（　　）。

A. 0　　　　　　　　B. $\mu_0 i$　　　　　　　　C. $\mu_0 i \cos\theta$　　　　　　　　D. $\mu_0 i \sin\theta$

9.3.17 （知识点：安培环路定理）

如图 9.33 所示，一截面为矩形的螺线环，高为 h，内外半径分别为 a 和 b，环上均匀密绕 N 匝线圈。当螺线环导线中电流为 I 时，螺线环内磁感应强度的分布为（　　）。

A. $B=\mu_0 NI$

B. $B=\dfrac{\mu_0 NI}{2\pi}$

C. $B=\dfrac{\mu_0 NI}{2\pi r}$

D. 以上都不对

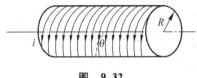

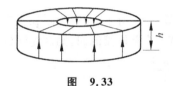

图 9.32　　　　　　　　　　　　　　　图 9.33

9.4　磁通量　稳恒磁场中的"高斯定理"

阅读指南：

(1) 掌握磁通量的物理意义，对比电通量来理解。

(2) 稳恒磁场中的"高斯定理"是稳恒磁场的一条基本原理，反映了稳恒磁场是一个无源场。

Step 1　查阅相关知识完成以下阅读题。

9.4.1 （知识点：磁场的高斯定理）

设均匀磁场 $\boldsymbol{B}$ 的方向如图 9.34 所示，则通过半球壳的磁通量 Φ_m 为（　　）。

A. $-\pi R^2 B$　　　　　　B. $\pi R^2 B$　　　　　　C. $2\pi R^2$　　　　　　D. 0

9.4.2 （知识点：磁场的高斯定理）

设均匀磁场 $\boldsymbol{B}$ 的方向如图 9.35 所示，则通过半球壳的磁通量 Φ_m 为（　　）。

A. $\pi R^2 B$ B. $2\pi R^2$

C. $-\pi R^2 B\sin\alpha$ D. $-\pi R^2 B\cos\alpha$

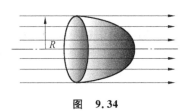

图 9.34

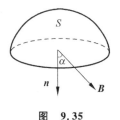

图 9.35

9.4.3（知识点：磁通量）

如图 9.36 所示，通电无限长直同轴空心圆筒电缆，内外筒半径分别为 R_1、R_2，电流 I 沿内筒流去，沿外筒流回。通过长度为 L 的一段截面（图中阴影区）的磁通量为（ ）。

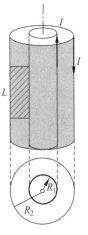

A. $\dfrac{\mu_0 I}{2\pi r}L(R_2 - R_1)$ B. 0

C. $\dfrac{\mu_0 I}{2R}L(R_2^2 - R_1^2)$ D. $\dfrac{\mu_0 IL}{2\pi}\ln\dfrac{R_2}{R_1}$

9.4.4（知识点：磁通量）

如图 9.37 所示，一根半径为 R 的无限长直铜导线，载有电流 I，电流均匀分布在导线的横截面上。在导线内部通过中心轴作一横切面积 S，则通过横切面积 S 上每单位长度的磁通量 Φ_m 为（ ）。

图 9.36

A. $\dfrac{\mu_0 I}{4\pi R}$ B. $\dfrac{\mu_0 I}{4\pi}$

C. $\dfrac{\mu_0 I}{2\pi}$ D. $\dfrac{\mu_0 I}{4\pi R^2}$

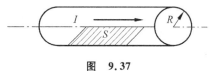

图 9.37

9.5 磁场对运动电荷和载流导体的作用

    阅读指南：掌握洛伦兹力；能分析电荷在均匀电场和磁场中的受力及其运动；掌握作用于电流元的力（安培力公式）；能计算简单几何形状的载流导体和载流平面线圈在磁场中的受力和力矩以及磁力所做的功。

    （1）掌握洛伦兹力的应用：带电粒子在磁场中的运动；霍尔效应。

    （2）掌握任意形状的载流导线在磁场中所受的磁力（安培力）的计算。尤其是特例，任意闭合形状的载流导线在均匀磁场中所受的磁力为零。

    （3）会计算载流线圈的磁矩以及载流线圈在磁场中所受的磁力矩。

Step 1　查阅相关知识完成以下阅读题。

9.5.1　（知识点：洛伦兹力）

四个带电粒子在 O 点沿相同方向垂直于磁感线射入均匀磁场后的偏转轨迹照片如图 9.38 所示，磁场方向垂直纸面向外，轨迹所对应的四个粒子的质量相等，电荷大小也相等，则带正电的粒子的轨迹为（　　）。

A. $O{\rightarrow}a$　　　　　B. $O{\rightarrow}b$　　　　　C. $O{\rightarrow}c$　　　　　D. $O{\rightarrow}d$

9.5.2　（知识点：洛伦兹力）

四个带电粒子在 O 点沿相同方向垂直于磁感线射入均匀磁场后的偏转轨迹照片如图 9.38 所示，磁场方向垂直纸面向外，轨迹所对应的四个粒子的质量相等，电荷大小也相等，则其中动能最大的带负电的粒子的轨迹为（　　）。

A. $O{\rightarrow}a$　　　　　B. $O{\rightarrow}b$　　　　　C. $O{\rightarrow}c$　　　　　D. $O{\rightarrow}d$

9.5.3　（知识点：安培力）

一永磁体的磁力线如图 9.39 所示，一通电导线垂直纸面穿过 P 点，电流由里向外，则 P 点处该导体所受磁力方向为（　　）。

A. ←　　　　　　　　　B. →　　　　　　　　　C. ↓

D. ↑　　　　　　　　　E. 所受磁力为零

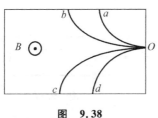

图　9.38

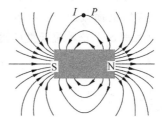

图　9.39

9.5.4　（知识点：安培力）

一永磁体的磁力线如图 9.40 所示，一通电导线在纸面内水平放置，电流由左向右，B 点处导体所受磁力的方向为（　　）。

A. ←　　　　　　　　　B. →　　　　　　　　　C. ↓

D. ↑　　　　　　　　　E. 所受磁力为零

9.5.5　（知识点：安培力）

一永磁体的磁力线如图 9.41 所示，一通电导线在纸面内竖直放置，电流由下向上，则 C 点处导体所受磁力的方向为（　　）。

A. ←　　　　　　　　　B. →　　　　　　　　　C. 垂直纸面向外

D. 垂直纸面向里　　　　E. 所受磁力为零　　　　F. 以上都不对

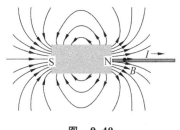

图 9.40

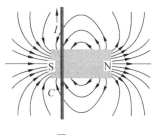

图 9.41

9.5.6 （知识点：磁力，磁力矩）

把一闭合的载流线圈放在均匀磁场中，则它所受合力及力矩的情况是（　　）。

A. 所受合力一定为零，所受合力矩也一定为零

B. 所受合力一定为零，所受合力矩一定不为零

C. 所受合力一定为零，所受合力矩不一定为零

D. 两者均不一定为零

9.5.7 （知识点：磁力，磁力矩）

把一个条形的永久磁体放在均匀磁场中，则它所受合力及力矩的情况是（　　）。

A. 所受合力一定为零，所受合力矩也一定为零

B. 所受合力一定为零，所受合力矩一定不为零

C. 所受合力一定为零，所受合力矩不一定为零

D. 两者均不一定为零

9.5.8 （知识点：磁力矩）

一个小的平面载流线圈放置在均匀磁场中，在以下哪种情况下，作用在线圈上的力矩能达到最大值？（　　）

A. 线圈平面平行于磁场方向

B. 线圈平面垂直于磁场方向

C. 当线圈平面和磁场方向之间的夹角是 $0°\sim90°$ 之间的某个值

D. 力矩的大小与线圈平面和磁场方向之间的夹角没有关系

Step 2　完成以上阅读题后，做以下练习。

9.5.9 （知识点：洛伦兹力）

如图 9.42 所示，一个电子以速度 v 垂直地进入磁感应强度为 B 的均匀磁场中，则电子在磁场中运动的圆周轨道半径为（　　）。

A. 正比于 B，反比于 v　　　　B. 反比于 B，正比于 v

C. 正比于 B，反比于 v^2　　　　D. 反比于 B，正比于 v

图 9.42

9.5.10　（知识点：霍尔效应）

有关霍尔效应，下列说法中正确的是(　　)。

A. 从实验上证明了金属中的载流子是负电荷

B. 可以用来测定金属中自由电子的密度

C. 以上两个都对

D. 以上都不对

9.5.11　（知识点：霍尔效应）

锗常用于制作霍尔元件。如图 9.43 所示，在一块锗板两端施加电压，锗板内电子的运动形成电流，然后将锗板置于一磁场内，磁场方向由你确定，问：若想使锗板面向你的一面带正电，背对你的一面带负电，该如何确定磁场方向？(　　)

A. 垂直纸面向里　　　　　　　B. 垂直纸面向外

C. 在纸面内向右　　　　　　　D. 在纸面内向左

E. 在纸面内向下　　　　　　　F. 在纸面内向上

图　9.43

9.5.12　（知识点：霍尔效应）

如图 9.44 所示，一块长方形半导体样品的厚度、宽度和长度分别为 a、b、c，沿 x 轴的正向流有电流 I，在 z 轴正方向加有均匀磁场 B。这时实验半导体片两侧的电势差 $U_{AA'}>0$，该半导体是(　　)。

A. 正电荷导电（P 型）

B. 负电荷导电（N 型）

C. 以上都不对

9.5.13　（知识点：磁力）

如图 9.45 所示形状的导线，通有电流 I，放在与均匀磁场 B 垂直的平面上，则此导线受到的磁场力的大小和方向分别为(　　)。

A. $F=0$　　　　　　　　　　B. $F=BI(l+2R)$，方向向上

C. $F=BI(ab+2R)$，方向向下　　D. $F=BI(l'+2R)$，方向向上

E. $F=BI(l'+2R)$，方向向下

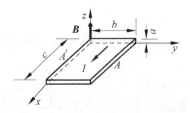

图　9.44

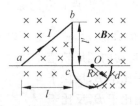

图　9.45

9.5.14 （知识点：磁力）

如图 9.46 所示，在真空中有一半径为 a 的 3/4 圆弧形的导线，其中通以恒定电流 I，导线置于均匀外磁场 B 中，B 的方向与导线所在平面垂直，则该载流导线所受的磁力大小为（　　）。

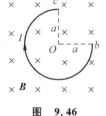

A. $aIB/\sqrt{2}$ 　　　　 B. aIB

C. $\sqrt{2}aIB$ 　　　　 D. 无法计算

图 9.46

9.5.15 （知识点：磁力）

如图 9.47 所示，矩形载流线框受载流长直电流磁场的作用，将（　　）。

A. 向左运动 　　 B. 向右运动 　　 C. 向上运动 　　 D. 向下运动

9.5.16 （知识点：磁力）

长直电流 I_1 与圆电流 I_2 共面，并与其一直径相重合，如图 9.48 所示（但两者绝缘），设长直电流不动，则圆形电流将（　　）。

A. 绕 I_2 旋转 　　 B. 向上运动 　　 C. 向左运动 　　 D. 向右运动

9.5.17 （知识点：磁力）

通电长直导线和圆线圈如图 9.49 放置，设圆线圈不动，直导线受磁力后将如何运动？（　　）

A. 竖直向下运动 　　　　　　　 B. 竖直向上运动

C. 水平向右运动 　　　　　　　 D. 水平向左运动

E. 垂直圆导线平面向里运动 　　 F. 垂直圆线圈导线平面向外运动

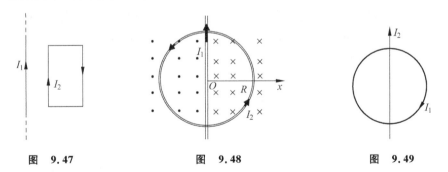

图 9.47 　　　　 图 9.48 　　　　 图 9.49

9.5.18 （知识点：磁矩）

如图 9.50 所示，半径分别为 R_1 和 R_2 的两个半圆弧与直径的两小段构成通电线圈 $abcda$，则载流线圈的磁矩为（　　）。

A. $\pi IR_2^2/2$，方向向下

B. $\pi IR_1^2/2$，方向向上

C. $\pi I(R_2^2 - R_1^2)/2$，方向垂直导线平面向外

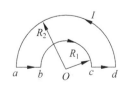

图 9.50

D. $\pi I(R_2^2-R_1^2)/2$,方向垂直导线平面向里

9.5.19 (知识点：磁矩)

如图 9.51 所示,半径分别为 R_1 和 R_2 的两个半圆弧与直径的两小段构成通电线圈 $abcda$,将它放在磁感应强度为 $\boldsymbol{B}$ 的均匀磁场中,$\boldsymbol{B}$ 平行于线圈所在的平面,则线圈所受到的磁力矩的方向(   )。

A. 向下   B. 向上

C. 垂直导线平面向外   D. 垂直导线平面向里

9.5.20 (知识点：磁力)

如图 9.52 所示氢原子中,电子绕原子核沿半径 R 作圆周运动,它等效于一个圆形电流。设电子质量为 m_e,电子电荷的绝对值为 e。若已知绕核运动的速度为 v,其等效圆电流的磁矩大小 p_m 为(   )。

A. $\dfrac{1}{2}evR$ B. $\dfrac{1}{2\pi}evR^2$ C. $ev\pi R^2$

9.5.21 (知识点：磁力)

如图 9.52 所示氢原子中,电子绕原子核沿半径为 R 作圆周运动,它等效于一个圆形电流。设电子质量为 m,电子电荷的绝对值为 e。若已知绕核运动的速度为 v,其等效圆电流的磁矩大小 p_m 与电子轨道运动的动量矩(角动量)大小 L 之比为(   )。

A. $\dfrac{e}{2m}$ B. $\dfrac{e\pi R}{2m}$ C. $\dfrac{e\pi Rv}{2m}$

9.5.22 (知识点：磁力)

如图 9.53 所示氢原子中,电子绕原子核作半径为 R 的圆周运动,它等效于一个圆形电流。设电子质量为 m_e,电子电荷的绝对值为 e。若已知绕核运动的速度为 v,此时外加一个磁感应强度为 $\boldsymbol{B}$ 的磁场,其磁感应线与轨道平面平行,那么这个圆电流所受的磁力矩的大小 M 等于(   )。

A. $\dfrac{1}{2}evRB$ B. $\dfrac{1}{2\pi}evR^2B$ C. $ev\pi R^2B$

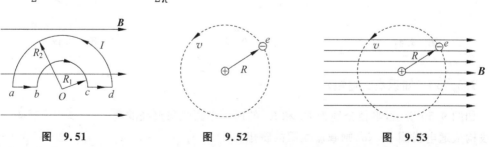

图 9.51   图 9.52   图 9.53

9.5.23 (知识点：磁力)

如图 9.53 所示氢原子中,电子绕原子核作半径为 R 的圆周运动,它等效于一个圆形电

流。设电子质量为 m_e，电子电荷的绝对值为 e。若电子绕原子核的速度是未知的，此时外加一个磁感应强度为 B 的磁场，其磁感应线与轨道平面平行，那么这个圆电流所受的磁力矩的大小 M 等于（　　）。

A. $\dfrac{e^2 RB}{m_e}$ B. $\dfrac{e^2 RB}{4\pi\varepsilon_0 m_e}$ C. $\dfrac{e^2 B}{4}\sqrt{\dfrac{R}{\pi\varepsilon_0 m_e}}$

9.6　磁　介　质

> **阅读指南**：了解磁介质的分类，磁介质的磁化现象及其微观解释；理解各向同性介质中 H 和 B 的关系和区别；掌握有介质时的安培环路定理。
> 掌握有介质时的安培环路定理的应用。

Step 1　查阅相关知识完成以下阅读题。

9.6.1　（知识点：磁介质）

下列说法中正确的是（　　）。
A. 若闭合曲线 L 内没有包围传导电流，则曲线 L 上各点的 H 必为零
B. 闭合曲线 L 上各点的 H 为零，则该曲线所包围的传导电流的代数和为零
C. H 仅与传导电流有关
D. 对于各向同性的抗磁质，B 与 H 不一定同向

9.6.2　（知识点：磁介质）

关于恒定电流磁场的磁场强度 H，下列几种说法中，哪个正确？（　　）
A. H 仅与传导电流有关
B. 若闭合曲线内没有包围传导电流，则曲线上各点的 H 必为零
C. 若闭合曲线上各点 H 均为零，则该曲线所包围传导电流的代数和为零
D. 以闭合曲线 L 为边缘的任意曲面的 H 通量均相等

9.6.3　（知识点：磁介质）

两根长直导线通有电流 I，如图 9.54 所示，有三个环路 L_1、L_2、L_3，则环流 $\displaystyle\oint_{L_3} \boldsymbol{H} \cdot \mathrm{d}\boldsymbol{l} =$（　　）。

A. $\mu_0 I$ B. $2\mu_0 I$
C. 0   D. I
E. $2I$

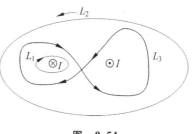

图　9.54

9.6.4　（知识点：磁介质）

两种不同磁介质做成的小棒，分别用细绳吊在两磁极之间，小棒被磁化后在磁极间处于

不同的方位,由图 9.55 可判定(   )。

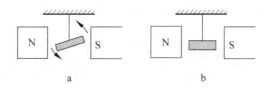

图   9.55

A. a 是抗磁质,b 是顺磁质   B. a 是顺磁质,b 是抗磁质
C. 两者都是抗磁质   D. 两者都是顺磁质

9.6.5 (知识点：磁介质)

磁介质有三种,用相对磁导率 μ_r 表征它们各自的特性时(   )。
A. 顺磁铁 $\mu_r > 0$,抗磁质 $\mu_r < 0$,铁磁质 $\mu_r \gg 1$
B. 顺磁铁 $\mu_r > 1$,抗磁质 $\mu_r = 1$,铁磁质 $\mu_r \gg 1$
C. 顺磁铁 $\mu_r > 1$,抗磁质 $\mu_r < 1$,铁磁质 $\mu_r \gg 1$
D. 抗磁铁 $\mu_r > 0$,抗磁质 $\mu_r < 0$,铁磁质 $\mu_r > 1$

9.6.6 (知识点：磁导率)

顺磁物质的磁导率(   )。
A. 比真空的磁导率小   B. 比真空的磁导率略大
C. 远小于真空的磁导率   D. 远大于真空的磁导率

Step 2   完成以上阅读题后,做以下练习。

9.6.7 (知识点：磁介质)

根据静电场和稳恒电流磁场的类比,对应于有电介质存在时的高斯定理为 $\oiint \boldsymbol{D} \cdot \mathrm{d}\boldsymbol{S} = q_0$,辅助量电位移矢量定义为 $\boldsymbol{D} = \varepsilon_0 \boldsymbol{E} + \boldsymbol{P}$,则当有磁介质存在时磁场的安培环路定理应为(   )。

A. $\oint \boldsymbol{H} \cdot \mathrm{d}\boldsymbol{l} = \mu_0 \sum I_{传导电流}$,磁场强度 $\boldsymbol{H} = \dfrac{\boldsymbol{B}}{\mu_0} + \boldsymbol{M}$

B. $\oint \boldsymbol{H} \cdot \mathrm{d}\boldsymbol{l} = \mu_0 \sum I_{传导电流}$,磁场强度 $\boldsymbol{H} = \dfrac{\boldsymbol{B}}{\mu_0} - \boldsymbol{M}$

C. $\oint \boldsymbol{H} \cdot \mathrm{d}\boldsymbol{l} = \sum I_{传导电流}$,磁场强度 $\boldsymbol{H} = \dfrac{\boldsymbol{B}}{\mu_0} - \boldsymbol{M}$

D. $\oint \boldsymbol{H} \cdot \mathrm{d}\boldsymbol{l} = \mu_0 \sum I_{传导电流}$,磁场强度 $\boldsymbol{H} = \mu_0 \boldsymbol{B} + \boldsymbol{M}$

9.6.8 (知识点：磁介质)

如图 9.56 所示,半径为 R_1 的无限长圆柱面上均匀通有电流 I,外面有半径为 R_2 的同轴圆柱面,通反向电流 I,两导体之间充满磁导率为 μ 的磁介质,则在 $R_1 < r < R_2$ 区间的磁场为（　　）。

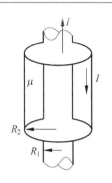

A. $H = \dfrac{I}{2\pi r}, B = \dfrac{I}{2\pi \mu r}$

B. $H = \dfrac{\mu I}{2\pi r}, B = \dfrac{I}{2\pi r}$

C. $H = \dfrac{I}{2\pi r}, B = \dfrac{\mu I}{2\pi r}$

D. $H = \dfrac{I}{4\pi r^2}, B = \dfrac{\mu I}{4\pi r^2}$

E. $H = \dfrac{I}{4\pi r^2}, B = \dfrac{I}{4\pi \mu r^2}$

图 9.56

9.6.9 （知识点：磁介质）

用细导线均匀密绕长为 l、半径为 $a(l \gg a)$、总匝数为 N 的螺线管,通以稳恒电流 I,当管内充满相对磁导率为 μ_r 的均匀介质后,管中任一点的磁场强度大小为（　　）。

A. $\mu_0 \mu_r NI$

B. $\dfrac{\mu_r NI}{l}$

C. $\dfrac{\mu_0 NI}{l}$

D. $\dfrac{NI}{l}$

答案及部分解答

9.1.1 C	9.1.2 D	9.1.3 C	9.1.4 AD
9.1.5 C	9.1.6 D	9.1.7 B	9.1.8 B
9.2.1 F	9.2.2 C	9.2.3 C	9.2.4 A
9.2.5 B	9.2.6 E	9.2.7 A	9.2.8 B
9.2.9 E	9.2.10 C	9.2.11 E	9.2.12 B
9.2.13 D	9.2.14 D	9.2.15 B	9.2.16 D
9.2.17 A	9.2.18 A		
9.3.1 A	9.3.2 C	9.3.3 B	9.3.4 C
9.3.5 C	9.3.6 A	9.3.7 F	9.3.8 C
9.3.9 B	9.3.10 D	9.3.11 C	9.3.12 B
9.3.13 D	9.3.14 C	9.3.15 B	9.3.16 D
9.3.17 C			
9.4.1 B	9.4.2 D	9.4.3 D	9.4.4 B
9.5.1 AB	9.5.2 C	9.5.3 C	9.5.4 E
9.5.5 C	9.5.6 C	9.5.7 C	9.5.8 A
9.5.9 B	9.5.10 B 简答：若考虑反常霍尔效应,A 是错的。		
9.5.11 F	9.5.12 B	9.5.13 B	9.5.14 C
9.5.15 A	9.5.16 C	9.5.17 D	9.5.18 C
9.5.19 B	9.5.20 A	9.5.21 A	9.5.22 A
9.5.23 C			
9.6.1 B	9.6.2 C	9.6.3 E	9.6.4 A
9.6.5 C	9.6.6 B	9.6.7 C	9.6.8 C
9.6.9 D			

第 10 章

电 磁 感 应

10.1 电磁感应的基本规律 法拉第电磁感应定律

阅读指南：理解电磁感应现象产生的条件；掌握楞次定律的本质及其判断感应电流的方法；掌握法拉第电磁感应定律。

(1) 电磁感应现象：当通过回路所包围面积的磁通量发生变化时，在回路内产生感应电动势的现象。

(2) 学会利用楞次定律判断感应电流的方向。

(3) 掌握法拉第电磁感应定律，并利用其进行感应电动势的计算。

Step 1 查阅相关知识完成以下阅读题。

10.1.1 （知识点：磁通量）

如图 10.1 所示，将永磁体的北极靠近线圈，则线圈内的磁通量如何变化？（   ）。
A. 增大   B. 减小   C. 不变

10.1.2 （知识点：楞次定律）

如图 10.1 所示，将永磁体的北极靠近线圈，则从电流表朝线圈方向看去时，线圈内的感应电动势的方向如何？（   ）
A. 顺时针   B. 逆时针   C. 感应电动势为零

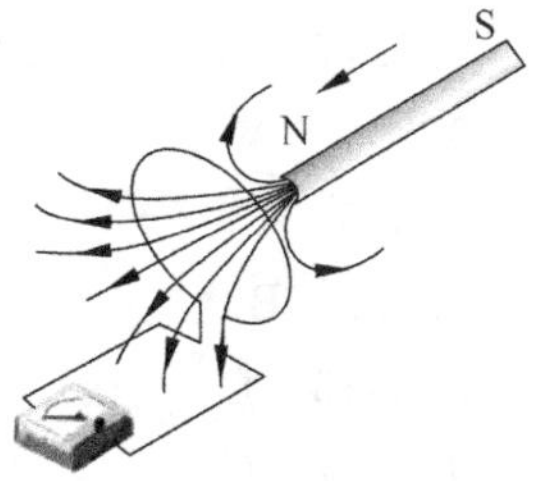

图 10.1

10.1.3 （知识点：楞次定律）

如图 10.1 所示，将永磁体的北极靠近线圈，则从电流表朝线圈方向看去时，线圈内感应电流方向如何？（   ）
A. 顺时针   B. 逆时针   C. 无感应电流

10.1.4 （知识点：法拉第电磁感应定律）

电路如图 10.2 所示，在闭合开关的瞬间，从电流表朝线圈方向看去，线圈内的感应电流方向如何？（   ）
A. 顺时针   B. 逆时针   C. 无感应电流

10.1.5　（知识点：法拉第电磁感应定律）

如图 10.3 所示，条形永磁体南极对着线圈，开始磁体和线圈静止不动，然后线圈开始绕其中心轴线（图中的点线所示）顺时针（从磁体一侧观察）旋转。问从磁体一侧观察，线圈内感应电流方向如何？（　　）

A. 顺时针　　　　　　　B. 逆时针　　　　　　C. 无感应电流

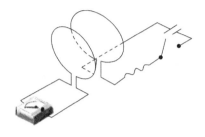

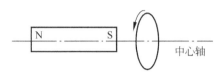

图　10.2　　　　　　　　　　　　　　　　　　图　10.3

10.1.6　（知识点：法拉第电磁感应定律）

如图 10.4 所示，有一通电直导线，电流为 I，方向向下，同一平面内有一矩形线圈，位于导线右边，可沿着图示三个方向运动，问：线圈沿着哪个方向运动时会产生感应电流？（　　）

A. 只有方向 1　　　　B. 方向 1 和 2　　　　C. 只有方向 2　　　　D. 方向 1 和 3

E. 上述答案都对　　　F. 上述答案均不对

10.1.7　（知识点：法拉第电磁感应定律）

如图 10.5 所示，一矩形线圈一半位于磁场内（磁场的磁感应强度方向由纸面向里），另一半处在磁场外，当磁感应强度迅速增大时，线圈将如何运动？（　　）

A. 线圈将向上弹起脱离纸面　　　　　B. 线圈将由纸面向里运动

C. 线圈向左，即被拉入磁场内　　　　D. 线圈向右，即被推出磁场外

E. 线圈内电压增大，但不会发生运动

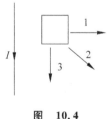

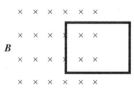

图　10.4　　　　　　　　　　　　　　　　　图　10.5

10.1.8　（知识点：法拉第电磁感应定律）

若尺寸相同的铁环与铜环所包围的面积中穿过相同变化率的磁通量，则在两环中（　　）。

A. 感应电动势不相同，感应电流也不相同

B. 感应电动势相同，感应电流也相同

C. 感应电动势不相同，感应电流相同

D. 感应电动势相同,感应电流不相同

Step 2   完成以上阅读题后,做以下练习。

10.1.9 (知识点:法拉第电磁感应定律)

有一匀强磁场区域如图 10.6 所示,考虑线圈的四个位置 P、Q、R、S。线圈匀速地从 P 运动到 Q,这个过程中穿过线圈的磁通量将(   )。

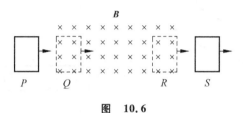

图   10.6

A. 增大   B. 保持不变   C. 减小   D. 不能确定

10.1.10 (知识点:法拉第电磁感应定律)

有一匀强磁场区域如图 10.6 所示,考虑线圈的四个位置 P、Q、R、S。线圈匀速地从 P 运动到 Q,这个过程中线圈中电流将(   )。

A. 增大   B. 保持不变   C. 减小   D. 不能确定

10.1.11 (知识点:法拉第电磁感应定律)

有一匀强磁场区域如图 10.6 所示,考虑线圈的四个位置 P、Q、R、S。线圈匀速地从 Q 运动到 R,这个过程中穿过线圈的磁通量将(   )。

A. 增大   B. 保持不变   C. 减小   D. 不能确定

10.1.12 (知识点:法拉第电磁感应定律)

有一匀强磁场区域如图 10.7 所示,线圈匀速地从 a 运动到 d,这个过程中线圈内电流的变化曲线应为下列哪条曲线所示?(   )

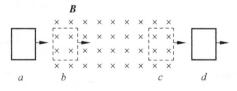

图   10.7

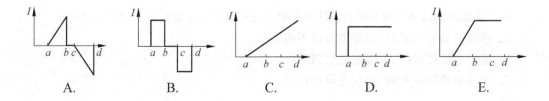

10.1.13 （知识点：感应电动势）

如图 10.8 所示,有两个正方形线圈 a 和 b,边长分别为 L 和 $2L$,它们以相同的速度匀速进入右边的匀强磁场区域,则当两线圈前沿进入磁场的瞬间,两者感应电动势大小的关系是(   )。

A. a 大于 b   B. a 等于 b

C. a 小于 b   D. 取决于进入磁场时线圈的速度大小

E. 取决于磁场强度

10.1.14 （知识点：感应电动势）

如图 10.9 所示,有四个线圈 1、2、3、4,靠近磁场的这一侧边长分别为 L、L、$2L$、$2L$。它们均以相同的速度匀速进入一个匀强磁场,则在它们的前沿进入磁场的瞬间,四个线圈感应电动势大小的关系是(   )。

A. $\mathscr{E}_1 < \mathscr{E}_2 < \mathscr{E}_4 < \mathscr{E}_3$ B. $\mathscr{E}_1 < \mathscr{E}_2 = \mathscr{E}_4 < \mathscr{E}_3$

C. $\mathscr{E}_1 < \mathscr{E}_2 < \mathscr{E}_3 < \mathscr{E}_4$ D. $\mathscr{E}_1 = \mathscr{E}_2 < \mathscr{E}_3 = \mathscr{E}_4$

E. $\mathscr{E}_1 = \mathscr{E}_2 < \mathscr{E}_4 < \mathscr{E}_3$

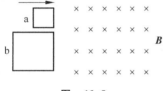   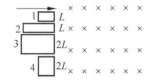

　　　图　10.8　　　　　　　　　　　图　10.9

10.1.15 （知识点：法拉第电磁感应定律）

在如图 10.10 所示的均匀磁场中,放置一有效面积为 S 的可绕 OO' 轴转动的 N 匝线圈。若线圈以角速度 ω 作匀角速度转动,则穿过线圈的磁链数应为(   )。

A. 磁链数不变,$\Phi_m = NBS$

B. 磁链数为零

C. 磁链数随时间周期性变化,$\Phi_m = NBS\cos\omega t$

D. 磁链数随时间线性变化,$\Phi_m = NBS\omega t$

10.1.16 （知识点：法拉第电磁感应定律）

在如图 10.10 所示的均匀磁场中,放置一有效面积为 S 的可绕 OO' 轴转动的 N 匝线圈。若线圈以角速度 ω 作匀角速度转动,则线圈内的感应电动势应为(   )。

A. 无感应电动势

B. 随时间周期性变化,大小为 $-NBS\omega\sin\omega t$

C. 为一常数 $NBS\omega$

D. 信息不够,无法计算

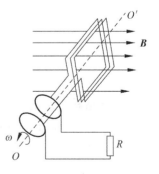

图　10.10

10.1.17　（知识点：法拉第电磁感应定律）

在如图 10.10 所示的均匀磁场中，放置一有效面积为 S 的可绕 OO' 轴转动的 N 匝线圈，线圈电阻为 R。若线圈以角速度 ω 作匀角速度转动，则线圈内的感应电流（　　）。

A. 无感应电流

B. 沿线圈的顺时针方向，大小为 $NBS\omega/R$

C. 沿线圈的逆时针方向，大小为 $NBS\omega/R$

D. 为一交变电流，大小为 $\dfrac{NBS\omega}{R}\sin\omega t$

E. 随时间线性变化，大小为 $NBS\omega t/R$

Step 3　下面的题目需要一些技巧和综合能力，希望读者能坚持做完。

10.1.18　（知识点：磁通量）

如图 10.11 所示，直导线通交流电置于磁导率为 μ 的介质中，已知 $I=I_0\sin\omega t$，其中 I_0 和 ω 是大于零的常数，设有一 N 匝矩形回路与其共面，则直导线在该回路处所产生的磁通量大小是（　　）。

A. $\dfrac{\mu I_0 l\sin\omega t}{2\pi x}$ 　　　　　B. $\dfrac{\mu I_0 l\sin\omega t}{2\pi a}$

C. $\dfrac{\mu I_0 l\sin\omega t}{2\pi d}$ 　　　　　D. $\dfrac{\mu I_0 lN\sin\omega t}{2\pi}\ln\dfrac{d+a}{d}$

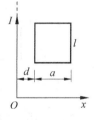

图　10.11

10.1.19　（知识点：法拉第电磁感应定律）

如图 10.11 所示，直导线通交流电置于磁导率为 μ 的介质中，已知 $I=I_0\sin\omega t$，其中 I_0 和 ω 是大于零的常数，设有一 N 匝矩形回路与其共面。试计算矩形回路中的感应电动势的大小，并判断方向。

10.2　动生电动势

阅读指南：掌握动生电动势的定义，以及动生电动势的计算方法。

动生电动势的两种计算方法：

(1) 若计算一个回路中的动生电动势，则使用法拉第电磁感应定律求解；

(2) 若计算非闭合一段导线的动生电动势，则使用定义式求解。

Step 2 查阅相关知识后，做以下练习。

10.2.1 （知识点：动生电动势）

一根长度为 L 的铜棒，放在磁感应强度为 B 的均匀磁场中，以速度 v 作平移，如图 10.12 所示，则铜棒两端的感应电动势（   ）。

A. $\mathscr{E}=\dfrac{1}{2}BvL$，$O$ 点电势高

B. $\mathscr{E}=BvL$，O 点电势高

C. $\mathscr{E}=\dfrac{1}{2}BvL$，$O$ 点电势低

D. $\mathscr{E}=BvL$，O 点电势低

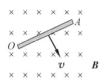

图 10.12

10.2.2 （知识点：动生电动势）

在磁感应强度为 B 的均匀磁场中，一根长度为 L 的铜棒以速度 v 平移，如图 10.12 所示，则以下哪个图最好地描述了铜棒的状态？（   ）

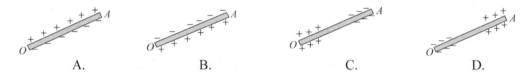

A.   B.   C.   D.

10.2.3 （知识点：动生电动势）

如图 10.13 所示，一根长度为 L 的铜棒，放在磁感应强度为 B 的均匀磁场中，以角速度 ω 在与磁场方向垂直的平面上绕棒的一端 O 作匀角速度转动，则以下哪个图最好地描述了铜棒的状态？（   ）

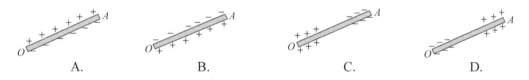

A.   B.   C.   D.

10.2.4 （知识点：动生电动势）

如图 10.13 所示，一根长度为 L 的铜棒，放在磁感应强度为 B 的均匀磁场中，以角速度 ω 在与磁场方向垂直的平面上绕棒的一端 O 作匀角速度转动，试求铜棒两端的感应电动势。（   ）

A. $\mathscr{E}=\dfrac{1}{2}B\omega L^2$，$O$ 点电势高

B. $\mathscr{E}=B\omega L^2$，O 点电势高

C. $\mathscr{E}=B\omega L^2$，O 点电势低

D. $\mathscr{E}=\dfrac{1}{2}B\omega L^2$，$O$ 点电势低

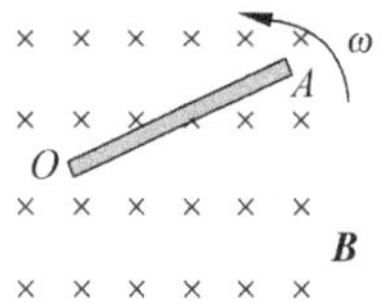

图 10.13

10.2.5 （知识点：动生电动势）

如图 10.14 所示，同上题，设 $t=0$ 时，铜棒与 Ob 成 θ 角（b 为铜棒转动的平面上的一个固定点），则在任一时刻 t 这根铜棒两端之间的感应电动势是（   ）。

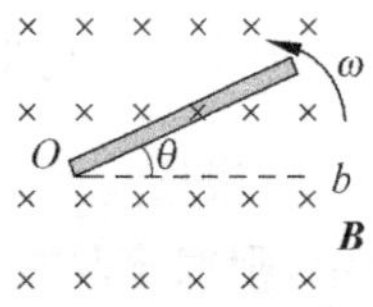

A. $B\omega L^2 \cos(\omega t+\theta)$ B. $\dfrac{1}{2}B\omega L^2 \cos\omega t$

C. $\dfrac{1}{2}B\omega L^2$ D. $B\omega L^2$

图　10.14

10.2.6 （知识点：动生电动势）

一个半径为 R 的铜圆盘，处在均匀的恒定磁场 B 中，盘面与磁场垂直，如图 10.15 所示，若盘以角速度 ω 绕中心轴转动，关于感应电动势以下选项中正确的是（   ）。

A. 铜盘上无感应电动势

B. 铜盘逆时针转动时有感应电动势产生

C. 铜盘顺时针转动时有感应电动势产生

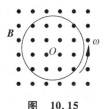

图　10.15

10.2.7 （知识点：动生电动势）

一个半径为 R 的铜圆盘，处在均匀的恒定磁场 B 中，盘面与磁场垂直，如图 10.15 所示，若盘以角速度 ω 绕中心轴转动，以下选项中正确的是（   ）。

A. 铜盘上产生涡流

B. 铜盘上有感应电动势，边缘处电势最高

C. 铜盘上有感应电动势，盘心处电势最高

10.2.8 （知识点：动生电动势）

一个半径为 R 的铜圆盘，处在均匀的恒定磁场 B 中，盘面与磁场垂直，如图 10.15 所示，若盘以角速度 ω 绕中心轴转动，则铜盘上是否有感应电流产生？（   ）

A. 无感应电流   B. 有感应电流

C. 铜盘逆时针转动时有感应电流   D. 铜盘上产生涡流

Step 3　下面的题目需要一些技巧和综合能力，希望读者能坚持做完。

10.2.9 （知识点：动生电动势）

如图 10.16 所示，设一长直导线中通有电流 I（不随时间变化），与其相距 a 处有一长为 l 的金属棒 MN，水平放置，$t=0$ 时，棒处于静止状态，而后自由下落。已知 I、a、l，试计算 t 秒末金属棒两端电势差 $U(t)$，哪点电势高？

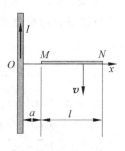

图　10.16

10.2.10 （知识点：动生电动势）

载有电流 I 的无限长直导线附近,放一导体半圆环 MeN 与长直导线共面,且端点 MN 的连线与长直导线垂直,半圆环的半径为 b,环心 O 距直导线为 a,如图 10.17 所示。设半圆环以速度 v 平行导线平移,则半圆环内感应电动势的方向(   )。

A. 沿半圆环由 M 指向 N

B. 沿半圆环由 N 指向 M

C. 不确定

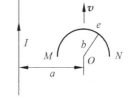

图 10.17

10.2.11 （知识点：动生电动势）

接上题,半圆环内感应电动势的大小为(   )。

A. 0   B. $\dfrac{\mu_0 Ibv}{\pi a}$ C. $\dfrac{\mu_0 Iv}{2\pi}\ln\dfrac{a+b}{a-b}$

10.2.12 （知识点：动生电动势）

接上题,MN 两端的电势差是多少? 哪点电势高? (   )

A. 0,一样高   B. $\dfrac{\mu_0 Ibv}{\pi a}$,M 点高

C. $\dfrac{\mu_0 Iv}{2\pi}\ln\dfrac{a+b}{a-b}$,$N$ 点高   D. $\dfrac{\mu_0 Iv}{2\pi}\ln\dfrac{a+b}{a-b}$,$M$ 点高

10.2.13 （知识点：动生电动势）

如图 10.18 所示,导体棒 MCN 长度为 L,在均匀磁场 $\boldsymbol{B}$ 中绕通过 C 点的垂直于棒长且沿磁场方向的轴 OO' 转动(角速度 $\boldsymbol{\omega}$ 与 $\boldsymbol{B}$ 同方向),CN 的长度为 $L/3$,则 C、N 两点的电动势大小是(   )。

A. 0   B. $B\omega L^2/9$

C. $B\omega L^2/2$ D. $B\omega L^2/18$

10.2.14 （知识点：动生电动势）

接上题,M、C 两点的电动势大小是(   )。

A. 0   B. $B\omega L^2/9$

C. $2B\omega L^2/9$ D. $B\omega L^2/2$

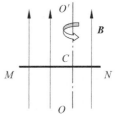

图 10.18

10.2.15 （知识点：动生电动势）

接上题,杆两端 M 点与 N 点的电动势大小是多少? 哪点电势高? (   )

A. 0,一样高   B. $B\omega L^2/6$,M 点高

C. $B\omega L^2/2$,N 点高   D. $B\omega L^2/18$,M 点高

10.3　感生电动势

> **阅读指南**：掌握感生电动势的定义及其计算方法；了解感生电场的基本性质。
>
> （1）理解感生电场的基本性质，掌握当无限长圆柱形空间内的均匀磁场随时间变化时，感生电场的分布特点。
>
> （2）掌握感生电动势的计算：根据定义用感生电场积分的方法和利用法拉第电磁感应定律求解。

Step 1　查阅相关知识完成以下阅读题。

10.3.1　（知识点：法拉第电磁感应定律）

一块金属在均匀磁场中平移，问金属中是否会产生感应电流？（　　　）

A. 会　　　　　　　　B. 不会　　　　　　　C. 不确定

10.3.2　（知识点：法拉第电磁感应定律）

一块金属在均匀磁场中旋转，问金属中是否会产生感应电流？（　　　）

A. 会　　　　　　　　B. 不会　　　　　　　C. 不确定

10.3.3　（知识点：感生电动势）

关于感生电场，以下说法正确的是（　　　）。

A. 感生电场的场线是闭合曲线　　　　　B. 感生电场是保守场

C. 感生电场是由电荷产生的　　　　　　D. 以上答案都不对

10.3.4　（知识点：法拉第电磁感应定律）

如图 10.19 所示，一长为 a、宽为 b 的矩形导线线框置于匀强磁场 $\boldsymbol{B}$ 中，磁场随时间的变化规律为 $B = B_0 \sin\omega t$，则线框内的感应电动势的大小为（　　　）。

A. 0　　　　　　　　　　　　B. $abB_0 \cos\omega t$

C. $ab\omega B_0 \cos\omega t$　　　　　　D. $ab\omega B_0$

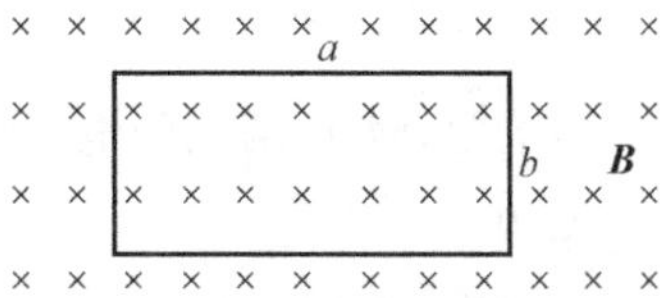

图　10.19

Step 2　完成以上阅读题后，做以下练习。

10.3.5　（知识点：感生电动势）

在圆柱形空间内有一磁感应强度为 $\boldsymbol{B}$ 的均匀磁场，如图 10.20 所示，磁感应强度的大小以速率 dB/dt<0 变化,则在圆柱形空间外一点 P 处感生电场的方向为(　　)。

A. ↘　　B. →　　C. ↓　　D. ↗　　E. 感生电场为零　　F. 以上都不对

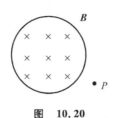

图　10.20

10.3.6 （知识点：感生电动势）

在圆柱形空间内有一磁感应强度为 **B** 的均匀磁场,如图 10.21 所示。当磁感应强度的大小以速率 dB/dt 变化时,以下正确的描述是(　　)。

A. 只有圆柱内有感生电场　　　　　　B. 圆柱内外都有感生电场

C. 感生电场方向沿半径方向　　　　　D. 感生电场方向沿圆周切线方向

E. 感生电场方向与 dB/dt 成右手螺旋关系

10.3.7 （知识点：感生电动势）

在圆柱形空间内有一磁感应强度为 **B** 的均匀磁场,如图 10.22 所示,磁感应强度的大小以速率 dB/dt 变化。有两无限长直导线在垂直圆柱中心轴线的平面内,两线相距为 a,$a>R$。则在通过 O 点的长直导线和均匀磁场外的长直导线中的感应电动势大小分别是(　　)。

A. $2R\mathrm{d}B/\mathrm{d}t,0$

B. $0,\dfrac{1}{2}\pi R^{2}\mathrm{d}B/\mathrm{d}t$

C. $0,2R\mathrm{d}B/\mathrm{d}t$

D. 无法求解

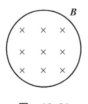

图　10.21

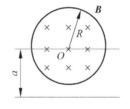

图 10.22

10.3.8 （知识点：感生电动势）

半径为 R 的无限长圆柱形空间内存在均匀磁场 **B**,设 cd 为一导体棒,沿圆柱的半径方向放置,如图 10.23 所示。当 **B** 随时间变化时,以下正确的描述是(　　)。

A. 直导线 cd 中不产生电动势

B. c 点电势高

C. d 点电势高

图　10.23

10.3.9　（知识点：感生电动势）

在圆柱形空间内有一磁感应强度为 **B** 的均匀磁场，如图 10.24 所示，磁感应强度的大小以速率 d*B*/d*t* 变化。在磁场中有 *A*、*B* 两点，其间可放直导线 *AB* 和弯曲的导线 *AB*，则（ ）。

A. 电动势只在直导线 *AB* 中产生

B. 电动势只在弯曲的导线 *AB* 中产生

C. 电动势在直导线 *AB* 和弯曲的导线 *AB* 中都产生，且两者大小相等

D. 直导线 *AB* 中的电动势小于弯曲的导线 *AB* 中的电动势

E. 直导线 *AB* 中的电动势大于弯曲的导线 *AB* 中的电动势

图　10.24

Step 3　下面的题目需要一些技巧和综合能力，希望读者能坚持做完。

10.3.10　（知识点：感生电动势）

在半径为 $R=10\text{cm}$ 的通有电流的无限长直螺线管内磁场 **B** 视为均匀，图 10.25 为其截面图，**B** 的方向垂直纸面向里，取一固定的等腰梯形回路 *abcd*，梯形所在平面的法向与螺线管的轴平行。设磁感应强度以 d*B*/d*t*=1T/s 的匀速率增加，已知 $\theta=\dfrac{1}{3}\pi,\overline{Oa}=\overline{Ob}=6\text{cm}$，则等腰四边形 *ab*、*cd*、*bc* 及 *ad* 各边是否有感应电动势产生？

_____有感应电动势，_____无感应电动势。

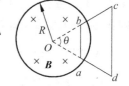

图　10.25

10.3.11　（知识点：感生电动势）

接上题，等腰梯形回路中感生电动势的大小为（ ）。

A. 0   B. 3.68mV

C. 5.23mV   D. 1.56mV

10.3.12　（知识点：法拉第电磁感应定律）

一通有电流 *I* 的无限长直导线所在平面内，有一半径为 *r*、电阻为 *R* 的导线小环，环中心距直线为 *a*，如图 10.26 所示，且 $a\gg r$。当直导线的电流被切断后，沿着导线环流过的电荷约为（ ）。

A. $\dfrac{\mu_0 Ir^2}{2\pi R}\left(\dfrac{1}{a}-\dfrac{1}{a+r}\right)$ B. $\dfrac{\mu_0 Ir}{2\pi R}\ln\dfrac{a+r}{a}$

C. $\dfrac{\mu_0 Ir^2}{2aR}$ D. $\dfrac{\mu_0 Ia^2}{2rR}$

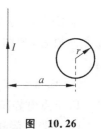

图　10.26

10.4 自感与互感

> **阅读指南**：理解自感、互感的物理意义；掌握计算自感系数和自感电动势的方法。
> （1）自感系数和自感电动势的计算：三步法。
> 计算磁场在自身线圈的磁通量 Φ→计算自感电动势 $\mathrm{d}\Phi/\mathrm{d}t$→计算自感 $L=\Phi/I$
> （2）互感电动势的计算：三步法。
> 计算磁场在另外一个线圈的磁通量 Φ_{12}→计算互感电动势 $\mathrm{d}\Phi_{12}/\mathrm{d}t$→计算互感 $\Phi_{12}=M_{12}I_{12}$

Step 1　查阅相关知识完成以下阅读题。

10.4.1 （知识点：自感）

考虑图 10.27 中的电感线圈，I 是从 a 点通过线圈到 b 点的电流。如果这个电流是变化的，则线圈内会产生电动势吗？为什么？（　　）

A. 不会产生，因为此处没有电源

B. 会产生，因为电感中有恒定磁场

C. 会产生，因为电感中的磁场随时间变化，则通过线圈的磁通量也发生变化，由法拉第定律，可知会产生感应电动势

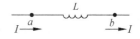

图　10.27

10.4.2 （知识点：自感）

接上题，那么以下哪个式子是正确的？（　　）

A. $U_a-U_b=L\dfrac{\mathrm{d}i}{\mathrm{d}t}$　　　　　　B. $U_b-U_a=L\dfrac{\mathrm{d}i}{\mathrm{d}t}$　　　　　　C. $U_a=U_b$

10.4.3 （知识点：自感）

接上题，设电感线圈中有恒定电流 3A，电感为 2H，则 6s 末两端电势差为（　　）。

A. 1V　　　　　　　　　　B. 0　　　　　　　　　　C. 36V

10.4.4 （知识点：互感）

现有两个距离很近的通有电流的线圈，若想改变它们的互感系数，可以通过以下哪些措施完成？（　　）

A. 改变线圈之间的相对位置

B. 改变电流的大小

C. 改变其中一个线圈的匝数

Step 2 完成以上阅读题后,做以下练习。

10.4.5 (知识点:自感)

在如图 10.28 所示的电路中,两电阻阻值相同。当在开关闭合后的瞬间和开关闭合一段时间后两种情况下,电压表的读数是否相同?(   )

A. 相同   B. 不同   C. 不确定

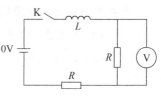

图 10.28

10.4.6 (知识点:自感)

在如图 10.28 所示的电路中,两电阻阻值相同。当开关闭合后的瞬间,电压表读数为(   )。

A. 0V   B. 3.33V   C. 5V

D. 10V

10.4.7 (知识点:自感)

在如图 10.28 所示的电路中,两电阻阻值相同。当开关闭合一段时间后,电压表读数为(   )。

A. 0V   B. 3.33V   C. 5V   D. 10V

10.4.8 (知识点:自感系数)

有两个长直密绕螺线管,其长度及线圈匝数均相同,半径分别为 r_1 和 r_2,且 $r_1 : r_2 = 1 : 2$。螺线管内充满均匀磁介质,其磁导率之比 $\mu_1 : \mu_2 = 2 : 1$。当在两螺线管中分别通以稳恒电流,且 $I_1 : I_2 = 2 : 1$ 时,则其自感系数之比(   )。

A. $L_1 : L_2 = 1 : 1$ B. $L_1 : L_2 = 1 : 2$

C. $L_1 : L_2 = 2 : 1$ D. 以上都不对

10.4.9 (知识点:自感)

如图 10.29 所示,通电无限长直同轴空心圆筒电缆,内外筒半径分别为 R_1、R_2,电流 I 沿内筒流去,沿外筒流回。通过长度为 L 的一段截面(图中阴影区)的磁通量为(   )。

A. $\dfrac{\mu_0 I}{2\pi} L(R_2 - R_1)$ B. 0

C. $\dfrac{\mu_0 I}{2} L(R_2^2 - R_1^2)$ D. $\dfrac{\mu_0 I L}{2\pi} \ln \dfrac{R_2}{R_1}$

图 10.29

10.4.10 (知识点:自感)

接上题,该同轴圆筒的自感为(   )。

A. $\dfrac{\mu_0 L}{2\pi} I^2$ B. $\dfrac{\mu_0 L}{2 R_1 R_2}$ C. $\dfrac{\mu_0 L}{2\pi}(R_1 - R_2)$ D. $\dfrac{\mu_0 L}{2\pi} \ln \dfrac{R_2}{R_1}$

10.4.11 （知识点：互感）

电路如图 10.30 所示,线圈内电流随时间的变化曲线见右图,下面哪种叙述与右图所示的曲线相符?（　　）

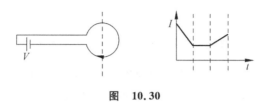

图 10.30

A. 首先电流以恒定的速率减小,之后保持一个常数,最后又以恒定的速率增大
B. 首先电流以恒定的速率减小,之后保持一个常数,最后又以恒定的速率减小
C. 电流先保持一个常量,然后开始减小,最后增加
D. 电流先增加,接着减小,最后增加

10.4.12 （知识点：互感）

如图 10.31 所示,两个线圈平行放置,上面的线圈内电流的变化如右图所示,则对穿过下面线圈中的磁通量正确的描述是以下哪个图(设向下为磁通量的正方向)?（　　）

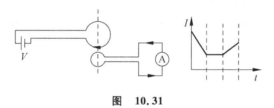

图 10.31

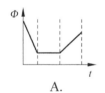

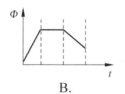

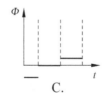

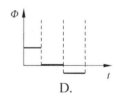

A.　　　　　　　　　B.　　　　　　　　　C.　　　　　　　　　D.

10.4.13 （知识点：互感）

如图 10.32 所示,两个线圈平行放置,上面的线圈内电流的变化如右图所示,则下面的线圈中感应电流随时间的变化正确的是(线圈中箭头所指的方向是电流的正方向)（　　）。

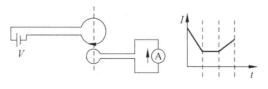

图 10.32

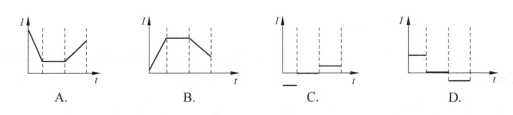

A.　　　　　　B.　　　　　　C.　　　　　　D.

10.4.14 （知识点：互感）

如图 10.33 所示，真空中一矩形刚性线圈长和宽分别为 b 和 $2a$，通有电流为 I_2，在与线圈长边平行且相距为 d 处有一长直电流 I_1，矩形线圈与长直电流在同一平面内，则 I_1 产生的磁场通过线圈平面的磁通量为（　　）。

A. $\dfrac{\mu_0 I_1 b}{2\pi}\ln\dfrac{2a+d}{d}$

B. $\dfrac{\mu_0 I_1 ab}{\pi}$

C. $\dfrac{\mu_0 I_2 b}{2\pi}\ln\dfrac{2a+d}{d}$

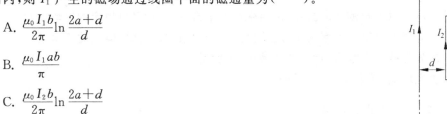

图　10.33

10.4.15 （知识点：互感）

接上题，线圈与长直导线间的互感系数为（　　）。

A. $\dfrac{\mu_0 I_1 b}{2\pi}\ln\dfrac{2a+d}{d}$ 　　　　B. $\dfrac{\mu_0 I_1 ab}{\pi d}$ 　　　　C. $\dfrac{\mu_0 b}{2\pi}\ln\dfrac{2a+d}{d}$

10.4.16 （知识点：互感）

接上题，长直导线中产生的感应电动势的大小为（　　）。

A. $\dfrac{\mu_0 b I_1}{2\pi}\ln\dfrac{2a+d}{d}$ 　　　B. $\dfrac{\mu_0 I_0 b}{2\pi}\ln\dfrac{2a+d}{d}$ 　　　C. $\dfrac{\mu_0 I_0 b}{2\pi}\ln\dfrac{2a+d}{d}\mathrm{e}^{-t}$

10.4.17 （知识点：互感）

一无限长直线通以电流 $I=I_0\sin\omega t$，和直导线在同一平面内有一矩形线框，其短边与直导线平行，线框的尺寸及位置如图 10.34 所示，且 $b/c=3$，则直导线和线框的互感系数为（　　）。

A. $\dfrac{\mu_0 a(b+c)}{2\pi}$ 　　B. $\dfrac{\mu_0 a}{2\pi}\ln 3$ 　　C. $\dfrac{\mu_0 a}{2\pi}\ln 2$

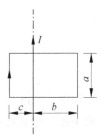

10.4.18 （知识点：互感）

接上题，若 $I_2=I_0\mathrm{e}^{-t}$，则线框中的互感电动势的大小是（　　）。

A. 0 　　　　　　　　　　　　　B. $\dfrac{\mu_0 a I_0 \omega \ln 3}{2\pi}\cos\omega t$

C. $\dfrac{\mu_0 a I_0 \ln 3}{2\pi}\sin\omega t$ 　　　　　D. $\dfrac{\mu_0 a (b+c) I_0}{2\pi}\sin\omega t$

图　10.34

10.5　磁场的能量

> 阅读指南：掌握磁场储存能量的概念，会计算典型磁场的能量。
> (1) 计算磁能，注意和计算静电能对比。
> (2) 自感系数和互感系数还可以采用能量密度法计算。

Step 1　查阅相关知识完成以下阅读题。

10.5.1　（知识点：磁场能量）

关于存储于螺线管中的磁场能量，以下说法正确的是（　　）。

A. 正比于螺线管中电流　　　　　　　B. 正比于螺线管中电流的平方

C. 正比于螺线管中磁感应强度的平方　D. 以上答案都不对

10.5.2　（知识点：磁场能量）

自感系数 $L=0.3$H 的螺线管中通以 $I=8$A 的电流时，螺线管存储的磁场能量是（　　）。

A. 9.6J　　　　　B. 4.8J　　　　　C. 2.4J　　　　　D. 7.2J

10.5.3　（知识点：自感）

一自感线圈中，电流在 0.002s 内均匀地由 $I_1=10$A 增加到 $I_2=12$A，该过程中线圈内自感电动势为 400V，则线圈的自感系数 L 为（　　）。

A. 400mH　　　　B. 40mH　　　　C. 200mH　　　　D. 0.4mH

10.5.4　（知识点：自感系数）

一自感线圈中，电流在 0.002s 内均匀地由 $I_1=10$A 增加到 $I_2=12$A，该过程中线圈内自感电动势为 400V，则初始时刻线圈内存储的磁场能量为（　　）。

A. 40J　　　　　B. 20J　　　　　C. 0.8J　　　　　D. 以上答案均不正确

10.5.5　（知识点：磁场能量）

一自感线圈中，电流在 0.002s 内均匀地由 $I_1=10$A 增加到 $I_2=12$A，该过程中线圈内自感电动势为 400V，则在此过程中线圈内存储的磁场能量（　　）。

A. 不变　　　　　B. 增加　　　　　C. 减小

10.5.6　（知识点：自感系数）

有两个长直密绕螺线管，其长度及线圈匝数均相同，半径分别为 r_1 和 r_2，且 $r_1:r_2=2:1$。螺线管内充满均匀磁介质，其磁导率之比 $\mu_1:\mu_2=1:2$，其自感系数之比（　　）。

A. $L_1:L_2=1:1$　　　　　　　　　B. $L_1:L_2=1:2$

C. $L_1 : L_2 = 2 : 1$ D. 以上都不对

10.5.7 （知识点：自感系数）

有两个长直密绕螺线管，其长度及线圈匝数均相同，半径分别为 r_1 和 r_2，且 $r_1 : r_2 = 2 : 1$。螺线管内充满均匀磁介质，其磁导率之比 $\mu_1 : \mu_2 = 1 : 2$。当将两螺线管串联在电路中通电稳定后，其磁能之比 $W_{m1} : W_{m2}$ 为（   ）。

A. $1 : 1$ B. $1 : 2$ C. $2 : 1$ D. 以上都不对

Step 2   完成以上阅读题后，做以下练习。

10.5.8 （知识点：磁场能量）

一半径为 R 的无限长直导线，其横截面各处的电流密度均匀相等，总电流为 I，则导线内 r 处（$0 < r < R$）的磁能密度为（   ）。

A. 0   B. $\dfrac{\mu_0 I^2 r^2}{8\pi^2 R^4}$ C. $\dfrac{\mu_0 I^2}{8\pi^2 r^2}$ D. $\dfrac{\mu_0 I^2}{4\pi^2 r^2}$

10.5.9 （知识点：磁场能量）

接上题，单位长度导线内所储存的磁能为（   ）。

A. 0   B. $\dfrac{\mu_0 I^2}{4\pi}\ln R$ C. $\dfrac{\mu_0 I^2}{4\pi}$ D. $\dfrac{\mu_0 I^2}{16\pi}$

10.5.10 （知识点：磁能密度）

接上题，若 $r \gg R$，则与导线垂直距离为 r 的空间某点处的磁能密度为（   ）。

A. $\dfrac{1}{2}\mu_0\left(\dfrac{\mu_0 I}{2\pi r}\right)^2$ B. $\dfrac{1}{2\mu_0}\left(\dfrac{\mu_0 I}{2\pi r}\right)^2$ C. $\dfrac{1}{2}\left(\dfrac{2\pi r}{\mu_0 I}\right)^2$ D. $\dfrac{1}{2\mu_0}\left(\dfrac{\mu_0 I}{2r}\right)^2$

10.5.11 （知识点：磁能密度）

如图 10.35 所示，一截面为矩形的螺线环，高为 h，内外半径分别为 a 和 b，环上均匀密绕 N 匝线圈。当螺线环导线中电流为 I_0 时，螺线环内（$a < r < b$）磁感应强度大小与磁能密度分别为（   ）。

A. $B = \mu_0 N I_0$，$W_m = \dfrac{B^2}{2\mu_0}$

B. $B = \dfrac{\mu_0 N I_0}{2\pi r}$，$W_m = \dfrac{BH}{2\mu}$

C. $B = \dfrac{\mu_0 N I_0}{2\pi r}$，$W_m = \dfrac{B^2}{2\mu_0}$

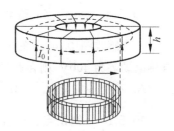

图　10.35

10.5.12 （知识点：磁能能量）

接上题，螺线环内（$a < r < b$）储存的磁场能量为（   ）。

A. $\dfrac{\mu_0 N^2 I_0^2 h}{4\pi}\ln\dfrac{b}{a}$ B. $\dfrac{1}{2\mu_0}\left(\dfrac{\mu_0 N I_0}{2\pi r}\right)^2 h\pi(a^2-b^2)$

C. $\dfrac{1}{2\mu_0}\left(\dfrac{\mu_0 N I_0}{2\pi r}\right)^2 2\pi h(a-b)$ D. 以上都不对

10.5.13 （知识点：磁场能量与自感）

如图 10.36 所示，一截面为矩形的螺线环，高为 h，内外半径分别为 a 和 b，环上均匀密绕 N 匝线圈。螺线环的自感系数为（   ）。

A. $\dfrac{\mu_0 \pi R^2 N^2}{l}$ B. $\dfrac{\mu_0 N^2 h}{2\pi}\ln\dfrac{b}{a}$

C. $\dfrac{\mu_0}{2\pi}\ln\dfrac{b}{a}$ D. 以上都不对

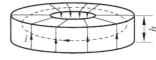

图 10.36

10.6 电磁场与电磁波

> **阅读指南**：理解位移电流的概念；掌握麦克斯韦方程组的积分形式；了解电磁波的产生和特点。
>
> （1）理解麦克斯韦电磁场理论的两个基本假设：变化的磁场激发电场，变化的电场激发磁场。
>
> （2）理解位移电流的概念，明确位移电流的实质是变化的电场。
>
> （3）掌握麦克斯韦方程组的积分形式及其物理意义。
>
> （4）了解电磁波的产生和特点。

Step 1   查阅相关知识完成以下阅读题。

10.6.1 （知识点：电磁波）

对于平面简谐电磁波，当磁场达到最大值时，其电场满足（   ）。
A. 达到最大值   B. 达到最小值
C. 既不是最大值，也不是最小值   D. 以上说法均不正确

10.6.2 （知识点：电磁波）

关于真空中电磁波，以下说法正确的是（   ）。
A. 以光速传播   B. 沿着电场的方向传播
C. 沿着与电场和磁场垂直的方向传播   D. 以上说法都不正确

Step 2   完成以上阅读题后，做以下练习。

10.6.3 （知识点：位移电流）

如图 10.37 所示，圆形平行板电容器两极板间的电势差随时间的变化关系为 $\Delta U =$

$U_a - U_b = Kt$（K 为常数），设两极板间的电场是均匀的，此时关于两极板间的位移电流的性质的说法中哪一个是正确的？（　　）

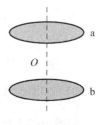

图　10.37

    A. 两极板间没有位移电流

    B. 两极板间有位移电流，方向平行于极板

    C. 两极板间的位移电流不随时间变化，方向垂直两极板

    D. 两极板间的位移电流随时间变化，方向垂直两极板

10.6.4　（知识点：位移电流）

如图 10.38 所示，圆形平行板电容器两极板间的电势差随时间的变化关系为 $\Delta U = U_a - U_b = Kt$（$K$ 为常数），设两极板间的电场是均匀的，此时中心点 O 右方 1、2 两点处的磁感应强度 B_1 和 B_2 的大小关系为（　　）。

    A. $B_1 < B_2$　　　　　B. $B_1 > B_2$　　　　　C. $B_1 = B_2 \neq 0$　　　　D. $B_1 = B_2 = 0$

10.6.5　（知识点：位移电流）

如图 10.39 所示，圆形平行板电容器两极板间的电势差随时间的变化关系为 $\Delta U = U_a - U_b = Kt$（$K$ 为常数），设两极板间的电场是均匀的，此时中心点 O 右方 3、4 两点处的磁感应强度 B_3 和 B_4 的大小关系为（　　）。

    A. $B_3 < B_4$　　　　　B. $B_3 > B_4$　　　　　C. $B_3 = B_4 \neq 0$　　　　D. $B_3 = B_4 = 0$

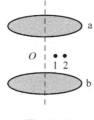

图　10.38

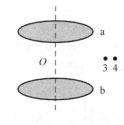

图　10.39

10.6.6　（知识点：电磁波）

如图 10.40 所示，有一电磁波沿 z 轴传播，平行于 x 轴方向有一接有灯泡的导线回路。当电磁波经过时，灯泡是否会亮起来？（　　）

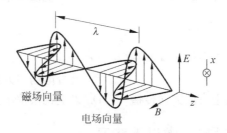

图　10.40

    A. 会　　　　　　　　B. 不会

10.6.7 （知识点：电磁波）

如图 10.41 所示，有一电磁波沿 z 轴传播，平行于 y 轴方向有一接有灯泡的导线回路。当电磁波经过时，灯泡是否会亮起来？（　　）

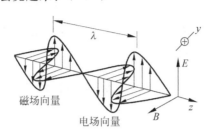

磁场向量

电场向量

图　10.41

A. 会　　　　　　　B. 不会

10.6.8 （知识点：电磁波）

如图 10.42 所示，有一电磁波沿 z 轴传播，平行于 z 轴方向有一接有灯泡的导线回路。当电磁波经过时，灯泡是否会亮起来？（　　）

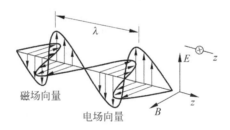

磁场向量

电场向量

图　10.42

A. 会　　　　　　　B. 不会

10.6.9 （知识点：麦克斯韦方程组）

在积分形式的麦克斯韦方程组中，体现"变化的磁场一定伴随有电场"的方程是（　　）。

A. $\oiint \boldsymbol{D} \cdot \mathrm{d}\boldsymbol{S} = \iiint \rho \mathrm{d}V$ B. $\oiint \boldsymbol{B} \cdot \mathrm{d}\boldsymbol{S} = 0$

C. $\oint \boldsymbol{E} \cdot \mathrm{d}\boldsymbol{l} = -\dfrac{\mathrm{d}\Phi}{\mathrm{d}t} = -\iint \dfrac{\partial \boldsymbol{B}}{\partial t} \cdot \mathrm{d}\boldsymbol{S}$ D. $\oint \boldsymbol{H} \cdot \mathrm{d}\boldsymbol{l} = \iint \boldsymbol{J} \cdot \mathrm{d}\boldsymbol{S} + \iint \dfrac{\partial \boldsymbol{D}}{\partial t} \cdot \mathrm{d}\boldsymbol{S}$

10.6.10 （知识点：麦克斯韦方程组）

在积分形式的麦克斯韦方程组中，体现"变化的电场伴随有磁场"的方程是（　　）。

A. $\oiint \boldsymbol{D} \cdot \mathrm{d}\boldsymbol{S} = \iiint \rho \mathrm{d}V$ B. $\oiint \boldsymbol{B} \cdot \mathrm{d}\boldsymbol{S} = 0$

C. $\oint \boldsymbol{E} \cdot \mathrm{d}\boldsymbol{l} = -\dfrac{\mathrm{d}\Phi}{\mathrm{d}t} = -\iint \dfrac{\partial \boldsymbol{B}}{\partial t} \cdot \mathrm{d}\boldsymbol{S}$ D. $\oint \boldsymbol{H} \cdot \mathrm{d}\boldsymbol{l} = \iint \boldsymbol{J} \cdot \mathrm{d}\boldsymbol{S} + \iint \dfrac{\partial \boldsymbol{D}}{\partial t} \cdot \mathrm{d}\boldsymbol{S}$

10.6.11　（知识点：麦克斯韦方程组）

在积分形式的麦克斯韦方程组中，体现"磁场是无源场"的方程是（　　　）。

A. $\oint D \cdot \mathrm{d}S = \iiint \rho \mathrm{d}V$

B. $\oint B \cdot \mathrm{d}S = 0$

C. $\oint E \cdot \mathrm{d}l = -\dfrac{\mathrm{d}\Phi}{\mathrm{d}t} = -\iint \dfrac{\partial B}{\partial t} \cdot \mathrm{d}S$

D. $\oint H \cdot \mathrm{d}l = \iint J \cdot \mathrm{d}S + \iint \dfrac{\partial D}{\partial t} \cdot \mathrm{d}S$

答案及部分解答

10.1.1　A　　　　　　10.1.2　A　　　　　　10.1.3　A　　　　　　10.1.4　B

10.1.5　C　　　　　　10.1.6　B　　　　　　10.1.7　D　　　　　　10.1.8　D

10.1.9　A　　　　　　10.1.10　B　　　　　10.1.11　B　　　　　10.1.12　B

10.1.13　C　　　　　10.1.14　D　　　　　10.1.15　C　　　　　10.1.16　B

10.1.17　D　　　　　10.1.18　D

10.1.19　$\mathscr{E}_i = -\dfrac{\mu N I_0 l \omega}{2\pi} \ln \dfrac{d+a}{d} \cos\omega t$

是一个交变电动势，电动势方向举例：

$$t = \dfrac{\pi}{\omega}, \quad \mathscr{E}_i > 0 \quad \mathscr{E}_i$$

$$t = \dfrac{2\pi}{\omega}, \quad \mathscr{E}_i < 0 \quad \mathscr{E}_i$$

10.2.1　D

10.2.2　D　　　　　　10.2.3　C　　　　　　10.2.4　A　　　　　　10.2.5　C

10.2.6　BC　　　　　10.2.7　B　　　　　　10.2.8　A

10.2.9　$U_{NM} = \dfrac{\mu_0 I}{2\pi} gt \ln \dfrac{l+a}{a}$，$N$ 点电势高。

10.2.10　B

10.2.11　C

提示：连接 MN 作一半圆形的闭合回路，因为该闭合回路的运动方向与导线平行，所以回路中磁通量不变，回路的感应电动势为零，所以半圆环的感应电动势就等于直线 MN 的感应电动势。

此时：v 与 B 的矢积方向由 N 指向 M 的直线方向，所以：$\varepsilon = \displaystyle\int_M^N (v \times B) \cdot \mathrm{d}l = \int_{a-b}^{a+b} vB\mathrm{d}x$

10.2.12　D　　　　　10.2.13　D　　　　　10.2.14　C　　　　　10.2.15　B

10.3.1　B　　　　　　10.3.2　C　　　　　　10.3.3　A　　　　　　10.3.4　C

10.3.5　D　　　　　　10.3.6　BD　　　　　10.3.7　B　　　　　　10.3.8　A

10.3.9　E

10.3.10 *ab* 边、*cd* 边；*bc* 边、*ad* 边。

10.3.11 B	10.3.12 C		
10.4.1 C	10.4.2 A	10.4.3 B	10.4.4 AC
10.4.5 B	10.4.6 A	10.4.7 C	10.4.8 B
10.4.9 D	10.4.10 D	10.4.11 A	10.4.12 A
10.4.13 C	10.4.14 A	10.4.15 C	10.4.16 C
10.4.17 B	10.4.18 B		
10.5.1 BC	10.5.2 A	10.5.3 A	10.5.4 B
10.5.5 B	10.5.6 C	10.5.7 C	10.5.8 B
10.5.9 D	10.5.10 B	10.5.11 C	10.5.12 A
10.5.13 B			
10.6.1 A	10.6.2 AC	10.6.3 C	10.6.4 A
10.6.5 B	10.6.6 A	10.6.7 B	10.6.8 B
10.6.9 C	10.6.10 D	10.6.11 B	

第 11 章

气体动理论

11.1 热学基本概念和理想气体物态方程

> **阅读指南**：理解平衡态、状态参量等概念，掌握理想气体物态方程及其应用。
>
> (1) 平衡态是指系统在没有外界影响的条件下，系统各部分的宏观性质长时间不发生变化的状态。
>
> (2) 掌握理想气体物态方程的表达形式：$pV=\dfrac{m}{M}RT$，理解摩尔质量 M 和气体质量 m 的物理意义。
>
> (3) 掌握理想气体物态方程另一表示形式：$p=nkT$，理解分子数密度 n 的物理意义。
>
> (4) 理解道尔顿分压定律。

Step 1　查阅相关知识完成以下阅读题。

11.1.1　（知识点：理想气体物态方程的应用条件）

$\dfrac{pV}{T}=\dfrac{m}{M}R$ 的应用条件为（　　）。

A. 实际气体，任意状态　　　　　　　　B. 实际气体，平衡态

C. 理想气体，任意状态　　　　　　　　D. 理想气体，平衡态

11.1.2　（知识点：理想气体物态方程）

若理想气体的体积为 V，压强为 p，温度为 T，气体分子的质量为 m_0，k 为玻尔兹曼常量，R 为摩尔气体常量，则该理想气体的分子数为（　　）。

A. $\dfrac{pV}{m_0}$　　　　　　B. $\dfrac{pV}{kT}$　　　　　　C. $\dfrac{pV}{RT}$　　　　　　D. $\dfrac{pV}{m_0T}$

11.1.3　（知识点：理想气体物态方程）

对于两种不同种类的理想气体，它们的温度和压强相同，体积不同，则这两种气体单位体积内的分子数是否相同？（　　）

A. 相同　　　　　　B. 不同　　　　　　C. 不确定

Step 2   完成以上阅读题后，做以下练习。

11.1.4 （知识点：道尔顿分压定律）

一定体积的氮气和氧气混合。氮气和氧气的分压强分别是 p_1 和 p_2（所谓分压强是指每一种气体在与混合气体具有相同的温度和体积的条件下单独产生的压强），则混合气体的压强 p 为（   ）。

A. p_1 B. p_2 C. p_1+p_2 D. 无法判断

11.1.5 （知识点：理想气体物态方程）

在一密闭容器中，储有 A、B、C 三种理想气体，处于平衡态。A 种气体的分子数密度为 n_1，它产生的压强为 p_1，B 种气体的分子数密度为 $2n_1$，C 种气体的分子数密度为 $3n_1$，则混合气体的压强 p 为（   ）。

A. $3p_1$ B. $4p_1$ C. $5p_1$ D. $6p_1$

11.1.6 （知识点：理想气体物态方程）

当把理想气体物态方程表示成 $pV/T=C$ 的形式时，物质的量相同的不同气体，常数 C 是否相同？（   ）。

A. 相同   B. 不同   C. 不确定

11.1.7 （知识点：理想气体物态方程）

当把理想气体物态方程表示成 $pV/T=C$ 的形式时，一定质量的某种理想气体在不同状态下常数 C 是否相同？（   ）

A. 相同   B. 不同   C. 不确定

11.1.8 （知识点：理想气体物态方程）

当把理想气体物态方程表示成 $pV/T=C$ 的形式时，不同质量的同种理想气体，常数 C 是否相同？（   ）

A. 相同   B. 不同   C. 不确定

11.1.9 （知识点：理想气体物态方程）

如图 11.1 所示，一个封闭的立方体形的容器，内部空间被一导热的、不漏气的、可移动的隔板分为两部分，隔板位于容器的正中间，左边和右边装有不同种类的气体（摩尔质量不同），两边气体质量相等，温度相同，如果隔板与器壁无摩擦，则隔板应（   ）。

A. 向左移动   B. 向右移动

C. 不动   D. 移动，但无法判断移动的方向

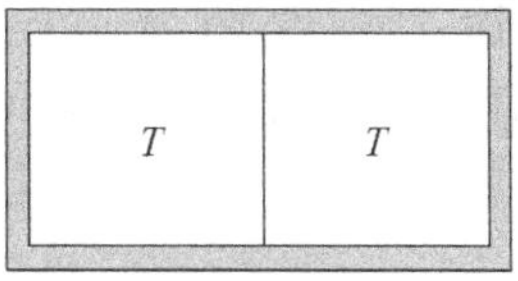

图 11.1

11.1.10 （知识点：理想气体物态方程）

如图 11.2 所示，一个封闭的立方体形的容器，内部空间被一导热的、不漏气的、可移动的隔板分为两部分，隔板位于容器的正中间，左边装 CO_2，右边装 H_2，两边气体质量相等，温度相同，若隔板与器壁无摩擦，则隔板（　　　）。

A. 向左移动 　　　　　　　　　　　B. 向右移动

C. 不动 　　　　　　　　　　　　　D. 移动，但无法判断移动的方向

11.1.11 （知识点：理想气体物态方程）

如图 11.3 所示，一个封闭的立方体形的容器，内部空间被一导热的、不漏气的、可移动的隔板分为两部分，开始其内为真空，隔板位于容器的正中间。当两侧各充以 p_1、T_1 与 p_2、T_2 的相同气体后，平衡时隔板左右两侧的长度之比 l_1/l_2 是（　　　）。

A. $\dfrac{p_1 T_2}{p_2 T_1}$ 　　　　B. $\dfrac{p_1 T_1}{p_2 T_2}$ 　　　　C. $\dfrac{p_2 T_2}{p_1 T_1}$ 　　　　D. $\dfrac{p_2 T_1}{p_1 T_2}$

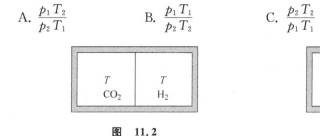

图　11.2　　　　　　　　　　　　图　11.3

Step 3　下面的题目需要一些技巧和综合能力，希望读者能坚持做完。

11.1.12 （知识点：理想气体物态方程）

如图 11.4 所示，两相同的玻璃泡用玻璃管连通，中间有一水银滴做活塞，两边充以相同的气体 H_2。当两边所充的气体的温度分别是 10℃ 和 20℃ 时，水银滴平衡于玻璃管中央，现将两边温度各提高 10℃，则水银滴_____（填左移，右移，不动）。如果右边换成 O_2，且初始时，水银滴仍平衡于玻璃管中央，那么结果如何？水银滴将_____（填左移，右移，不动）。

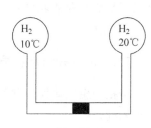

图　11.4

11.1.13 （知识点：理想气体物态方程）

如图 11.5 所示，一个绝热封闭的立方体形的容器，用隔板分为两部分，隔板位于容器的正中间，左边充以一定量的某种气体，压强为 p；右边是真空。两边温度相同。若把隔板抽去（对外不漏气），当容器中的气体再次达到平衡状态时，则气体的压强为_____。

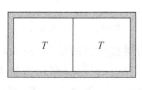

图　11.5

11.1.14 （知识点：理想气体物态方程）

计算在标准状态下，理想气体在 $1m^3$ 体积中所含有的分子数。

标准状态：$p=1\text{atm}, T=273.15\text{K}$。

11.2　理想气体的压强公式和温度公式

> **阅读指南**：了解分子运动论的基本观点；理想气体压强公式和温度公式的物理意义；通过对理想气体压强公式的推导，了解从提出模型到建立宏观量与微观量的统计平均值之间关系的统计方法。
>
> （1）了解分子运动论的基本观点：宏观物体由大量粒子组成，物体的分子在永不停息地作无序热运动，分子间存在相互作用力。
>
> （2）掌握理想气体的压强公式和温度公式，理解理想气体压强和温度的统计意义。

Step 1　查阅相关知识完成以下阅读题。

11.2.1　（知识点：分子运动论的基本观点）

关于分子运动论的基本观点，以下说法正确的是（　　）。

A. 宏观物体由大量粒子组成　　　　　B. 物体的分子在永不停息地作无序热运动

C. 分子间存在相互作用力　　　　　　D. 分子热运动无规律可言

11.2.2　（知识点：理想气体的微观模型）

在推导理想气体压强公式时，所采用的理想气体的微观模型做了哪些假设？（　　）

A. 忽略分子大小，不考虑分子内部结构

B. 考虑分子间的相互作用力

C. 分子与分子之间以及分子与器壁之间的碰撞是完全弹性的

D. 分子都以相同的速率在运动

11.2.3　（知识点：压强的微观意义）

关于气体压强的意义，以下说法正确的是（　　）。

A. 气体的压强是大量气体分子对器壁的碰撞而产生的。它反映大量分子对器壁的碰撞而产生的平均效果

B. 气体的压强是大量气体分子的集体表现，离开大量分子，压强就失去了意义

C. 压强 p、分子数密度 n、气体分子平均平动动能之间的关系是一条力学规律

D. 气体的压强是一个统计平均量，所以它不能被直接测量

11.2.4 （知识点：温度的微观意义）

关于温度的意义，以下说法正确的是（　　）。

A. 气体的温度是分子平均平动动能的量度

B. 气体的温度是大量气体分子热运动的集体表现，具有统计意义

C. 温度的高低反映物质内部分子运动剧烈程度的不同

D. 从微观上看，气体的温度表示每个气体分子的冷热程度

Step 2　完成以上阅读题后，做以下练习。

11.2.5 （知识点：压强）

若把空气封闭在一容器内，然后压缩，设气体保持温度不变，那么空气的压强将怎样变化？（　　）

A. 增大
B. 减少

C. 不变
D. 不确定

11.2.6 （知识点：压强的微观意义）

若把空气封闭在一容器内，然后压缩，设气体保持温度不变，如何从微观角度解释空气的压强的变化？（　　）

A. 每秒与器壁碰撞的次数增多，所以压强增大了

B. 温度不变，空气压强保持不变

C. 空气分子无规则运动变得激烈，空气压强将增大

D. 以上解释都不对

11.3　能量按自由度均分定理和理想气体的内能

阅读指南：理解能量按自由度均分定理及物理意义；掌握理想气体的内能公式，并进行计算。

（1）掌握自由度的概念，熟悉不同类型分子的自由度数。

（2）能量按自由度均分定理：在温度为 T 的平衡态下，物质分子的每一个自由度都具有相同的平均动能，其值为 $kT/2$。

（3）掌握理想气体的内能公式，并能够熟练计算不同类型分子的理想气体的内能。

Step 1　查阅相关知识完成以下阅读题。

11.3.1 （知识点：自由度）

在铁路上行驶的火车，在海面上航行的轮船，在空中飞行的飞机的自由度的数量分别为（火车、轮船、飞机均视为质点）（　　）。

A. 3,3,3　　　　　B. 2,2,3　　　　　C. 2,3,3　　　　　D. 1,2,3

11.3.2　（知识点：自由度）

尖端固定在一点进动的陀螺,其自由度是多少?（　　　）

A. 1　　　　　　　B. 2　　　　　　　C. 3　　　　　　　D. 6

11.3.3　（知识点：理想气体热力学温度的统计意义）

平衡态下理想气体宏观物理量温度 T 与微观量的统计平均值 $\bar{\varepsilon}_k$ 之间的关系为 $\bar{\varepsilon}_k =$ $\frac{3}{2}kT$,其中（　　　）。

A. $\bar{\varepsilon}_k$ 为某一分子的总能量　　　　　　B. $\bar{\varepsilon}_k$ 为分子平均总能量

C. $\bar{\varepsilon}_k$ 为分子平均总动能　　　　　　　D. $\bar{\varepsilon}_k$ 为分子平均平动动能

11.3.4　（知识点：理想气体的内能）

理想气体平衡态下,自由度为 i 的分子所具有的平均平动动能和平均总动能分别为（　　　）。

A. $\frac{3}{2}kT,\frac{i}{2}RT$　　　　　　　　　　B. $\frac{3}{2}RT,\frac{i}{2}RT$

C. $\frac{3}{2}kT,\frac{i}{2}kT$　　　　　　　　　　D. $\frac{3}{2}RT,\frac{i}{2}kT$

11.3.5　（知识点：理想气体的内能）

温度和压强相同的氧气和氦气,它们分子的平均平动动能和平均总动能有如下关系:（　　　）。

A. 平均平动动能和平均总动能都相等

B. 平均平动动能相等,平均总动能不相等

C. 平均平动动能不相等,平均总动能相等

D. 平均平动动能和平均总动能都不相等

Step 2　完成以上阅读题后,做以下练习。

11.3.6　（知识点：理想气体的内能）

自由度为 i 的 1mol 刚性理想气体所具有的内能为（　　　）。

A. $\frac{3}{2}kT$　　　　B. $\frac{3}{2}RT$　　　　C. $\frac{i}{2}RT$　　　　D. $\frac{i}{2}kT$

11.3.7　（知识点：理想气体的内能）

对于 1mol 氧气和氦气,它们的温度相同,则氧气和氦气的内能（　　　）。

A. 相同　　　　　　B. 不同　　　　　　C. 无法判断

11.3.8 （知识点：理想气体的内能）

自由度为 i 的 ν 摩尔刚性理想气体所具有的内能为（   ）。

A. $\dfrac{i}{2}RT$ 　　　　　 B. $\dfrac{i}{2}\nu RT$ 　　　　　 C. $\dfrac{i}{2}pV$ 　　　　　 D. $\dfrac{i}{2}nkT$

11.3.9 （知识点：理想气体的内能）

自由度为 i 的 ν 摩尔刚性理想气体的总平动动能为（   ）。

A. $\dfrac{i}{2}RT$ 　　　　　　　　　　 B. $\dfrac{i}{2}\nu RT$

C. $\dfrac{i}{2}pV$ 　　　　　　　　　　 D. $\dfrac{3}{2}\nu RT$

E. $\dfrac{3}{2}pV$

11.3.10 （知识点：理想气体的内能）

在标准状态下，氧气和氦气（均视为刚性分子理想气体）的体积比为 $V_1/V_2 = 1/2$，则其内能之比 E_1/E_2 为（   ）。

A. 3/10 　　　　　 B. 1/2 　　　　　 C. 5/6 　　　　　 D. 5/3

11.3.11 （知识点：理想气体的内能）

在标准状态下，氧气和氢气（视为刚性双原子分子的理想气体）的体积比为 $V_1/V_2 = 1/2$，则其内能之比 E_1/E_2 为（   ）。

A. 3/10 　　　　　 B. 1/2 　　　　　 C. 5/6 　　　　　 D. 5/3

Step 3　下面的题目需要一些技巧和综合能力，希望读者能坚持做完。

11.3.12 （知识点：理想气体物态方程）

一瓶氦气和一瓶氮气密度相同，分子的平均平动动能相同，而且它们都处于平衡状态，则它们（   ）。

A. 温度、压强都相同
B. 温度、压强都不相同
C. 温度相同，但氦气的压强大于氮气的压强
D. 温度相同，但氦气的压强小于氮气的压强

11.3.13 （知识点：压强的微观意义）

在固定的密闭容器中，若把理想气体的温度 T_0 提高到原来的两倍，即 $T = 2T_0$，则分子的平均平动动能和气体压强分别是原来的_____？

11.3.14 （知识点：内能）

两瓶不同种类的理想气体，它们的温度和压强都相同，但体积不同，则两瓶单位体积内

的分子数 n _____（填相同或不同）；两瓶单位体积内的气体分子的总平动动能（E_k/V）_____（填相同或不同）；两瓶单位体积内的气体质量 ρ _____（填相同或不同）。

11.3.15 （知识点：内能）

封闭容器内储有 1mol 氦气（视为理想气体），其温度为 T，质量为 m，若容器以速度 v 作匀速直线运动，则该气体的内能为（　　）。

A. $\frac{3}{2}kT$ 　　　　　　　　　　　B. $\frac{3}{2}kT+\frac{1}{2}mv^2$

C. $\frac{3}{2}RT$ 　　　　　　　　　　　D. $\frac{3}{2}RT+\frac{1}{2}mv^2$

11.4　麦克斯韦速率分布律

> **阅读指南**：理解速率分布函数、麦克斯韦速率分布律及速率分布曲线的物理意义，理解并会计算三种速率的统计平均值。
> （1）理解速率分布函数的物理意义。
> （2）理解麦克斯韦速率分布律及速率分布曲线的物理意义。
> （3）理解并会计算三种速率（即平均速率、最概然速率、方均根速率）的统计平均值。

Step 1　查阅相关知识完成以下阅读题。

11.4.1 （知识点：分布规律）

以下哪种说法符合分布规律的物理含义？（　　）
A. 某年城市人口按身高的分布
B. 大气层中各种气体含量比例的分布
C. 气体达到平衡时，分子数按分子速率的分布
D. 气体达到平衡时，某个分子按其速率变化的分布

11.4.2 （知识点：分布函数）

图 11.6 是某一年某大城市人口按身高的分布曲线，那么其横轴表示_____；纵轴表示_____。

11.4.3 （知识点：分布函数）

在没有外力场的情况下，气体到达平衡态时，从宏观上看，其分子数密度、温度和压强是处处相等的，但是从微观上看，以下哪种说法是正确的？（　　）

A. 气体中每个分子的速率是不同的，但是速率不随时间变化

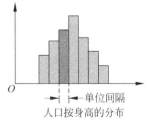

图　11.6

B. 气体中每个分子的速率是不同的,但是具有相同速率(如速率为 350m/s)的分子的数目是一定的,不随时间而变

C. 分子速率在 100~102m/s 区间内和在 300~302m/s 区间内的分子数可能是不同的,但是不随时间变化(不考虑涨落)

11.4.4 （知识点：麦克斯韦速率分布律）

1859 年,麦克斯韦理论上导出了理想气体在平衡态下分子的速率分布函数,其曲线是以下的哪种？(　　)

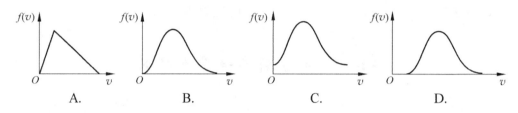

A.　　　　　　B.　　　　　　C.　　　　　　D.

11.4.5 （知识点：麦克斯韦速率分布律）

1859 年,麦克斯韦理论上导出了理想气体在平衡态下分子的速率分布函数,从表达式可以看出分布函数和哪些物理量有关？(　　)
A. 温度　　　　　　　　B. 气体的种类　　　　　　　　C. 动能
D. 速率　　　　　　　　E. 时间

Step 2　完成以上阅读题后,做以下练习。

11.4.6 （知识点：速率分布函数）

设某种气体分子速率分布函数表示为 $f(v) = \dfrac{dN}{N dv}$,其中 N 为气体分子总数,dN 为速率分布在 $v \sim v + dv$ 区间的分子数,则速率分布函数的意义为(　　)。
A. 速率分布在 $v \sim v + dv$ 区间内的分子数占总分子数的百分比
B. 在速率 v 附近单位速率区间内的分子数
C. 任意速率附近分子数占总分子数的百分比
D. 在速率 v 附近单位速率区间内的分子数占总分子数的百分比

11.4.7 （知识点：速率分布函数）

设某种气体分子速率分布函数表示为 $f(v) = \dfrac{dN}{N dv}$,其中 N 为气体分子总数,dN 为速率分布在 $v \sim v + dv$ 区间的分子数,则 $f(v)dv$ 的物理意义为(　　)。
A. 速率分布在 $v \sim v + dv$ 区间内的分子数占总分子数的百分比
B. 在速率 v 附近单位速率区间内的分子数
C. 任意速率附近分子数占总分子数的百分比
D. 在速率 v 附近单位速率区间内的分子数占总分子数的百分比

11.4.8　（知识点：速率分布函数）

图 11.7 为某种气体的速率分布曲线，则图中曲线下窄条形面积（　　）。

A. 表示速率在 $v_1 \sim v_2$ 之间的分子数

B. 表示速率在 $v_1 \sim v_2$ 之间的分子的平均速率

C. 表示速率在 $v_1 \sim v_2$ 之间的分子数占总分子数的百分比

D. 以上都不正确

11.4.9　（知识点：速率分布函数）

图 11.8 所示的速率分布函数曲线下两个窄条长方形底边相等而面积不等，说明（　　）。

A. 在不同的速率间隔内的分子数相等

B. 不同速率的分子数不相等

C. 在不同速率附近的相同速率间隔内分子数占总分子数的百分比不相等

D. 在不同速率附近的相同速率间隔内分子数占总分子数的百分比相等

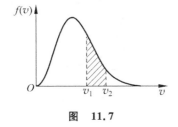
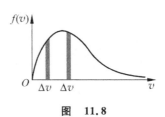

图　11.7　　　　　　　　　　图　11.8

11.4.10　（知识点：速率分布函数）

图 11.9 为某理想气体的速率分布曲线，则下面正确的说法是（　　）。

A. 速率为 v_1 的分子数比速率为 v_p 的分子数少

B. $f(v_p)$ 对应速率最大的分子

C. 曲线与横轴所围的面积代表气体分子总数

D. $f(v_1)\mathrm{d}v$ 表示 $v_1 \sim v_1 + \mathrm{d}v$ 速率区间的分子数占总分子数的百分比

11.4.11　（知识点：麦克斯韦速率分布律）

图 11.10 为某种理想气体在不同温度下的速率分布曲线，有（　　）。

A. $T_a < T_b$　　　　　　B. $T_a > T_b$　　　　　　C. $T_a = T_b$　　　　　　D. 不确定

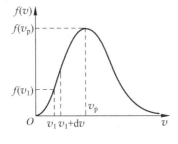
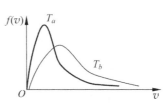

图　11.9　　　　　　　　　　图　11.10

11.4.12 （知识点：麦克斯韦速率分布律）

图 11.11 为摩尔质量 M 不同的两种理想气体在同一温度下的速率分布曲线,有(　　)。

A. $M_1 < M_2$

B. $M_1 > M_2$

C. $M_1 = M_2$

D. 不确定

11.4.13 （知识点：麦克斯韦速率分布律）

如图 11.12 所示,两条曲线分别表示在相同温度下氧气和氢气分子的速率分布曲线;令 $(v_p)_{O_2}$ 和 $(v_p)_{H_2}$ 分别表示氧气和氢气的最概然速率,则(　　)。

A. a 表示氧气分子的速率分布曲线：$(v_p)_{O_2} / (v_p)_{H_2} = 4$

B. a 表示氧气分子的速率分布曲线：$(v_p)_{O_2} / (v_p)_{H_2} = 1/4$

C. b 表示氧气分子的速率分布曲线：$(v_p)_{O_2} / (v_p)_{H_2} = 4$

D. b 表示氧气分子的速率分布曲线：$(v_p)_{O_2} / (v_p)_{H_2} = 1/4$

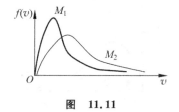

图　11.11　　　　　　　图　11.12

11.4.14 （知识点：麦克斯韦速率分布律）

下列各图所示的速率分布曲线,哪一图中的两条曲线可能是同一温度下氮气和氦气的分子速率分布曲线?(　　)

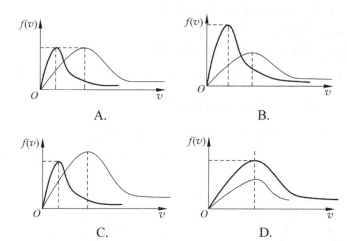

11.4.15 （知识点：麦克斯韦速率分布函数）

同一种理想气体在不同温度下：$T_a > T_b > T_c$,其速率分布曲线应为(　　)。

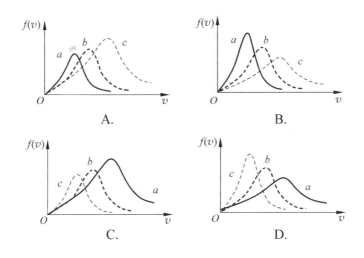

11.4.16（知识点：麦克斯韦速率分布函数）

三种理想气体在同一温度下：它们的分子质量 $m_a > m_b > m_c$，其速率分布曲线应为（　　）。

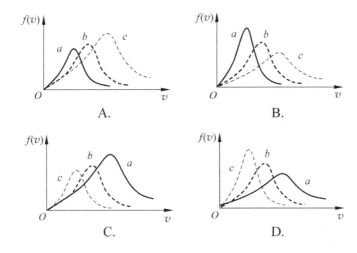

11.4.17（知识点：速率分布函数）

设某种气体分子速率分布函数为 $f(v)$，v_p 为最概然速率，则 $\int_{v_p}^{\infty} vf(v)\mathrm{d}v$ 的物理意义（　　）。

A. 表示速率大于 v_p 的分子的平均速率

B. 表示速率大于 v_p 的分子数

C. 表示速率大于 v_p 的概率

D. 表示 $\overline{v}' \times w'$（$\overline{v}'$ 是速率大于 v_p 的分子的平均速率，w' 是分子速率大于 v_p 的概率）

11.4.18（知识点：速率分布函数）

设某种气体分子速率分布函数为 $f(v)$，v_p 为最概然速率，则 $\int_{v_p}^{\infty} f(v)\mathrm{d}v$ 的物理意

义（　　）。

 A. 表示速率大于 v_p 的分子的平均速率

 B. 表示速率大于 v_p 的分子数

 C. 表示分子速率值处于 $v_p \sim \infty$ 区间的概率

 D. 表示分布在 $v_p \sim \infty$ 速率区间的分子数占总分子数的百分率

11.4.19　（知识点：速率分布函数）

设某种气体分子速率分布函数为 $f(v)$，则速率分布在 $v_1 \sim v_2$ 区间的分子数（　　）。

 A. $\Delta N = \int_{v_1}^{v_2} f(v) \mathrm{d}v$ B. $\Delta N = N f(v)$

 C. $\Delta N = \int_{v_1}^{v_2} N f(v) \mathrm{d}v$ D. $\Delta N = \int_{v_1}^{v_2} N \mathrm{d}v$

11.4.20　（知识点：速率分布函数）

设某种气体分子速率分布函数为 $f(v)$，则速率分布在 $0 \sim \infty$ 区间的分子的平均速率（　　）。

 A. $\bar{v} = \int_0^\infty v N f(v) \mathrm{d}v$ B. $\bar{v} = \int_0^\infty v f(v) \mathrm{d}v$

 C. $\bar{v} = \int_0^\infty N f(v) \mathrm{d}v$ D. $\bar{v} = \int_0^\infty v N \mathrm{d}v$

11.4.21　（知识点：速率分布函数）

设某种气体分子速率分布函数为 $f(v)$，则速率分布在 $v_1 \sim v_2$ 区间的分子的平均速率（　　）。

 A. $\bar{v} = \int_0^\infty v N f(v) \mathrm{d}v$ B. $\bar{v} = \int_{v_1}^{v_2} v N f(v) \mathrm{d}v$

 C. $\bar{v} = \int_{v_1}^{v_2} v f(v) \mathrm{d}v$ D. $\bar{v} = \int_{v_1}^{v_2} v f(v) \mathrm{d}v \Big/ \int_{v_1}^{v_2} f(v) \mathrm{d}v$

11.4.22　（知识点：速率分布函数）

设某种气体分子速率分布函数为 $f(v)$，N 为分子总数，m_0 为分子质量，则 $\int_{v_1}^{v_2} \frac{1}{2} m_0 v^2 N f(v) \mathrm{d}v$ 的物理意义是（　　）。

 A. 速率为 v_2 的各分子的总平动动能与速率为 v_1 的各分子的总平动动能之差

 B. 速率为 v_2 的各分子的总平动动能与速率为 v_1 的各分子的总平动动能之和

 C. 速率处在速率间隔 $v_1 \sim v_2$ 之内的分子的平均平动动能

 D. 速率处在速率间隔 $v_1 \sim v_2$ 之内的分子平动动能之和

11.4.23　（知识点：统计速率）

氢气和氧气，若它们的分子平均速率相等，则（　　）。

 A. 它们的温度相同   B. 它们的分子平均平动动能相同

C. 它们的分子平均动能相同   D. 以上答案都不对

11.4.24 （知识点：统计速率）

在一容积不变的封闭容器内理想气体分子的平均速率若提高为原来的 2 倍，则（   ）。

A. 温度和压强都提高为原来的 2 倍   B. 温度为原来的 4 倍，压强为原来的 2 倍

C. 温度和压强都提高为原来的 4 倍   D. 温度为原来的 2 倍，压强为原来的 4 倍

11.4.25 （知识点：统计速率）

在一容积不变的封闭容器内理想气体分子的平均速率若提高为原来的 2 倍，则方均根速率（   ）。

A. 提高为原来的 2 倍   B. 提高为原来的 4 倍

C. 不变   D. 无法确定

11.4.26 （知识点：统计速率）

在一容积不变的封闭容器内理想气体分子的平均速率若提高为原来的 2 倍，则最概然速率（   ）。

A. 提高为原来的 2 倍   B. 提高为原来的 4 倍

C. 不变   D. 无法确定

Step 3 下面的题目需要一些技巧和综合能力，希望读者能坚持做完。

11.4.27 （知识点：玻尔兹曼分布率）

1877 年玻尔兹曼（L. Boltzman）求出了在外力场中气体按分子能量的分布规律。试分析在重力场中气体的分布规律，至少写出该分布规律的三个特点，并用这些特点解释一些自然现象。

11.5 气体分子的平均自由程

阅读指南：理解平均自由程和平均碰撞频率的概念，并会利用公式进行相应的计算。

（1）理解平均自由程的概念，并进行计算。

（2）理解平均碰撞频率的概念，并进行计算。

Step 1　查阅相关知识完成以下阅读题。

11.5.1　（知识点：平均碰撞频率和平均自由程）

标准状态下,气体分子平均碰撞频率和平均自由程的量级约为（　　　）。

A. 每秒数千次,毫米
B. 每秒数亿次,几十或几百纳米
C. 每秒数百次,厘米
D. 不知道

11.5.2　（知识点：平均自由程）

关于气体分子的平均自由程 $\bar{\lambda}$,在器壁尺寸足够大的情况下,下列几种说法中最恰当的是（　　　）。

A. $\bar{\lambda}$ 与温度 T 成正比
B. $\bar{\lambda}$ 与压强 p 成反比
C. 对一定的气体,当分子数密度给定时,$\bar{\lambda}$ 与 p、T 均无关
D. 上述三种说法都不对

Step 2　完成以上阅读题后,做以下练习。

11.5.3　（知识点：平均碰撞频率和平均自由程）

一定质量的气体,在容积不变的条件下,当压强增大时,（　　　）。

A. 平均碰撞频率和分子平均自由程都不变
B. 平均碰撞频率变大,分子平均自由程不变
C. 平均碰撞频率变大,分子平均自由程变小
D. 平均碰撞频率和分子平均自由程都变大

11.5.4　（知识点：平均碰撞频率和平均自由程）

一定质量的气体,在容积不变的条件下,当压强降低时,（　　　）。

A. 平均碰撞频率和分子平均自由程都不变
B. 平均碰撞频率变小,分子平均自由程不变
C. 平均碰撞频率变小,分子平均自由程变小
D. 平均碰撞频率变小,分子平均自由程变大

11.5.5　（知识点：平均碰撞频率和平均自由程）

一定质量的气体,在温度不变的条件下,当压强增大一倍时,（　　　）。

A. 平均碰撞频率和分子平均自由程都增大一倍
B. 平均碰撞频率和分子平均自由程都减为原来的一半
C. 平均碰撞频率增大一倍,分子平均自由程减为原来的一半
D. 平均碰撞频率减为原来的一半,分子平均自由程增大一倍

11.5.6　（知识点：平均碰撞频率和平均自由程）

一定质量的气体，在温度不变的条件下，当体积增大时，（　　）。

A. 平均碰撞频率减小，分子平均自由程不变

B. 平均碰撞频率减小，分子平均自由程增大

C. 平均碰撞频率增大，分子平均自由程减小

D. 平均碰撞频率不变，分子平均自由程增大

11.5.7　（知识点：平均碰撞频率和平均自由程）

一定质量的气体，在容积不变的条件下，当温度升高时，（　　）。

A. 平均碰撞频率增大，分子平均自由程减小

B. 平均碰撞频率和分子平均自由程都不变

C. 平均碰撞频率增大，分子平均自由程不变

D. 平均碰撞频率和分子平均自由程都增大

11.5.8　（知识点：平均碰撞频率和平均自由程）

一定质量的气体，在恒压条件下，当温度升高时，（　　）。

A. 平均碰撞频率增大，分子平均自由程减小

B. 平均碰撞频率减小，分子平均自由程增大

C. 平均碰撞频率增大，分子平均自由程不变

D. 平均碰撞频率和分子平均自由程都增大

E. 平均碰撞频率和分子平均自由程都减少

11.6　气体内的迁移现象

阅读指南：了解三种气体内的迁移现象，了解其物理本质和宏观规律。

（1）气体内的迁移现象包括内摩擦现象、热传导现象和扩散现象。

（2）了解气体内迁移现象的物理本质和宏观规律。

Step 1　查阅相关知识完成以下阅读题。

11.6.1　（知识点：气体内的迁移现象）

气体内的迁移现象有（　　）。

A. 内摩擦　　　　　　　　B. 热传导　　　　　　　　C. 碰撞

D. 扩散　　　　　　　　　E. 以上都不对

11.6.2　（知识点：气体内的迁移现象）

在内摩擦现象中，所迁移的物理量是（　　）。

A. 动量   B. 能量   C. 质量

D. 热量   E. 以上都不对

11.6.3 （知识点：气体内的迁移现象）

在热传导现象中,所迁移的物理量是(   )。

A. 动量   B. 能量   C. 质量

D. 热量   E. 以上都不对

11.6.4 （知识点：气体内的迁移现象）

在扩散现象中,所迁移的物理量是(   )。

A. 动量   B. 能量   C. 质量

D. 热量   E. 以上都不对

11.6.5 （知识点：气体内的迁移现象）

气体内迁移现象产生的原因是(   )。

A. 内摩擦   B. 热传导   C. 分子间的碰撞

D. 扩散   E. 以上都不对

*11.7　实际气体和范德瓦尔斯方程

> **阅读指南**：了解实际气体的性质；了解范德瓦尔斯方程及方程中两个修正项的物理意义。
>
> （1）了解范德瓦尔斯方程。
> （2）理解范德瓦尔斯方程中两个修正项的物理意义。

Step 1　查阅相关知识完成以下阅读题。

11.7.1 （知识点：实际气体）

实际气体在什么条件下,可以近似地看作是理想气体？(   )

A. 压强不太小,温度不太高   B. 压强不太大,温度不太高

C. 压强不太小,温度不太低   D. 压强不太大,温度不太低

11.7.2 （知识点：实际气体）

真实气体的等温线的特征是(   )。

A. 当温度比较低、压强比较大时是双曲线

B. 当温度处于临界温度以下真实气体可以液化

C. 当压强小于饱和蒸汽压的时候真实气体可以液化

D. 必须同时满足 B、C 两个条件下真实气体才可以液化

11.7.3　（知识点：范德瓦尔斯方程）

关于范德瓦尔斯方程，以下说法正确的是(　　)。

A. 完全适用于真实气体

B. 考虑了分子之间的引力和斥力，建立了一个接近真实气体的模型

C. 假定分子有大小，分子的大小就是分子本身的尺寸

D. 其等温线与真实气体的等温线完全吻合

Step 2　完成以上阅读题后，做以下练习。

11.7.4　（知识点：范德瓦尔斯方程）

对于 1mol 气体，范德瓦尔斯方程为 $\left(p+\dfrac{a}{V_m^2}\right)(V_m-b)=RT$，式中 a(　　)。

A. 是分子间的引力　　　　　　　　B. 反映分子间引力的修正

C. 是气体分子本身的体积　　　　　D. 反映分子本身体积的修正

11.7.5　（知识点：范德瓦尔斯方程）

对于 1mol 气体，范德瓦尔斯方程为 $\left(p+\dfrac{a}{V_m^2}\right)(V_m-b)=RT$，式中 b(　　)。

A. 是分子间的引力　　　　　　　　B. 反映分子间引力的修正

C. 是气体分子本身的体积　　　　　D. 反映分子间斥力的修正

答案及部分解答

11.1.1　D	11.1.2　B	11.1.3　A	11.1.4　C
11.1.5　D	11.1.6　A	11.1.7　A	11.1.8　B
11.1.9　D	11.1.10　A	11.1.11　A	11.1.12　右移；右移
11.1.13　$p/2$	11.1.14　$n=2.69\times10^{25}\,\mathrm{m^{-3}}$		
11.2.1　ABC	11.2.2　AC	11.2.3　AB	11.2.4　ABC
11.2.5　A	11.2.6　A		
11.3.1　D	11.3.2　B	11.3.3　D	11.3.4　C
11.3.5　B	11.3.6　C	11.3.7　B	11.3.8　BC
11.3.9　DE	11.3.10　C	11.3.11　B	11.3.12　C

11.3.13　分子的平均平动动能和气体压强都提高为原来的 2 倍

11.3.14　n 相同，(E_k/V) 相同，ρ 不同

解答：温度压强都相同，根据理想气体物态方程：$p=nkT$，所以分子数密度 n 相同；气体分子的总平动动能 $E_k=3\nu RT/2=3pV/2$，所以 $E_k/V=3p/2$，两瓶的压强相同，则单位体积内的气体分子的总平动动能也相同。单位体积内的气体质量 $\rho=nm_0$，其中 m_0 是分子质

量,n 是分子数密度,根据前面的分析已知 n 相同,而不同种类的分子质量 m_0 是不同的,所以单位体积内的气体质量 ρ 不同。

11.3.15　C

解答:在热力学中,把系统与热现象有关的那部分能量称为内能。所以,容器的运动动能不能计算到气体的内能之中。

11.4.1　AC

11.4.2　横轴表示身高;纵轴表示分布在某个身高 h 附近单位身高间隔的人口数占总人口的百分比

11.4.3　C	11.4.4　B	11.4.5　ABCD	11.4.6　D
11.4.7　A	11.4.8　C	11.4.9　C	11.4.10　D
11.4.11　A	11.4.12　B	11.4.13　B	11.4.14　B
11.4.15　D	11.4.16　B	11.4.17　D	11.4.18　CD
11.4.19　C	11.4.20　B	11.4.21　D	11.4.22　D
11.4.23　D	11.4.24　C	11.4.25　A	11.4.26　A

11.4.27　在重力场中气体分子达到平衡时,分子数密度随高度的分布为 $n = n_0 \, \mathrm{e}^{-m_0 gh/kT}$。

11.5.1　B	11.5.2　C	11.5.3　B	11.5.4　B
11.5.5　C	11.5.6　B	11.5.7　C	11.5.8　B
11.6.1　ABD	11.6.2　A	11.6.3　B	11.6.4　C
11.6.5　C			
11.7.1　D	11.7.2　B	11.7.3　B	11.7.4　B
11.7.5　D			

第 12 章

热 力 学

12.1 热力学第一定律

> **阅读指南**：理解准静态过程的概念；掌握功、热量和内能的概念；掌握摩尔定压热容和摩尔定容热容的计算。
> (1) 掌握热力学第一定律中各项的物理含义。
> (2) 掌握准静态过程中的热量、功、内能的计算。

Step 1 查阅相关知识完成以下阅读题。

12.1.1 （知识点：热力学第一定律）

如图 12.1 所示，设一定质量的气体储于气缸中，气体经历了如下一个过程：从外界吸收热量 10J，气体从态 I (p_1, V_1, T_1) 变化到态 II (p_2, V_2, T_2)，其内能增加了 7J，并对外界做功 8J。设活塞与器壁之间不漏气，摩擦可以忽略，上述过程是否可能发生？（　　）

A. 上述过程不可能发生，因为违背热力学第一定律

B. 上述过程可能发生，因为不违背热力学第一定律

C. 信息不足，无法判定

12.1.2 （知识点：热力学第一定律）

如图 12.2 所示，设一定质量的气体储于气缸中，气体经历了如下一个过程：从外界吸收热量 10J，外界对系统做功 8J，气体从态 I (p_1, V_1, T_1) 变化到态 II (p_2, V_2, T_2)，其内能增加了 18J。设活塞与器壁之间不漏气，摩擦可以忽略，上述过程是否可能发生？（　　）

A. 上述过程不可能发生，因为违背热力学第一定律

B. 上述过程可能发生，因为不违背热力学第一定律

C. 信息不足，无法判定

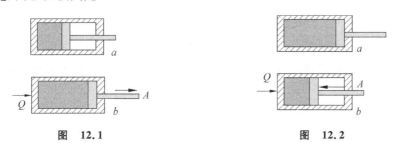

图　12.1　　　　　　　　　　　　图　12.2

12.1.3 （知识点：热量、内能、功的概念）

爆玉米花时,在铁锅里放一些玉米粒。给铁锅加温,因为玉米粒有水分,玉米粒中的水受热温度升高,水变成水蒸气后体积迅速增大,将结实的玉米粒外壳胀破,玉米粒"呼"的一声变成爆米花。下面说法正确的是(　　　)。

A. 该过程中玉米粒的内能是通过做功获得的

B. 该过程中玉米粒的内能是通过热传递获得的

C. 该过程中玉米粒的内能先增大后减小

D. 玉米粒变成爆米花时,对外做功减小了玉米粒的内能

12.1.4 （知识点：热量、内能、功的概念）

要使某一绝热密闭气缸中的气体从态 I (p_1,V_1,T_1)变化到态 II (p_2,V_2,T_2),其方式是多种多样的,即可以经历不同的过程,可能是准静态过程,也可能是非平衡过程,则以下描述中哪一种说法是正确的?(　　　)

A. 因为做功与过程有关,所以在上述的绝热过程中,做功多少是不确定的,与系统经历怎样的绝热过程有关

B. 因为上述是一绝热过程,绝热过程的功只取决于初末状态,与系统经历怎样的绝热过程无关

C. 系统的内能改变等于绝热功,功与过程有关,那么内能的改变也与过程有关

12.1.5 （知识点：热量 内能 功的概念）

设想一定质量的气体储于气缸中,从外界吸收热量,气体从态 I (p_1,V_1,T_1)变化到态 II (p_2,V_2,T_2)。设外界不对气体做功,气体也不对外界做功,如图 12.3 所示。传热的方式可以是多种多样的,即可以经历不同的过程,则以下描述中哪一种说法是正确的?(　　　)

A. 因为热量与过程有关,所以在上述过程中,气体从外界吸收(或放出)多少热量是不确定的,与系统经历怎样的过程有关

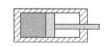

图　**12.3**

B. 如果外界不对系统做功,系统也不对外界做功,那么系统的内能改变等于系统吸收(或放出)的热量,热量与过程有关,那么内能的改变也与过程有关

C. 上述过程所吸收(或放出)的热量只取决于初末状态,与系统经历怎样的过程无关

12.1.6 （知识点：热容的概念）

准静态过程中,摩尔定压热容 C_p 总是大于摩尔定容热容 C_V,说明(　　　)。

A. 升高同样的温度,经历等压过程所需要吸收的热量小于经历等容过程所需要吸收的热量

B. 升高同样的温度,经历等压过程所需要吸收的热量大于经历等容过程所需要吸收的热量

C. 升高同样的温度,经历等压过程的内能增量小于经历等容过程的内能增量

D. 升高同样的温度,经历等压过程的内能增量大于经历等容过程的内能增量

Step 2 完成以上阅读题后,做以下练习。

12.1.7 (知识点:热力学第一定律)

如图 12.4 所示,设某一气缸中的理想气体经历 p-V 图中 ⅠaⅡ 过程和 ⅠbⅡ 过程,已知 ⅠaⅡ 是一绝热过程,则( )。

A. 理想气体经过 ⅠbⅡ 对外做功小于经过 ⅠaⅡ 所做的功

B. 理想气体经过 ⅠbⅡ 对外做功大于经过 ⅠaⅡ 所做的功

C. 理想气体经过 ⅠbⅡ 和 ⅠaⅡ 对外都不做功而是外界对气体做功

D. 理想气体经过 ⅠaⅡ 不做功,但是经过 ⅠbⅡ 做功

E. 理想气体经过 ⅠbⅡ 和 ⅠaⅡ 的对外做功是相同的

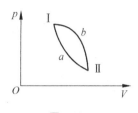

图 12.4

12.1.8 (知识点:热力学第一定律)

如图 12.4 所示,设某一气缸中的理想气体经历 p-V 图中 ⅠaⅡ 过程和 ⅠbⅡ 过程,已知 ⅠaⅡ 是一绝热过程,则( )。

A. 理想气体经过 ⅠbⅡ 和 ⅠaⅡ 的内能改变是相同的

B. 理想气体经过 ⅠbⅡ 和 ⅠaⅡ 的内能改变是不同的

C. 理想气体经过 ⅠbⅡ 内能增加,而经过 ⅠaⅡ 内能减小

D. 理想气体经过 ⅠbⅡ 内能减小,而经过 ⅠaⅡ 内能增加

12.1.9 (知识点:热力学第一定律)

如图 12.4 所示,设某一气缸中的理想气体经历 p-V 图中 ⅠaⅡ 过程和 ⅠbⅡ 过程,已知 ⅠaⅡ 是一绝热过程,则( )。

A. 理想气体经过 ⅠbⅡ 和 ⅠaⅡ 所吸收的热量是相同的

B. 理想气体经过 ⅠbⅡ 是吸热过程

C. 理想气体经过 ⅠbⅡ 是放热过程

D. 理想气体经过 ⅠaⅡ 所吸收或放出的热量为零,而过程 ⅠbⅡ 所吸收或放出的热量不为零

12.1.10 (知识点:热容)

如图 12.4 所示,设某一气缸中的理想气体经历 p-V 图中 ⅠaⅡ 过程和 ⅠbⅡ 过程,已知 ⅠaⅡ 是一绝热过程,态Ⅱ的温度小于态Ⅰ的温度,则( )。

A. 过程 ⅠaⅡ 摩尔热容为零   B. 过程 ⅠaⅡ 摩尔热容为无穷大

C. 过程 ⅠbⅡ 摩尔热容为正   D. 过程 ⅠbⅡ 摩尔热容为负

E. 过程 ⅠbⅡ 摩尔热容为零   F. 无法判定

12.1.11 （知识点：内能）

两个相同的容器，一个盛氢气，一个盛氦气（均视为刚性分子理想气体），开始时它们的压强和温度都相等，现将氦气升高到一定温度。若使氢气也升高同样的温度，则氢气和氦气的内能变化（   ）。

A. 相同

B. 不相同

C. 信息不足，不能确定

12.1.12 （知识点：热量）

两个相同的容器，一个盛氢气，一个盛氦气（均视为刚性分子理想气体），开始时它们的压强和温度都相等，现将 6J 热量传给氦气，使之升高到一定温度。若使氢气也升高同样的温度，则应向氢气传递热量（   ）。

A. 12J   B. 10J   C. 6J   D. 5J

Step 3   下面的题目需要一些技巧和综合能力，希望读者能坚持做完。

12.1.13 （知识点：内能、热量、功的概念）

下列说法中正确的是（   ）。

A. 0℃的水变成 0℃的冰，温度不变，内能不变

B. 温度高的物体比温度低的物体热量多

C. 温度高的物体比温度低的物体内能多

D. 如果系统从外界吸热，那么系统温度一定升高

E. 理想气体向真空绝热膨胀过程，内能不变

12.1.14 （知识点：热容）

_____过程气体热容为零，_____过程气体热容为无限大；气体_____（填吸收或放出）热量，温度升高，则热容为正；气体_____（填吸收或放出）热量，温度单调升高，则热容为负；气体_____（填吸收或放出）热量，温度单调降低，则热容为正；气体_____（填吸收或放出）热量，温度单调降低，则热容为负。

12.1.15 （知识点：绝热自由膨胀）

如图 12.5 所示，一个绝热封闭的立方体形的容器，用隔板分为两部分，隔板位于容器的正中间，左边充以一定量的某种气体，压强为 p；右边是真空。若把隔板抽去（对外不漏气），当又达到平衡状态时，则系统吸收的热量为_____，气体对外做功为_____，气体的内能改变为_____，这过程_____（填是或不是）准静态过程。

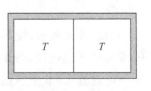

图 12.5

12.2 热力学第一定律对准静态过程的应用

> 阅读指南：掌握热力学第一定律对准静态等值过程（等压、等体、等温）、绝热过程的应用；掌握几种准静态过程中热量、功、内能的计算；了解多方过程。
>
> （1）掌握等值过程和绝热过程的曲线特征，由 p-V 图能判断是哪种热力学过程。
>
> （2）理解准静态绝热过程和绝热自由膨胀的不同。
>
> （3）掌握 p-V 图中过原点的直线的热力学过程状态变化和做功，内能变化和吸热等特征。

Step 1 查阅相关知识完成以下阅读题。

12.2.1 （知识点：过程方程）

理想气体从状态 Ⅰ 等容变化到状态 Ⅱ，则过程方程以及 p-V 图上的表示为（　　）。

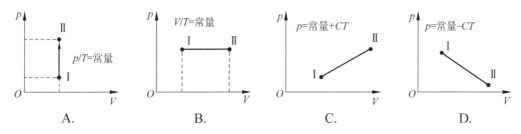

12.2.2 （知识点：热力学第一定律）

如图 12.6 所示，理想气体从状态 Ⅰ 等容变化到状态 Ⅱ，则做功与内能变化为（　　）。

A. 气体对外做功为 pV，内能不改变

B. 气体对外做功为 $V(p_2-p_1)$，内能改变为 $\nu C_V(T_2-T_1)$

C. 气体对外做功为零，内能改变为零

D. 气体不对外做功，内能的变化为 $\dfrac{C_V}{R}V(p_2-p_1)$

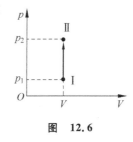

图 12.6

12.2.3 （知识点：过程方程）

理想气体从状态 Ⅰ 等压变化到状态 Ⅱ，则过程方程以及 p-V 图上的表示为（　　）。

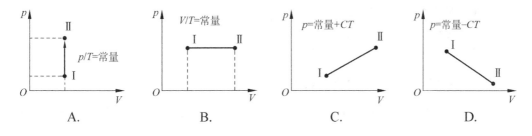

12.2.4 （知识点：热力学第一定律）

如图 12.7 所示,理想气体从状态 Ⅰ 等压变化到状态 Ⅱ,则做功与内能变化为（   ）。

A. 气体对外做功为 $p(V_1-V_2)$,内能不改变

B. 气体对外做功为 $\nu R(T_2-T_1)$,内能改变为 $\nu C_V(T_2-T_1)$

C. 气体对外做功为零,内能改变为零

D. 气体做功为 $p(V_2-V_1)$,内能的变化为 $C_V p(V_2-V_1)$

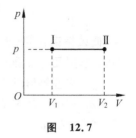

图   **12.7**

12.2.5 （知识点：热力学第一定律）

如图 12.7 所示,理想气体从状态 Ⅰ 等压变化到状态 Ⅱ,则（   ）。

A. 气体吸热为零   B. 气体吸热为 $\nu C_V(T_2-T_1)$

C. 气体吸热为 $\nu C_p(T_2-T_1)$ D. 气体吸热为 $C_p p(V_2-V_1)$

12.2.6 （知识点：过程方程）

理想气体从状态 Ⅰ 经过等温变化到状态 Ⅱ,以下哪些图表示正确？（   ）

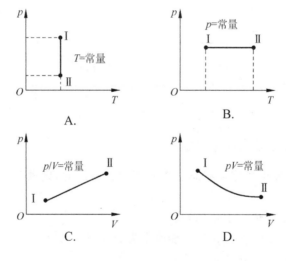

12.2.7 （知识点：热力学第一定律）

如图 12.8 所示,理想气体从状态 Ⅰ 等温膨胀变化到状态 Ⅱ,则做功与内能变化以及热量之间的关系为（   ）。

A. 内能不改变

B. 该过程温度不变,所以既不吸热也不放热

C. 气体对外做功使得内能改变

D. 气体对外做功为零,内能改变为零

E. 气体从外界吸收热量,转变为气体对外做功

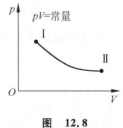

图   **12.8**

12.2.8 （知识点：热力学第一定律）

一定量某理想气体,分别从同一状态开始经历等压、等体、等温过程(都是无摩擦准静态

过程)到达不同的状态。若气体在上述过程中吸收的热量相同,则气体对外做功最多的过程是(   )。

A. 等压过程   B. 等体过程

C. 等温过程   D. 不能确定

12.2.9 （知识点：热力学第一定律）

对一定量的理想气体,下述几个过程中不可能发生的是(   )。

A. 从外界吸热但温度降低   B. 从外界吸热同时对外界做功

C. 吸收热量同时体积被压缩   D. 等温下的准静态绝热膨胀

Step 2 完成以上阅读题后,做以下练习。

12.2.10 （知识点：热力学第一定律）

1mol 的刚性单原子理想气体,分别进行了两次等体变化 a_1b_1 和 a_2b_2,温度均从 T_a 升到了 T_b,如图 12.9 所示,则两次变化中的内能改变为(   )。

A. $\Delta E_1 = \Delta E_2 = C_V(T_b - T_a)$ B. $\Delta E_1 = \Delta E_2 = C_p(T_b - T_a)$

C. $\Delta E_1 > \Delta E_2 = C_V(T_b - T_a)$ D. $\Delta E_1 < \Delta E_2 = C_V(T_b - T_a)$

12.2.11 （知识点：热力学第一定律）

接上题,则两次变化中的热量关系和体积关系为(   )。

A. $Q_1 = Q_2, V_1 < V_2$ B. $Q_1 > Q_2, V_1 < V_2$

C. $Q_1 < Q_2, V_1 < V_2$ D. $Q_1 < Q_2, V_1 > V_2$

E. $Q_1 > Q_2, V_1 > V_2$ F. $Q_1 = Q_2, V_1 = V_2$

12.2.12 （知识点：热力学第一定律）

图 12.10 为一理想气体几种状态变化过程的 p-V 图,其中 MT 为等温线, MQ 为绝热线,在 MA、MB 两种准静态过程中,内能的变化应为(   )。

A. $\Delta E_A > 0, \Delta E_B > 0$ B. $\Delta E_A > 0, \Delta E_B < 0$

C. $\Delta E_A < 0, \Delta E_B > 0$ D. $\Delta E_B > \Delta E_Q$

E. $\Delta E_B < \Delta E_Q$

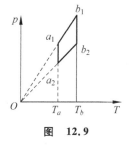

图 12.9

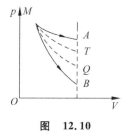

图 12.10

12.2.13 （知识点：热力学第一定律）

接上题,如图 12.10 所示,在 MA、MB 两种准静态过程中,温度降低和气体放热的分别

是哪个过程？（　　）

    A. 温度降低是 MA 过程，放热是 MB 过程   B. 温度降低是 MA 过程，放热是 MA 过程

    C. 温度降低是 MB 过程，放热是 MA 过程   D. 温度降低是 MB 过程，放热是 MB 过程

12.2.14　（知识点：热力学第一定律）

摩尔数相同的两种理想气体，分别为氦气和氢气，都从相同的初态开始，经准静态等温膨胀为原来气体体积的 2 倍，则两种气体（　　）。

    A. 对外界做功相同，吸收的热量不同   B. 对外界做功不同，吸收的热量相同

    C. 对外界做功和吸收的热量都不同   D. 对外界做功和吸收的热量都相同

12.2.15　（知识点：热力学第一定律）

两盒同样的理想气体，初始状态相同，一盒经准静态绝热过程压缩后压强为原来的 2 倍，另一盒经准静态绝热过程压缩后体积为原来的一半，则（　　）。

    A. 第一个过程外界对系统做的功大   B. 第二个过程外界对系统做的功大

    C. 两个过程外界做功相同   D. 无法判断两种过程外界做功谁大谁小

12.2.16　（知识点：热力学第一定律）

如图 12.11 所示，1mol 刚性双原子理想气体，从状态 I（p_1,V_1,T_1）膨胀至状态 II（p_2,V_2,T_2），则此过程气体对外做功（　　）。

    A. $\frac{1}{2}(p_2-p_1)(V_2-V_1)$ B. $\frac{1}{2}(p_2+p_1)(V_2-V_1)$

    C. $\frac{1}{2}(p_2+p_1)(V_2+V_1)$ D. $\frac{1}{2}(p_2-p_1)(V_2+V_1)$

12.2.17　（知识点：热力学第一定律）

接上题，如图 12.11 所示，气体内能增量为（　　）。

    A. $\frac{5}{2}(p_1V_1-p_2V_2)$ B. $\frac{5}{2}(p_2V_2-p_1V_1)$

    C. $\frac{5}{2}(p_1V_1+p_2V_2)$ D. $\frac{3}{2}(p_1V_1+p_2V_2)$

12.2.18　（知识点：绝热自由膨胀）

如图 12.12 所示，绝热容器被隔板分成容积相等的 A、B 两部分（容积为 V），A 内盛有压强为 p_0 的理想气体，B 为真空。抽去隔板后气体膨胀过程中（　　）。

    A. 做功为 p_0V B. 不做功   C. 做功为 $2p_0V$ D. 不确定

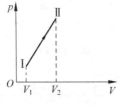

图　12.11

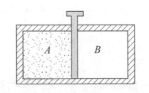

图　12.12

12.2.19 （知识点：绝热自由膨胀）

接上题，如图 12.12 所示，抽去隔板后气体膨胀，（　　）。
A. 该过程为准静态等温过程，吸热为正　　B. 该过程为准静态绝热过程，吸热为零
C. 该过程为准静态等压过程，吸热为正　　D. 该过程为非平衡过程，吸热为正
E. 以上选项都不正确

12.2.20 （知识点：绝热自由膨胀）

接上题，如图 12.12 所示，抽去隔板后，气体膨胀到整个容器达到平衡，（　　）。
A. 该过程不是等温过程，末态温度升高
B. 该过程不是等温过程，末态温度降低
C. 该过程为准静态绝热过程，体积增大，则末态温度降低
D. 该过程内能不变，所以温度不变

12.2.21 （知识点：绝热自由膨胀）

接上题，如图 12.12 所示，抽去隔板后，气体膨胀到整个容器达到平衡，此时（　　）。
A. 末态压强为 p_0　　　　　　　　　B. 末态压强为 $p_0/2$
C. 末态压强为 $p_0/2^\gamma$　　　　　　　D. 末态压强为 $p_0 2^\gamma$

Step 3　下面的题目需要一些技巧和综合能力，希望读者能坚持做完。

12.2.22 （知识点：综合）

某理想气体状态变化时，内能随压强的变化关系如图 12.13 中的直线 ab 所示，则 $a \sim b$ 的变化过程一定是（　　）。
A. 等压过程　　　　　　　　B. 等容过程
C. 等温过程　　　　　　　　D. 绝热过程

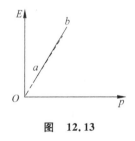

图 12.13

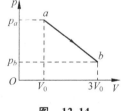

图 12.14

12.2.23 （知识点：综合）

1mol 单原子理想气体沿直线的准静态过程如图 12.14 所示，已知 $V_a = V_0$，$V_b = 3V_0$，$p_a = p_0$，$p_b = p_0/3$。试分析气体的内能变化、系统对外做功和系统与外界热量交换情况。试问该过程是一个准静态的等温过程吗？该过程是吸热还是放热？

12.3 循环与效率

> **阅读指南**：理解循环过程及热机效率的物理意义；理解热机循环和制冷循环中的能量转换关系；掌握正循环效率、逆循环制冷系数的计算方法。
>
> (1) 掌握循环过程中的各等值过程中功、热量和内能的改变量的计算。
>
> (2) 卡诺循环的特点及其效率的计算。
>
> (3) 热机效率和制冷机的制冷系数的计算。

Step 2　查阅相关知识后，做以下练习。

12.3.1　（知识点：循环过程）

一定量的某种理想气体起始温度为 T，体积为 V_1，该气体在下面循环过程中经过三个准静态过程：绝热膨胀到体积 V_2；等体变化使温度恢复为 T；再经等温压缩到原来体积 V_1。整个循环过程图示应为（　　）。

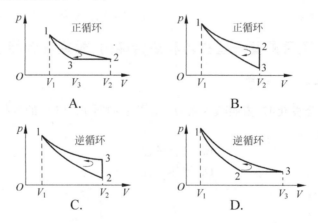

12.3.2　（知识点：循环过程）

一定量的某种理想气体起始温度为 T，体积为 V_1，该气体在下面循环过程中经过三个准静态过程：绝热膨胀到体积 V_2；等体变化使温度恢复为 T；再经等温压缩到原来体积 V_1。则在此整个循环过程中，（　　）。

A. 气体向外界放热　　　　　　　　　B. 气体对外界做正功

C. 气体内能增加　　　　　　　　　　D. 该循环的制冷系数一定小于 1

12.3.3　（知识点：热力学第一定律，热机效率）

2mol 刚性双原子理想气体，经历如图 12.15 所示的热力学循环过程，其中 AB 为定体过程，BC 为定压过程，CA 延长线通过坐标原点。设 p_C 和 V_C 均为已知。该循环过程的净功为（　　）。

A. $\dfrac{3}{2}p_C V_C$　　　　　B. $\dfrac{5}{2}p_C V_C$

C. $\dfrac{1}{2}p_C V_C$　　　　　D. $\dfrac{1}{3}p_C V_C$

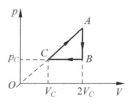

图　12.15

12.3.4 （知识点：热力学第一定律，热机效率）

接上题，该循环效率 η 计算方法错误的是（　　）。

A. $\dfrac{|Q_{AB}|+|Q_{BC}|}{|Q_{CA}|}$　　　　　B. $\dfrac{|Q_{CA}|-|Q_{AB}|-|Q_{BC}|}{|Q_{CA}|}$

C. $\dfrac{A_{净功}}{Q_{CA}}=\dfrac{S_{\triangle ABC}}{Q_{CA}}$　　　　　D. $1-\dfrac{|Q_{AB}|+|Q_{BC}|}{|Q_{CA}|}$

12.3.5 （知识点：热力学第一定律，热机效率）

接上题，设 AC 直线下对应的梯形面积为 S_{CAED}，如图 12.16 所示，CA 过程所吸收的热量的计算方法为（　　）。

A. $Q_{CA}=S_{\triangle ABC}$　　　　　B. $Q_{CA}=S_{CAED}$

C. $Q_{CA}=S_{CAED}+2C_V(T_A-T_C)$　　　　　D. 以上都不对

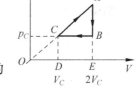

图　12.16

12.3.6 （知识点：热力学第一定律，热机效率）

接上题，2mol 刚性双原子理想气体，经历如图 12.15 所示的热力学循环过程，该循环效率 η 为（　　）。

A. 1/4　　　B. 1/3　　　C. 1　　　D. 1/18

12.3.7 （知识点：热力学第一定律）

1mol 单原子分子理想气体的循环过程如图 12.17 所示，在 p-V 图上表示该循环过程，下面哪个图正确？（　　）

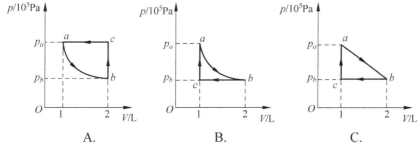

A.　　　　　B.　　　　　C.

12.3.8 （知识点：热力学第一定律）

接上题，1mol 单原子分子理想气体的循环过程如图 12.17 所示，该循环过程中气体吸收热量为（　　）。

A. $Q_{ab}+Q_{bc}$　　　　　B. $Q_{ab}+Q_{ca}$

C. $Q_{bc}+Q_{ca}$　　　　　D. $Q_{ab}+Q_{bc}+Q_{ca}$

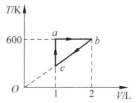

图　12.17

12.3.9 （知识点：热力学第一定律）

接上题，如图 12.17 所示，该循环过程中气体向外放出热量为（   ）。

A. $|Q_{ab}|$ B. $|Q_{ab}|+|Q_{ca}|$ C. $|Q_{bc}|$ D. $|Q_{ca}|$

12.3.10 （知识点：热力学第一定律）

接上题，如图 12.17 所示，循环效率为（   ）。

A. $\eta=1-\dfrac{|Q_{bc}|}{Q_{ab}+Q_{ca^*}}$ B. $\eta=1-\dfrac{|Q_{ac}|}{Q_{ab}+Q_{bc}}$

C. $\eta=1-\dfrac{|Q_{ba}|}{|Q_{ac}|+|Q_{bc}|}$ D. $\eta=1-\dfrac{|Q_{bc}|+|Q_{ca}|}{Q_{ab}}$

E. $\eta=1-\dfrac{|Q_{ab}|+|Q_{bc}|}{Q_{ac}}$

12.3.11 （知识点：热力学第一定律）

一定量的单原子分子理想气体的循环过程如图 12.18 所示，该循环的制冷系数（   ）。

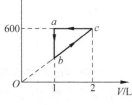

A. $w=\dfrac{Q_{ab}}{|Q_{bc}+Q_{ca}|-Q_{ab}}$ B. $w=\dfrac{Q_{bc}}{|Q_{ab}+Q_{ca}|-Q_{bc}}$

C. $w=\dfrac{Q_{ca}}{|Q_{ab}+Q_{bc}|-Q_{ca}}$ D. $w=\dfrac{Q_{bc}}{|Q_{ab}+Q_{ac}|}$

图 **12.18**

12.3.12 （知识点：卡诺循环效率）

如图 12.19 所示，两个卡诺热机循环，第一个沿 $abcda$ 进行，第二个沿 $ab'c'da$ 进行，这两个循环的净功 A_1 和 A_2 的关系为（   ）。

A. $A_1=A_2$ B. $A_1>A_2$

C. $A_1<A_2$ D. 无法比较

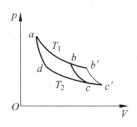

12.3.13 （知识点：卡诺循环效率）

接上题，如图 12.19 所示，这两个循环的效率 η_1 和 η_2 的关系为（   ）。

图 **12.19**

A. $\eta_1=\eta_2$ B. $\eta_1>\eta_2$

C. $\eta_1<\eta_2$ D. 无法比较

12.3.14 （知识点：卡诺循环效率）

如图 12.20 所示，两个卡诺热机循环，第一个沿 $abcda$ 进行，第二个沿 $a'b'c'd'a'$ 进行，这两个循环的效率 η_1 和 η_2 的关系为（   ）。

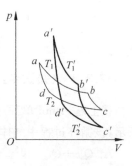

A. $\eta_1=\eta_2$ B. $\eta_1>\eta_2$

C. $\eta_1<\eta_2$ D. 无法比较

图 **12.20**

12.4　热力学第二定律和卡诺定理

> **阅读指南**：理解热力学第二定律的两种表述及其等价性；理解可逆过程和不可逆过程；理解实际宏观过程的不可逆性。
> (1) 掌握热力学第二定律的几种表述的含义。
> (2) 理解卡诺定理的物理含义。

Step 2　查阅相关知识后，做以下练习。

12.4.1　（知识点：不可逆过程）

关于可逆过程与不可逆过程，下列说法正确的是（　　）。

A. 不可逆过程是系统不能恢复到初状态的过程

B. 不可逆过程是外界有变化的过程

C. 不可逆过程一定找不到另一过程使系统和外界同时复原

D. 不可逆过程就是不能向反方向进行的过程

12.4.2　（知识点：不可逆过程）

关于可逆过程与不可逆过程，下列说法错误的是（　　）。

A. 可逆的热力学过程一定是准静态过程

B. 一切与热现象有关的实际过程都是不可逆的

C. 一切自发的过程都是不可逆

D. 准静态过程一定是可逆的

E. 凡是有摩擦的过程一定是不可逆的

12.4.3　（知识点：不可逆过程）

关于可逆过程和不可逆过程的判断：

(1) 可逆热力学过程一定是准静态过程

(2) 准静态过程一定是可逆热力学过程

(3) 不可逆过程就是不能向相反方向进行的过程

(4) 凡有摩擦的过程一定是不可逆过程

以上四种判断中，正确的是（　　）。

A. (1)、(2)、(3)　　　B. (1)、(2)、(4)　　　C. (1)、(4)　　　D. (2)、(4)

12.4.4　（知识点：热力学第二定律）

关于热力学第二定律，下面结论中正确的是（　　）。

A. 功可以转换为热，但热量不能全部转换为功

B. 在夏天,把房门和窗户严密关上,打开电冰箱的门,利用电冰箱制冷是不可能使房间的温度降低的

C. 利用海洋表层与海洋深处温度不同来驱动热机工作,原则上是不可能的

D. 一切实际热机的效率小于等于1

12.4.5 （知识点：热力学第二定律）

下面哪个叙述是正确的?（　　　）

A. 热量可以从高温物体向低温物体传递,但不能从低温物体向高温物体传递

B. 一个导热容器放在高温的水中,容器内的气体从水中吸收热量,把吸收的热量全部用来对外做功,例如推动活塞,保持内能不变。这个过程没有违背热力学第一定律,但是违背了热力学第二定律

C. 热传递的不可逆性与热功转化的不可逆性是等价的

12.4.6 （知识点：热力学第二定律）

根据热力学第二定律判定下列哪个说法正确。（　　　）

A. 热量可以从高温物体传到低温物体,但不能从低温物体传到高温物体

B. 功可以完全变为热量,而热量不能完全变为功

C. 一切自发过程都是不可逆的

D. 不可逆过程就是不能向相反方向进行的过程

12.4.7 （知识点：热力学第二定律）

根据热力学第二定律,下列说法正确的是（　　　）。

A. 气体能够自由膨胀,但不能收缩

B. 摩擦生热的过程是不可逆的

C. 不可能从单一热源吸热使之全部变为有用的功

D. 有规则运动的能量能够变为无规则运动的能量,但无规则运动的能量不能变为有规则运动的能量

E. 一个孤立系统内,一切实际过程都向着热力学概率减小的方向进行

12.4.8 （知识点：热力学第二定律）

关于热力学过程进行的方向和条件的表述中,正确的是（　　　）。

A. 热量不能从低温物体向高温物体传递

B. 功可以完全变为热量,而热量不能完全变为功

C. 不可能从单一热源吸热使之全部变为有用的功

D. 任何热机的效率都总是小于卡诺热机的效率

E. 不可逆过程就是不能向相反方向进行的过程

F. 孤立系统内部发生的过程,总是由概率小的宏观态向概率大的宏观态进行

12.4.9 （知识点：卡诺定理）

如图 12.21 所示，设有一热机，从高温热源(400K)吸取热量Q_1，对外做功 A，并向低温热源(200K)放出热量Q_2。以下哪种情形是可能发生的？（　　）

A. $Q_1 = 500J, A = 400J, Q_2 = 100J$　　　　B. $Q_1 = 500J, A = 500J, Q_2 = 0$

C. $Q_1 = 500J, A = 300J, Q_2 = 200J$　　　　D. 以上都不可能

12.4.10 （知识点：卡诺定理）

如图 12.22 所示，设有一制冷机，外界对工作物质做功 A，工作物质向低温热源(200K)吸收热量Q_2，并向高温热源(400K)放出热量Q_1，以下哪种情形是可能发生的？（　　）

A. $A = 400J, Q_1 = 200J, Q_2 = 200J$　　　　B. $A = 0, Q_1 = 200J, Q_2 = 200J$

C. $A = 400J, Q_1 = 500J, Q_2 = 100J$　　　　D. $A = 400J, Q_1 = 900J, Q_2 = 500J$

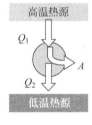
图　12.21

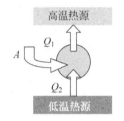
图　12.22

Step 3　下面的题目需要一些技巧和综合能力，希望读者能坚持做完。

12.4.11 （知识点：卡诺循环制冷系数）

冰柜的冷藏室温度为$-3℃$，设工作物质为理想气体，经历卡诺循环过程，室温 27℃，此循环的制冷系数为_____。

12.4.12 （知识点：卡诺循环）

一个两级热机，第一级在温度 T_1 下吸热 Q_1，做功 A_1，再在温度 T_2 下放热 Q_2，第二级吸收第一级放出的全部热量，做功A_2，再在温度 T_3 下放热Q_3，用Q_1、Q_2、Q_3 表示出该联合机的效率：_____。

12.4.13 （知识点：效率）

热机的联合效率：图 12.23 所示为两个工作在两条绝热线之间的卡诺循环 $abcda$ 和 $ab'c'da$，已知 $T_1 = 500K, T_2 = 400K, T_3 = 300K$，热机循环 $ab'c'da$ 的效率为_____。

12.4.14 （知识点：效率）

接上题，与单一循环 $abcda$ 的效率 η_1 和循环 $bb'c'cb$ 的效率 η_2

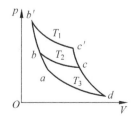
图　12.23

比较,热机循环 $ab'c'da$ 的效率(　　)。

　　A. 必然是增大了　　　　　　　　B. 必然是减小了

　　C. 介于两个效率之间　　　　　　D. 不能确定

12.5　热力学第二定律的统计意义、熵

阅读指南:了解热力学第二定律的统计意义;了解熵的概念;了解玻尔兹曼熵公式及熵增加原理;理解克劳修斯熵公式的意义,并能利用它来计算熵变。

(1) 熵是一个态函数。

(2) 总结计算不可逆过程熵变的方法。

(3) 总结典型可逆过程理想气体的熵变:

绝热可逆过程:$\Delta S = 0$;等容可逆过程:$\Delta S = \nu C_V \ln \dfrac{T_2}{T_1}$;

等压可逆过程:$\Delta S = \nu C_p \ln \dfrac{T_2}{T_1}$;等温可逆过程:$\Delta S = \nu R \ln \dfrac{V_2}{V_1}$。

(4) 温熵图的含义以及从图中如何比较循环效率大小。

(5) 熵和热力学概率之间的关系。

Step 2　查阅相关知识后,做以下练习。

12.5.1 (知识点:熵)

一绝热容器用隔热板分成等体积的两半,一半盛有理想气体,另一半为真空,抽掉隔板,气体便进行自由膨胀,达到平衡后,则气体的(　　)。

　　A. 温度不变,熵不变　　　　　　B. 温度不变,熵增加

　　C. 温度增加,熵增加　　　　　　D. 温度降低,熵增加

12.5.2 (知识点:熵)

试判断以下说法哪个正确。(　　)

A. 由于熵是态函数,因此任何循环过程里工作物质的熵变必定为零

B. 任一可逆过程熵变为零

C. 一杯开水放在空气中冷却,水的熵减少了,这违背熵增加原理

D. 气体向真空绝热自由膨胀,因为 $dQ=0$,所以气体的熵变为零

12.5.3 (知识点:熵)

设有以下一些过程,这些过程中,使系统的熵增加的过程是(　　)。

　　A. 两种不同气体在等温下互相混合　　B. 理想气体在定体下降温

　　C. 液体在等温下汽化　　　　　　　　D. 理想气体在等温下压缩

　　E. 理想气体绝热自由膨胀

12.5.4 （知识点：熵）

p-V 图如图 12.24 所示，下列过程中熵增加最多的过程是（ ）。

A. $A\rightarrow B$ 过程　　　　　　B. $A\rightarrow C$ 过程

C. $A\rightarrow D$ 过程　　　　　　D. 以上都不对

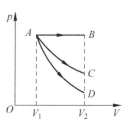

图 12.24

12.5.5 （知识点：熵）

1mol 理想气体在气缸中进行无限缓慢的等温膨胀，其体积由 V_1 变到 V_2，理想气体熵的增量 ΔS 为（ ）。

A. $\dfrac{1}{2}R\ln\dfrac{V_2}{V_1}$　　　　　　B. $\dfrac{3}{2}R\ln\dfrac{V_2}{V_1}$

C. $\dfrac{5}{2}R\ln\dfrac{V_2}{V_1}$　　　　　　D. $R\ln\dfrac{V_2}{V_1}$

Step 3　下面的题目需要一些技巧和综合能力，希望读者能坚持做完。

12.5.6 （知识点：温熵图）

如图 12.25 所示为在温熵图上画出的卡诺循环过程曲线，该曲线包围的面积的物理意义是（ ）。

A. 系统的内能变化　　　　　　B. 系统的净功

C. 系统的熵变化　　　　　　D. 系统的净热

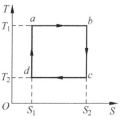

图 12.25

12.5.7 （知识点：温熵图）

如图 12.26 所示为在温熵图上画出的循环过程曲线，试比较左右两图的效率：（ ）。

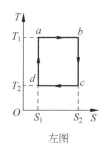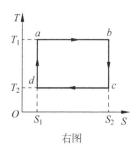

左图　　　　　　　　右图

图 12.26

A. $\eta_1=\eta_2$　　　B. $\eta_1>\eta_2$　　　C. $\eta_1<\eta_2$　　　D. 无法比较

12.5.8 （知识点：温熵图）

如图 12.27 所示为在温熵图上画出的循环过程曲线，试比较左右两图的效率：（ ）。

A. $\eta_1=\eta_2$　　　B. $\eta_1>\eta_2$　　　C. $\eta_1<\eta_2$　　　D. 无法比较

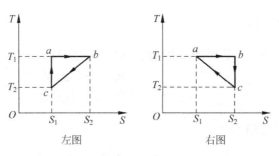

图　12.27

12.5.9　（知识点：温熵图）

如图 12.28 所示为在温熵图上画出的循环过程曲线,试比较左右两图的效率:（　　）。

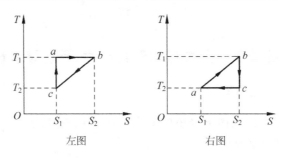

图　12.28

A. $\eta_1 = \eta_2$　　　　　　B. $\eta_1 > \eta_2$　　　　　　C. $\eta_1 < \eta_2$　　　　　　D. 无法比较

12.5.10　（知识点：温熵图）

温熵图如图 12.28 所示,下面说法正确的是（　　）。

A. 左图所示循环的效率是 $\eta = \dfrac{T_1 - T_2}{2T_2}$　　　　B. 右图所示循环的效率是 $\eta = \dfrac{T_1 - T_2}{T_1 + T_2}$

C. 左图的效率和右图的一样　　　　D. 无法比较

12.5.11　（知识点：温熵图）

在温熵图上画出的循环过程曲线如图所示,如下几个选项中,试问哪个过程的热机效率最大?（　　）

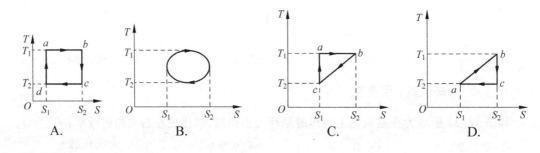

A.　　　　　　　　　B.　　　　　　　　　C.　　　　　　　　　D.

12.5.12　（知识点：温熵图）

接上题,试问哪个过程的热机效率最小？（　　）

答案及部分解答

12.1.1　A	12.1.2　B	12.1.3　BCD	12.1.4　B
12.1.5　C	12.1.6　B	12.1.7　B	12.1.8　A
12.1.9　BD	12.1.10　AD	12.1.11　B	12.1.12　B
12.1.13　E			

12.1.14　绝热,等温；吸收,放出；放出,吸收

12.1.15　0,0,0,不是

解答：该过程称为绝热自由膨胀过程

12.2.1　A	12.2.2　D	12.2.3　B	12.2.4　B
12.2.5　C	12.2.6　AD	12.2.7　AE	12.2.8　C
12.2.9　D	12.2.10　A	12.2.11　A	12.2.12　BE
12.2.13　D	12.2.14　D		
12.2.15　B			

解答：用绝热方程可以比较两个过程哪个过程的温度升高更高一些,哪个过程的做功更大一些。

12.2.16　B	12.2.17　B	12.2.18　B	12.2.19　E
12.2.20　D	12.2.21　B	12.2.22　B	

12.2.23　$\Delta E=0,A=4p_0V_0/3,Q=A=4p_0V_0/3$；该过程不是准静态等温过程,过程中既有吸热又有放热。

12.3.1　C	12.3.2　A	12.3.3　C	12.3.4　A
12.3.5　C	12.3.6　D	12.3.7　B	
12.3.8　B	12.3.9　C	12.3.10　Λ	12.3.11　B
12.3.12　C	12.3.13　A	12.3.14　C	
12.4.1　C			
12.4.2　D	12.4.3　C		

12.4.4　B　简答：A选项错,正确表达应为：热自动转换为功而不引起其他变化(也即系统和外界不发生变化)是不可能的。但是热转换为功是完全可以的,如等温膨胀过程,热量全部转换为功,此时系统体积增大,发生了变化,这一过程是可以实现的。C选项错误。海水温差发电技术是以海洋受太阳能加热的表层海水作高温热源,而以500～1000m深处的海水作低温热源,用热机组成的热力循环系统进行发电的技术。显然海洋热能用过后即可得到补充,所以并不违背热力学第二定律。D选项错误,一切热机的效率必定小于1,不能等于1。

12.4.5　C

12.4.6　C	12.4.7　B	12.4.8　F	12.4.9　D

12.4.10　C　　　　　12.4.11　$w=9$　　　12.4.12　$1-Q_3/Q_1$　　　12.4.13　40%

12.4.14　A

12.5.1　B　　　　　12.5.2　A

12.5.3　ACE　　　　12.5.4　A　　　　　12.5.5　D　　　　　　12.5.6　BD

12.5.7　A　　　　　12.5.8　A　　　　　12.5.9　C　　　　　　12.5.10　B

12.5.11　A　简答：卡诺循环效率最大

12.5.12　C

简答：D 的效率比 C 大，所以只需比较 B 和 C 循环的效率：

B 循环的净热＝椭圆面积＞三角形面积＝C 循环的净热

B 循环从高温热源吸取的热量＝半椭圆面积＋小矩形面积＜大矩形面积＝C 循环从高温热源吸取的热量

两项之比结果得出 C 的效率小。

试着计算这四个循环的效率，用 T_1、T_2、S_1、S_2 表示。

第 13 章

简 谐 振 动

13.1　简谐振动的描述

> 　　**阅读指南**：掌握简谐振动的定义、特点和规律；理解描述简谐振动的三个特征量振幅 A、频率 ω 和初相 φ_0 的意义，尤其是相位($\omega t + \varphi_0$)和初相 φ_0。
> 　　(1) 判断物体的运动是否为简谐振动：应用简谐振动的定义。
> 　　(2) 熟练掌握简谐振动的三种表示方法：解析法、振动曲线法和旋转矢量法。
> 　　(3) 简谐振动三个特征量的计算。

Step 1　查阅相关知识完成以下阅读题。

13.1.1　(知识点：简谐振动的特点)

在下列各位移-时间图中，哪个显示的是简谐振动？(　　)

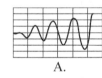 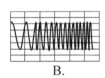 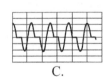 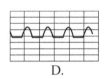

　A.　　　　　　　B.　　　　　　　C.　　　　　　　D.　　　　　E. 以上都不是

13.1.2　(知识点：振动曲线)

已知一弹簧振子作简谐振动时的位移-时间图如图 13.1 所示。试求图中在虚线所处的时刻，弹簧振子的速度和合力的方向。(　　)

　A. 速度为 $+x$ 方向，合力沿 $+x$ 方向

　B. 速度为 $-x$ 方向，合力沿 $-x$ 方向

　C. 速度为 $-x$ 方向，合力为零

　D. 速度为 0，合力为 $+x$ 方向

　E. 速度为 0，合力为 $-x$ 方向

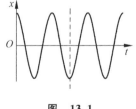

图　13.1

13.1.3　(知识点：振动曲线)

接上题，若已知该弹簧振子作简谐振动时的速度-时间图如图 13.2 所示，图中 A 处对应的时刻为 t_a，下列说法正确的是(　　)。

A. 此刻振子的速度方向与设定振子位移正方向相同

B. 下一时刻振子将远离质点的平衡位置

C. 振子的位置处于 O 和 $-a$ 之间

D. 在图中 B 处对应的时刻,振子位于平衡位置

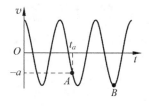

13.1.4 (知识点:振动周期)

一弹簧振子,弹簧的劲度系数为 k,重物的质量为 m,则此系统的固有振动周期为(　　)。

图 13.2

A. $T = 2\pi\sqrt{\dfrac{m}{k}}$　　　　B. $T = \sqrt{\dfrac{m}{k}}$　　　　C. $T = 2\pi\sqrt{\dfrac{k}{m}}$　　　　D. $T = \sqrt{\dfrac{k}{m}}$

Step 2　完成以上阅读题后,做以下练习。

13.1.5 (知识点:简谐振动)

一个物体作一维简谐振动。若其振幅增加一倍,则作用在该物体上的力的最大值(　　)。

A. 是原来的 1/4　　　　　　　　　B. 是原来的 1/2

C. 是原来的 4 倍　　　　　　　　D. 是原来的 2 倍

E. 和原来一样

13.1.6 (知识点:简谐振动)

一个物体作一维简谐振动。若其振幅和周期都增加一倍,则该物体的最大速度(　　)。

A. 是原来的 1/4　　　　　　　　　B. 是原来的 1/2

C. 是原来的 4 倍　　　　　　　　D. 是原来的 2 倍

E. 和原来一样

13.1.7 (知识点:简谐振动)

一个物体作一维简谐振动。若其振幅和周期都增加一倍,则该物体的最大加速度(　　)。

A. 是原来的 1/4　　　　　　　　　B. 是原来的 1/2

C. 是原来的 4 倍　　　　　　　　D. 是原来的 2 倍

E. 和原来一样

13.1.8 (知识点:串并联弹簧)

如图 13.3 所示,劲度系数为 k 的两根轻弹簧串联在一起,下面挂一质量为 m 的物体,则系统沿竖直方向振动的频率为(　　)。

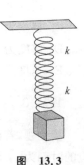

A. $\dfrac{1}{2\pi}\sqrt{\dfrac{k}{m}}$　　　　　　　　　B. $\dfrac{1}{2\pi}\sqrt{\dfrac{k}{2m}}$

C. $\dfrac{1}{2\pi}\sqrt{\dfrac{2k}{m}}$　　　　　　　　　D. $\dfrac{1}{2\pi}\sqrt{\dfrac{k}{4m}}$

图 13.3

13.1.9　（知识点：串并联弹簧）

如图 13.4 所示,劲度系数为 k 的两根轻弹簧并联在一起,下面挂一质量为 m 的物体,则系统沿竖直方向振动的频率为(　　)。

A. $\dfrac{1}{2\pi}\sqrt{\dfrac{k}{m}}$　　　　B. $\dfrac{1}{2\pi}\sqrt{\dfrac{k}{2m}}$　　　　C. $\dfrac{1}{2\pi}\sqrt{\dfrac{2k}{m}}$　　　　D. $\dfrac{1}{2\pi}\sqrt{\dfrac{k}{4m}}$

13.1.10　（知识点：串并联弹簧）

如图 13.5 所示,劲度系数为 k 的两根轻弹簧,与一质量为 m 的物块放置在一起,物块放在光滑的水平面上。今使物块在水平方向上产生一微小位移再放手让其振动,则物块的振动频率为(　　)。

A. $\dfrac{1}{2\pi}\sqrt{\dfrac{k}{m}}$　　　　B. $\dfrac{1}{2\pi}\sqrt{\dfrac{k}{2m}}$　　　　C. $\dfrac{1}{2\pi}\sqrt{\dfrac{2k}{m}}$　　　　D. $\dfrac{1}{2\pi}\sqrt{\dfrac{k}{4m}}$

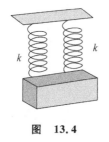

图　13.4

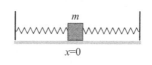

图　13.5

13.1.11　（知识点：串并联弹簧）

一质量为 m 的物体,挂在劲度系数为 k 的轻弹簧下面,振动角频率为 ω,若把此弹簧分割成二等份,将质量为 m 的物体挂在分割后的一根弹簧上,则振动角频率是(　　)。

A. 2ω　　　　　B. $\sqrt{2}\,\omega$　　　　　C. $\omega/\sqrt{2}$　　　　　D. $\omega/2$

Step 3　下面的题目需要一些技巧和综合能力,希望读者能坚持做完。

13.1.12　（知识点：简谐振动）

质量为 m、半径为 r 的均匀圆环挂在一光滑的钉子上,以钉子为轴在自身平面内作幅度很小的简谐振动,则周期可以写为(　　)。

A. $2\pi\sqrt{r/g}$　　　　B. $2\pi\sqrt{2r/g}$　　　　C. $2\pi\sqrt{3r/2g}$　　　　D. $2\pi\sqrt{3r/4g}$

13.1.13　（知识点：简谐振动）

一单摆作小幅度摆动(简谐振动),其角振幅 θ_m 很小,设 m 为摆球的质量,在摆球摆动过程中绳中张力最大值为(　　)。

A. $T_{max}=mg$

B. $T_{max}=mg\theta_m$

C. $T_{max}=mg(1+l^2\theta_m^2)$

D. $T_{max}=mg(1+\theta_m^2)$

13.1.14　（知识点：简谐振动）

质量为 10g 的物体作简谐振动，其振幅为 24cm，周期为 4.0s。当 $t=0$ 时，位移为 24cm，则该物体的振动方程是：_____；当 $t=0.5$s 时，该物体的速度是：_____；该物体所受力的大小和方向是：_____。

13.1.15　（知识点：简谐振动）

如图 13.6 所示，弹簧的一端固定在墙上，另一端连接质量为 M 的容器，容器可在光滑水平面上运动，当弹簧未变形时容器位于 O 点。今使容器自 O 点左端 l_0 处从静止开始运动，每经过 O 点一次时，从上方滴管中滴入一滴质量为 m 的油滴，下列说法正确的是（　　）。

A. 来回运动过程中弹簧、容器和油滴组成的系统机械能守恒

B. 滴油前后弹簧、容器和油滴组成的系统水平方向动量守恒

C. 弹簧和容器组成的系统振幅变小，周期变长

D. 弹簧和容器组成的系统振幅不变，周期变短

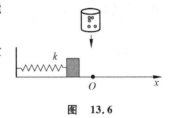

图　13.6

13.1.16　（知识点：简谐振动）

接上题，如图 13.6 所示，当滴到容器中有 n 滴油滴后，计算容器运动到与 O 点的最远距离。

13.1.17　（知识点：简谐振动）

接上题，如图 13.6 所示，若弹簧的劲度系数为 k，计算滴到容器中第 n 滴和第 $n+1$ 滴油滴的时间间隔。

13.2　简谐振动的旋转矢量表示法

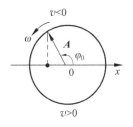

阅读指南：用旋转矢量法表示简谐振动时，旋转矢量与简谐振动的对应关系如下：

旋转矢量 A	简谐振动	符号或表达式
模或大小	振幅	A
角速度	角频率	ω
$t=0$ 时，A 与 x 轴夹角	初相	φ_0
旋转周期	振动周期	T
t 时刻，A 与 x 轴夹角	相位	$\omega t + \varphi_0$
A 在 x 轴上的投影	位移	$x = A\cos(\omega t + \varphi_0)$

Step 1　查阅相关知识完成以下阅读题。

13.2.1　（知识点：旋转矢量）

已知一简谐运动的振动方程是：$x = 3\cos(\omega t - \pi/4)$，则初始时刻旋转矢量图应是（　　　）。

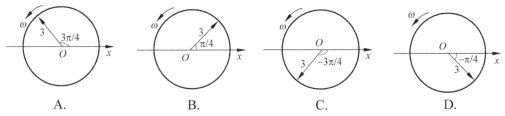

A.　　　　　　　B.　　　　　　　C.　　　　　　　D.

13.2.2　（知识点：旋转矢量）

一简谐运动的振动曲线如图 13.7 所示，则初始时刻的旋转矢量图是图中的哪一个？
（　　　）

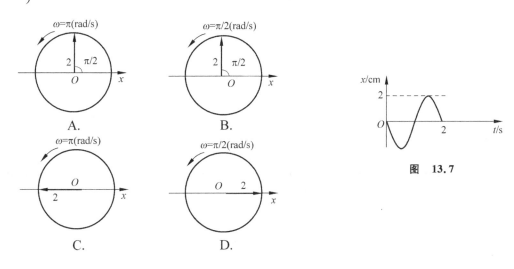

图　13.7

13.2.3 （知识点：旋转矢量）

接上题，其运动方程为（   ）。

A. $x=2\cos(\pi t+\pi/2)$ B. $x=2\cos(2\pi t+\pi/2)$

C. $x=2\cos(\pi t-\pi)$ D. $x=2\cos\pi t$

13.2.4 （知识点：振动初相）

一质量为 10g 的物体沿 x 轴作简谐振动，振幅 $A=20\text{cm}$，周期 $T=4\text{s}$，$t=0$ 时物体的位移为 -10cm 且向 x 轴负向运动。

该振子初始时刻的旋转矢量图可表示为（   ）。

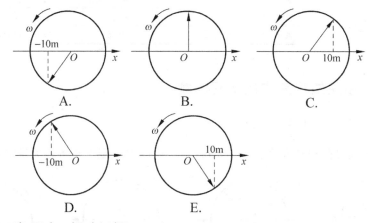

13.2.5 （知识点：振动初相）

接上题，该振子的初相（   ）。

A. $\varphi_0=-\pi/2$ B. $\varphi_0=\pi/3$ C. $\varphi_0=2\pi/3$ D. $\varphi_0=\pi/2$

13.2.6 （知识点：振动初相）

接上题，则该振子在 $t=1\text{s}$ 时刻的旋转矢量图应为（   ）。

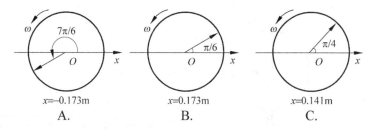

D. 以上都不对

13.2.7 （知识点：振动初相）

一质点作简谐振动，周期为 T。初始时刻，质点由平衡位置向 x 轴正方向运动，则第一次回到平衡位置这段路程所需要的时间为（   ）。

A. $T/2$ B. T C. $T/4$ D. $T/8$

13.2.8 （知识点：振动初相）

一质点作简谐振动,周期为 T。质点由平衡位置向 x 轴正方向运动时,由平衡位置到 1/2 最大位移这段路程所需要的最短时间为(   )。

A. $T/12$ B. $T/6$ C. $T/4$ D. $T/8$

13.2.9 （知识点：振动初相）

一质点在 x 轴上作简谐振动,振幅 $A=4\text{cm}$,周期 $T=2\text{s}$,其平衡位置取作坐标原点。设 $t=0$ 时刻,质点在 $x=-2\text{cm}$ 处,且向 x 轴负方向运动,则质点第一次回到 $x=-2\text{cm}$ 处的时刻为(   )。

A. 1s B. $\dfrac{2}{3}\text{s}$ C. $\dfrac{4}{3}\text{s}$ D. 2s

13.2.10 （知识点：振动初相）

一质点沿 x 轴作简谐振动,振动方程为 $x=4.0\times10^{-2}\cos\left(2\pi t+\dfrac{\pi}{3}\right)(\text{SI})$,质点从 $t=0$ 时刻起,到位置在 $x=-2\text{cm}$ 处,且向 x 轴正方向运动的最短时间间隔为(   )。

A. $\dfrac{1}{8}\text{s}$ B. $\dfrac{1}{4}\text{s}$ C. $\dfrac{1}{6}\text{s}$

D. $\dfrac{1}{3}\text{s}$ E. $\dfrac{1}{2}\text{s}$

13.2.11 （知识点：单摆初相）

作简谐运动的单摆如图 13.8 所示,若以图示运动状态为计时起点,且角位移以向右方向为正,则单摆的初相为(   )。

A. θ_{m} B. 0   C. π
D. $\pi/2$ E. $3\pi/2$

13.2.12 （知识点：单摆初相）

作简谐运动的单摆如图 13.9 所示,若以图示运动状态为计时起点,且角位移以向右方向为正,则单摆的初相为(   )。

A. θ_{m} B. 0   C. π
D. $3\pi/2$ E. $\pi/2$

图 13.8

图 13.9

206

13.2.13 （知识点：单摆初相）

作简谐运动的单摆如图 13.10 所示，若以左图为计时起点，且角位移以向右方向为正，问单摆的初相和第一次达到右图所示状态的相位各为何值？（　　）

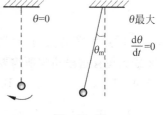

图　13.10

A. $\varphi=0,\omega t+\varphi=\pi/2$　　　　B. $\varphi=0,\omega t+\varphi=\pi$

C. $\varphi=\pi/2,\omega t+\varphi=\pi$　　　D. $\varphi=\pi/2,\omega t+\varphi=3\pi/2$

E. $\varphi=0,\omega t+\varphi=\theta_m$

Step 3　下面的题目需要一些技巧和综合能力，希望读者能坚持做完。

13.2.14 （知识点：振动方程）

两个质点各自作同方向的简谐振动，它们的振幅相同、周期相同。第一个质点的振动方程为 $x_1=A\cos(\omega t+\alpha)$，当第一个质点正在最大正位移处时，第二个质点从相对于其平衡位置的正位移处回到平衡位置，则第二个质点的运动方程为（　　）。

A. $x_2=A\cos(\omega t+\alpha+\pi/2)$　　　　B. $x_2=A\cos(\omega t+\alpha-\pi/2)$

C. $x_2=A\cos(\omega t+\alpha)$　　　　D. $x_2=A\cos(\omega t+\alpha-\pi)$

13.2.15 （知识点：振动方程）

如图 13.11 所示为简谐运动的**速度-时间（v-t）曲线**，该简谐运动的位移初相（　　）。

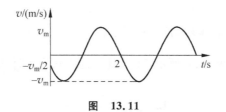

图　13.11

A. $\varphi=5\pi/6$　　　B. $\varphi=\pi/6$　　　C. $\varphi=\pi/3$　　　D. $\varphi=4\pi/3$

E. $\varphi=2\pi/3$　　　F. $\varphi=7\pi/6$　　　G. $\varphi=11\pi/6$

13.2.16 （知识点：振动方程）

接上题，该简谐运动的角频率（　　）。

A. $\omega=\pi/3$　　　B. $\omega=\pi/12$　　　C. $\omega=5\pi/6$　　　D. $\omega=\pi/4$

E. $\omega=11\pi/12$　　　F. $\omega=\pi/6$

13.2.17 （知识点：振动方程）

接上题，该简谐运动的运动方程为（　　）。

A. $x=-\dfrac{v_m}{2\pi}\cos\left(\pi t+\dfrac{\pi}{6}\right)$　　　　B. $x=-\dfrac{v_m}{2}\cos\left(\dfrac{11}{12}\pi t+\dfrac{\pi}{6}\right)$

C. $x=\dfrac{12v_m}{11\pi}\cos\left(\dfrac{11}{12}\pi t+\dfrac{\pi}{6}\right)$　　　D. $x=\dfrac{v_m}{2\pi}\cos\left(\dfrac{11}{12}\pi t-\dfrac{\pi}{6}\right)$

13.3　简谐振动的能量

> 阅读指南：
> (1) 简谐振动系统的总能量守恒，与振幅 A 的平方成正比。
> (2) 动能和势能相互转化，是时间的周期函数。

Step 1　查阅相关知识完成以下阅读题。

13.3.1　（知识点：简谐振动的能量）

弹簧振子沿 x 轴作振幅为 A 的简谐振动，当其位移为振幅的一半时，此振动系统的动能占总能量的（　　）。

A. 15％　　　　　B. 25％　　　　　C. 65％　　　　　D. 75％

13.3.2　（知识点：简谐振动的能量）

弹簧振子沿 x 轴作振幅为 A 的简谐振动，当其位移为振幅的一半时，此振动系统的势能占总能量的（　　）。

A. 15％　　　　　B. 25％　　　　　C. 65％　　　　　D. 75％

Step 2　完成以上阅读题后，做以下练习。

13.3.3　（知识点：简谐振动的能量）

弹簧振子沿 x 轴作振幅为 A 的简谐振动，其动能和势能相等的位置是（　　）。

A. $x=0$　　　　　B. $x=\pm\dfrac{1}{2}A$　　　　　C. $x=\pm\dfrac{\sqrt{2}}{2}A$　　　　　D. $x=\pm\dfrac{\sqrt{3}}{2}A$

13.3.4　（知识点：简谐振动的能量）

一系统作简谐振动，周期为 T，以余弦函数表达振动时，初相为零。在 $0\leqslant t\leqslant T/2$ 范围内，系统的动能和势能相等的时刻是（　　）。

A. $T/2$　　　　　B. $T/3$　　　　　C. $T/4$　　　　　D. $T/8$

13.3.5　（知识点：简谐振动的能量）

三个质量相同的弹簧振子作简谐运动时其动能 E_k 与位移 x 的关系如图 13.12 所示。试比较三者总能量（动能与弹性势能之和）的大小。（　　）

A. $A>B>C$　　　　　　　　B. $A<B<C$　　　　　　　　C. $A=B=C$

D. $A>B=C$　　　　　　　　E. $A<B=C$

13.3.6 （知识点：简谐振动的能量）

三个质量相同的弹簧振子作简谐运动时其动能 E_k 与位移 x 的关系如图 13.12 所示。试比较三者频率大小。（　　）

A. $A>B>C$ 　　　　　B. $A<B<C$ 　　　　　C. $A=B=C$

D. $A>B=C$ 　　　　　E. $A<B=C$

13.3.7 （知识点：简谐振动的能量）

接上题，如图 13.13 所示，如果其最大动能为 32J，振子质量为 1kg，则该弹簧振子的角频率是多少？（　　）

A. 32rad/s 　　　　　B. 8rad/s 　　　　　C. 4rad/s

D. 2rad/s 　　　　　E. 1rad/s

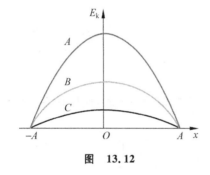

图　13.12

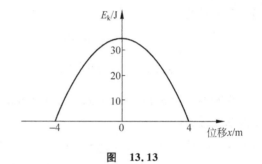

图　13.13

13.3.8 （知识点：用能量法解简谐振动问题）

如图 13.14 所示，质量为 m、长度为 L 的均匀细杆，挂在无摩擦的固定轴 O 上。杆的中点 C 与端点 A 分别用劲度系数为 k_1 和 k_2 的两个轻弹簧水平地系于固定端的墙上。杆在铅直位置时，两弹簧无变形，试问以杆、弹簧、地球为系统，机械能是否守恒？试写出机械能表达式。设杆偏离平衡位置的角位移 θ 以向右方向为正。

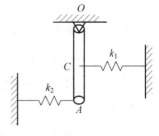

图　13.14

13.3.9 （知识点：用能量法解简谐振动问题）

接上题，计算细杆作微小摆动的周期。

13.4　振动的合成

阅读指南：掌握两个同方向同频率简谐振动的合成；理解同方向不同频率简谐振动的合成；理解两个互相垂直同频率简谐振动的合成；理解两个互相垂直不同频率简谐振动的合成。

（1）两个同方向同频率简谐振动合成的规律：两个简谐振动同相，合振幅最大；两个简谐振动反相，合振幅最小。

（2）两个同方向不同频率简谐振动的合成，两个简谐振动频率相近形成拍现象。

（3）两相互垂直同频率简谐振动的合成，其振动轨迹为椭圆、直线或圆。其形状取决于振幅和相位差。

Step2　查阅相关知识完成以下阅读题。

13.4.1　（知识点：同方向同频率振动的合成）

两个沿同一直线且具有相同振幅 A 和周期 T 的简谐振动合成，若这两个振动同相，则合成后的振动振幅为（　　）。

A. $2A$　　　　　　B. 0　　　　　　C. $4A$　　　　　　D. 以上都不对

13.4.2　（知识点：同方向同频率振动的合成）

两个同方向的简谐运动曲线如图 13.15 所示，合振动的振动方程为（　　）。

A. $(A_1+A_2)\cos\left(\dfrac{2\pi}{T}t-\dfrac{\pi}{2}\right)$

B. $(A_2-A_1)\cos\left(\dfrac{2\pi}{T}t-\dfrac{\pi}{2}\right)$

C. $(A_2-A_1)\cos\left(\dfrac{2\pi}{T}t+\dfrac{\pi}{2}\right)$

D. $(A_2+A_1)\cos\left(\dfrac{2\pi}{T}t+\dfrac{\pi}{2}\right)$

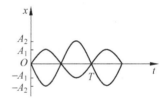

图　13.15

13.4.3　（知识点：同方向同频率振动的合成）

一个质点同时参与两个在同一直线上的简谐振动，其表达式分别为：$x_1=4\times10^{-2}\cos\left(2t+\dfrac{\pi}{6}\right)$(SI)，$x_2=3\times10^{-2}\cos\left(2t-\dfrac{5\pi}{6}\right)$(SI)，则其合成振动的振幅和初相分别为（　　）。

A. 1×10^{-2}m，$\pi/6$　　　　　　　　B. 7×10^{-2}m，$\pi/6$

C. 7×10^{-2}m，$5\pi/6$　　　　　　　　D. 1×10^{-2}m，$5\pi/6$

* 13.4.4 （知识点：垂直方向同频率振动的合成）

两相互垂直同频率简谐振动的合成，其振动轨迹为一椭圆。若我们观察到质点在 x-y 平面运动的轨迹为右旋椭圆，已知质点的坐标满足 $x=A_x\cos(\omega t+\varphi_x)$，$y=A_y\cos(\omega t+\varphi_y)$，则以下哪个选项是最恰当的？（　　）

A. $\sin(\varphi_x-\varphi_y)>0$ B. $\sin(\varphi_x-\varphi_y)<0$

C. $\varphi_x-\varphi_y>0$ D. $\varphi_x-\varphi_y<0$

* 13.4.5 （知识点：垂直方向同频率振动的合成）

图 13.16 中椭圆是两个互相垂直的同频率简谐振动合成的图形，已知 x 方向的振动方程为 $x=6\cos\left(\omega t+\frac{1}{2}\pi\right)$，动点在椭圆上沿顺时针方向运动，则 y 方向的振动方程应为（　　）。

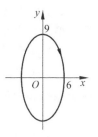

图　13.16

A. $y=9\cos\left(\omega t+\frac{1}{2}\pi\right)$ B. $y=9\cos\left(\omega t-\frac{1}{2}\pi\right)$

C. $y=9\cos\omega t$ D. $y=9\cos(\omega t+\pi)$

答案及部分解答

13.1.1　E	13.1.2　D	13.1.3　D	13.1.4　A
13.1.5　D	13.1.6　E	13.1.7　B	13.1.8　B
13.1.9　C	13.1.10　C	13.1.11　B	13.1.12　B

13.1.13　D

解答：绳中张力 $T-mg=ma_n=ml(d\theta/dt)^2$，单摆作小幅度摆动（简谐振动）：$\theta=\theta_m\cos(\omega t+\varphi_0)$，所以 $d\theta/dt=-\theta_m\omega\sin(\omega t+\varphi_0)$。对于单摆：$\omega^2=g/l$，最大值：$T_{max}=mg+ml(d\theta/dt)^2=mg+ml\theta_m^2\omega^2=mg(1+\theta_m^2)$。

13.1.14　$x=24\cos\dfrac{\pi t}{2}$cm；$v=-6\sqrt{2}\pi$cm/s；4.19×10^{-3}N，沿 x 轴负方向

13.1.15　BC   13.1.16　$l_0\sqrt{\dfrac{M}{M+mn}}$ 13.1.17　$\pi\sqrt{\dfrac{M+mn}{k}}$

简答：弹簧、容器和油滴所组成的系统在水平方向上动量守恒。$Mv_0=(M+m)v_1$，其中 v_0 和 v_1 分别为容器滴入第 1 滴油滴前和后的速度；当第 n 滴油滴滴入的瞬间，有 $[M+(n-1)m]v_{n-1}=(M+nm)v_n$，因而，$Mv_0=(M+nm)v_n$。

$\dfrac{1}{2}Mv_0^2=\dfrac{1}{2}kl_0^2$，设滴入第 n 滴油滴后，系统振动的振幅变为 l_n，$\dfrac{1}{2}(M+nm)v_n^2=\dfrac{1}{2}kl_n^2$，

$l_n=\sqrt{\dfrac{M}{M+nm}}l_0$，滴入第 n 滴后，系统的振动周期变为 $T_n=2\pi\sqrt{\dfrac{M+nm}{k}}$，容器中第 n 滴和第 $n+1$ 滴油滴的时间间隔为 $\Delta t_n=\dfrac{1}{2}T_n=\pi\sqrt{\dfrac{M+nm}{k}}$。

13.2.1　D	13.2.2　A	13.2.3　A	13.2.4　D

13.2.5　C　　　　　　13.2.6　A　　　　　　13.2.7　A　　　　　　13.2.8　A

13.2.9　B　　　　　　13.2.10　E　　　　　13.2.11　B　　　　　13.2.12　E

13.2.13　C　　　　　13.2.14　A

13.2.15　B。提示：由图知，初始时刻，初速度为 $-v_{\mathrm{m}}/2$，根据 $v=-v_{\mathrm{m}}\sin(\omega t+\varphi)$，所以初相 φ 的正弦值 $\sin\varphi=1/2$，而振子下一个时刻速率增大，所以可以判断振子将向着平衡位置运动。利用旋转矢量图便可知该振动的位移初相值为 $\pi/6$。

13.2.16　E　　　　　　13.2.17　C

13.3.1　D　　　　　　13.3.2　B

13.3.3　C　　　　　　13.3.4　D　　　　　　13.3.5　A　　　　　　13.3.6　A

13.3.7　D

13.3.8　以杆、弹簧、地球为系统，机械能守恒。

$$E=\frac{1}{2}\times\frac{1}{3}ml^2\times\left(\frac{\mathrm{d}\theta}{\mathrm{d}t}\right)^2+\frac{1}{2}k_1\left(\frac{l}{2}\theta\right)^2+\frac{1}{2}k_2(l\theta)^2+mg\times\frac{l}{2}(1-\cos\theta)$$

13.3.9　$T=2\pi\left[\dfrac{4ml}{3(k_1l+4k_2l+2mg)}\right]^{1/2}$

解答：机械能守恒为一常数，所以对时间求导为零：

$$\frac{\mathrm{d}E}{\mathrm{d}t}=\frac{1}{3}ml^2\times\left(\frac{\mathrm{d}\theta}{\mathrm{d}t}\right)\times\frac{\mathrm{d}^2\theta}{\mathrm{d}t^2}+k_1\left(\frac{l^2}{4}\theta\right)\times\left(\frac{\mathrm{d}\theta}{\mathrm{d}t}\right)+k_2(l^2\theta)\times\left(\frac{\mathrm{d}\theta}{\mathrm{d}t}\right)+\frac{l}{2}mg\sin\theta\times\left(\frac{\mathrm{d}\theta}{\mathrm{d}t}\right)=0$$

约去 $\dfrac{\mathrm{d}\theta}{\mathrm{d}t}$，$\sin\theta=\theta$，并化简得

$$\frac{1}{3}ml^2\frac{\mathrm{d}^2\theta}{\mathrm{d}t^2}+\left(\frac{l^2}{4}k_1+k_2l^2+\frac{l}{2}mg\right)\theta=0$$

对比简谐振动方程：

$$\omega^2=\frac{\left(\dfrac{l^2}{4}k_1+k_2l^2+mg\dfrac{l}{2}\right)}{\dfrac{1}{3}ml^2},\quad T=2\pi\left[\frac{4ml}{3(k_1l+4k_2l+2mg)}\right]^{1/2}$$

13.4.1　A　　　　　　13.4.2　C　　　　　　13.4.3　A

13.4.4　B

简答：考虑最简单的情况，y 方向的振动相位要大于 x 方向相位 $\pi/2$ 才为右旋椭圆。注意 B 选项是 x 的相位减 y 的相位的正弦，所以 B 选项正确。因为 y 方向的振动相位小于 x 方向相位 $3\pi/2$ 也是右旋椭圆，即 $x-y=3\pi/2$ 也是正确的，所以 C 选项和 D 选项都不恰当。该题最恰当的选项是 B。

13.4.5　D

第14章

波 动

14.1 波 的 传 播

阅读指南：

(1) 了解机械波的产生条件和传播特点。

(2) 掌握描述波动的物理量(波长 λ、周期 T、频率 ν、波速 u)的定义、物理意义及其关系。

(3) 了解波动的几何描述(波阵面、波射线、波前)。

(4) 重点掌握平面简谐波的波函数的建立及其物理意义。

Step 1 查阅相关知识完成以下阅读题。

14.1.1 (知识点：波的传播概念)

设在一个安静的扬声器前有一粒灰尘,如图14.1所示。打开扬声器开关,发出一固定频率的音调。当打开开关后灰尘可能的运动模式是( )。

A. 灰尘将上下运动   B. 灰尘将被推开

C. 灰尘将左右移动   D. 灰尘不动

E. 灰尘作圆周运动

14.1.2 (知识点：波的传播概念)

设在水面上有一浮块,如图14.2所示。假设该水面波的频率和振幅恒定,水面波的传播方向向右,则浮块可能的运动模式是( )。

A. 浮块将上下运动   B. 浮块将随水波向右

C. 浮块将左右移动   D. 浮块不动

E. 浮块近似作圆周运动

扬声器 灰尘

图 14.1

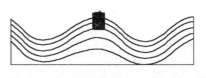

图 14.2

Step 2 完成以上阅读题后,做以下练习。

14.1.3 (知识点:横波与纵波)

描述一弹性绳波(横波)的波函数在 t 时刻的波形曲线如图 14.3 所示,则该绳波此时的波峰或波谷位置在( )。

A. a 点 　　　　B. b 点

C. c 点 　　　　D. a、c 点

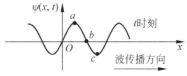

图 14.3

14.1.4 (知识点:横波与纵波)

描述一弹簧的纵波的波函数在 t 时刻的波形曲线如图 14.3 所示,则该纵波此时的稠密或稀疏中心位置在( )。

A. a 点 　　　　B. b 点 　　　　C. c 点 　　　　D. a、c 点

14.1.5 (知识点:波的表达式)

已知一平面简谐波的波函数为 $y = A\cos(at - bx)$,其中 a、b 为正值,则下列选项正确的是( )。

A. 波的频率为 a 　　　　　　　　B. 波的传播速度为 b/a

C. 波长为 π/b 　　　　　　　　D. 波的周期为 $2\pi/a$

14.1.6 (知识点:波的表达式)

一平面简谐波沿 x 轴正方向传播,已知其波函数为 $y = 0.04\cos\pi(50t - 0.10x)$ m,则质点振动的最大速度是( )。

A. 6m/s 　　　　　　　B. 4πm/s 　　　　　　　C. 2πm/s

D. 10m/s 　　　　　　　E. 500m/s

14.1.7 (知识点:相位差)

一平面简谐波在某时刻的波形如图 14.4 所示,则波长为( )。

A. 9m 　　　　　B. 12m 　　　　　C. 36m 　　　　　D. 18m

14.1.8 (知识点:相位差)

一平面简谐波在某时刻的波形如图 14.5 所示,则波长为( )。

A. 24m 　　　　　B. 12m 　　　　　C. 16.8m 　　　　　D. 15m

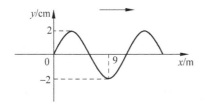

图 14.4

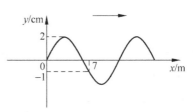

图 14.5

14.1.9 （知识点：相位差）

一平面简谐波在某时刻的波形如图 14.6 所示，则波长为（　　）。

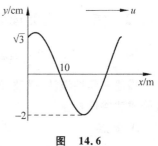

A. 24m　　　　　　B. 12m

C. 30m　　　　　　D. 15m

图　14.6

14.1.10 （知识点：相位差）

设有一脉冲波在弦上以波速 u 向右传播，某一时刻的波形如图 14.7 所示。试问下面哪一个图表达了 P 点的振动位移与时间的关系曲线？（　　）

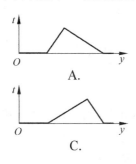

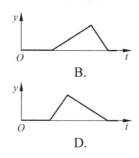

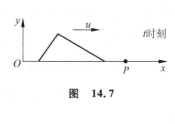

A.　　　　　　B.

C.　　　　　　D.

图　14.7

14.1.11 （知识点：相位差）

设一脉冲波在弦上向 x 正方向传播。$t=0$ 时刻的波形图如图 14.8 所示。试问下面哪一个图表达了自 $t=0$ 时刻起 P 点的振动位移与时间的关系曲线？（　　）

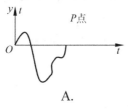

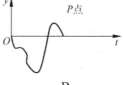

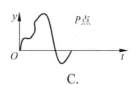

A.　　　　　　B.

C.　　　　　　D.

图　14.8

14.2　平面简谐波的波函数

阅读指南：各质点的振动状态的差别仅在于，后开始振动的质点比先开始振动的质点在步调上落后一段时间。若原点 O 的位移为 $y_0(t)=A\cos(\omega t+\varphi_0)$，则波线上任一点 P 的位移即为 $y_P(t)=A\cos\left[\omega\left(t-\dfrac{x}{u}\right)+\varphi_0\right]$，熟悉以下几种情形：

（1）已知质点的简谐振动方程，建立简谐波的波函数；

（2）已知某时刻的波形曲线，建立简谐波的波函数；

（3）已知波线上任意两点的振动状态信息，建立简谐波的波函数。

Step 2 查阅相关知识后，做以下练习。

14.2.1 （知识点：波函数）

如图 14.9 所示，有一平面简谐波，波速为 u。已知在传播方向上某点 P 的振动方程为 $y=A\cos(\omega t+\varphi)$，若 P 点为坐标原点，波沿 x 轴正方向传播，则波函数为（ ）。

A. $y=A\cos\left[\omega\left(t-\dfrac{x}{u}\right)+\varphi\right]$

B. $y=A\cos\left[\omega\left(t+\dfrac{x}{u}\right)+\varphi\right]$

C. $y=A\cos\left(\omega t+\dfrac{x}{u}+\varphi\right)$

D. $y=A\cos\left(\omega t-\dfrac{x}{u}+\varphi\right)$

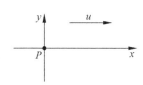

图 14.9

14.2.2 （知识点：波函数）

如图 14.10 所示，有一平面简谐波，波速为 u，已知在传播方向上某点 P 的振动方程为 $y=A\cos(\omega t+\varphi)$，若 P 点与坐标原点的距离为 l，波沿 x 轴正方向传播，则波函数为（ ）。

A. $y=A\cos\left[\omega\left(t-\dfrac{x-l}{u}\right)+\varphi\right]$

B. $y=A\cos\left[\omega\left(t+\dfrac{x-l}{u}\right)+\varphi\right]$

C. $y=A\cos\left[\omega\left(t-\dfrac{x+l}{u}\right)+\varphi\right]$

D. $y=A\cos\left[\omega\left(t+\dfrac{x+l}{u}\right)+\varphi\right]$

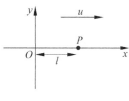

图 14.10

14.2.3 （知识点：波函数）

如图 14.11 所示，有一平面简谐波，波速为 u。已知在传播方向上某点 P 的振动方程为 $y=A\cos(\omega t+\varphi)$，若 P 点为坐标原点，波沿 x 轴负方向传播，则波函数为（ ）。

A. $y=A\cos\left[\omega\left(t-\dfrac{x}{u}\right)+\varphi\right]$

B. $y=A\cos\left[\omega\left(t+\dfrac{x}{u}\right)+\varphi\right]$

C. $y=A\cos\left(\omega t+\dfrac{x}{u}+\varphi\right)$

D. $y=A\cos\left(\omega t-\dfrac{x}{u}+\varphi\right)$

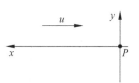

图 14.11

14.2.4　（知识点：波函数）

如图 14.12 所示,有一平面简谐波,波速为 u,已知在传播方向上某点 P 的振动方程为 $y=A\cos(\omega t+\varphi)$,若 P 点与坐标原点的距离为 l,波沿 x 轴负方向传播,则波函数为（　　）。

A. $y=A\cos\left[\omega\left(t-\dfrac{x-l}{u}\right)+\varphi\right]$　　　　　B. $y=A\cos\left[\omega\left(t+\dfrac{x-l}{u}\right)+\varphi\right]$

C. $y=A\cos\left[\omega\left(t-\dfrac{x+l}{u}\right)+\varphi\right]$　　　　　D. $y=A\cos\left[\omega\left(t+\dfrac{x+l}{u}\right)+\varphi\right]$

14.2.5　（知识点：波函数）

一平面简谐波以速度 u 沿 x 轴正方向传播,在 $t=0$ 时波形曲线如图 14.13 所示,则坐标原点 O 的初相为（　　）。

A. $3\pi/2$　　　　　　B. π　　　　　　C. 0　　　　　　D. $\pi/2$

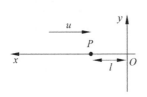

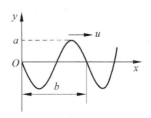

图　14.12　　　　　　　　　　　　　　　　　图　14.13

14.2.6　（知识点：波函数）

接上题,坐标原点 O 的振动方程为（　　）。

A. $y=a\cos\left(\dfrac{\pi b}{u}t+\dfrac{3\pi}{2}\right)$　　　　　　B. $y=a\cos\left(\dfrac{\pi u}{b}t+\pi\right)$

C. $y=a\cos\left(\dfrac{2\pi u}{b}t+\dfrac{\pi}{2}\right)$　　　　　　D. $y=a\cos\left(\dfrac{2\pi u}{b}t+\dfrac{3\pi}{2}\right)$

14.2.7　（知识点：波函数）

接上题,该简谐波的波函数应为（　　）。

A. $y=a\cos\left[\dfrac{\pi b}{u}\left(t-\dfrac{x}{u}\right)+\dfrac{3\pi}{2}\right]$　　　　　B. $y=a\cos\left[\dfrac{\pi u}{b}\left(t+\dfrac{x}{u}\right)+\pi\right]$

C. $y=a\cos\left(\dfrac{2\pi u}{b}t-\dfrac{2\pi x}{b}+\dfrac{\pi}{2}\right)$　　　　　D. $y=a\cos\left(\dfrac{2\pi u}{b}t-\dfrac{2\pi x}{b}+\dfrac{3\pi}{2}\right)$

14.2.8　（知识点：波函数）

一平面简谐波以速度 u 沿 x 轴正向传播,在 $t=t'$ 时刻的波形图如图 14.14 所示,则坐标原点 O 的振动方程为（　　）。

A. $y=a\cos\left[\dfrac{2\pi u}{b}(t-t')+\dfrac{\pi}{2}\right]$

B. $y=a\cos\left[\dfrac{2\pi u}{b}(t-t')-\dfrac{\pi}{2}\right]$

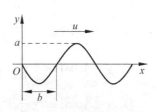

图　14.14

C. $y=a\cos\left[\dfrac{\pi u}{b}(t+t')+\dfrac{\pi}{2}\right]$ D. $y=a\cos\left[\dfrac{\pi u}{b}(t-t')-\dfrac{\pi}{2}\right]$

14.2.9 （知识点：波函数）

接上题，若 $t'=T/4$，则波函数可写为（　　）。

A. $y=a\cos\left[\dfrac{2\pi u}{b}\left(t-\dfrac{x}{u}\right)-\pi\right]$ B. $y=a\cos\left[\dfrac{2\pi u}{b}\left(t+\dfrac{x}{u}\right)-\dfrac{\pi}{2}\right]$

C. $y=a\cos\left[\dfrac{\pi u}{b}\left(t-\dfrac{x}{u}\right)-\pi\right]$ D. $y=a\cos\left[\dfrac{\pi u}{b}\left(t+\dfrac{x}{u}\right)-\dfrac{\pi}{2}\right]$

14.2.10 （知识点：波函数）

一平面简谐波沿 Ox 轴正方向传播，$t=0$ 时刻，波形图如图 14.15 所示，则坐标原点 O 的振动方程为（　　）。

A. $y_0=0.1\cos\left(4\pi t+\dfrac{\pi}{2}\right)$ B. $y_0=0.1\cos\left(4\pi t-\dfrac{\pi}{2}\right)$

C. $y_0=0.1\cos\left(2\pi t+\dfrac{\pi}{2}\right)$ D. $y_0=0.1\cos\left(2\pi t-\dfrac{\pi}{2}\right)$

14.2.11 （知识点：波函数）

一平面简谐波沿 Ox 轴正方向传播，$t=0$ 时刻，波形图如图 14.16 所示，则 P 点处介质质点的振动方程是（　　）。

A. $y_P=0.1\cos\left(4\pi t+\dfrac{2\pi}{3}\right)$ B. $y_P=0.1\cos\left(4\pi t+\dfrac{\pi}{3}\right)$

C. $y_P=0.1\cos\left(4\pi t+\dfrac{\pi}{6}\right)$ D. $y_P=0.1\cos\left(4\pi t-\dfrac{\pi}{3}\right)$

E. $y_P=0.1\cos\left(4\pi t-\dfrac{\pi}{6}\right)$

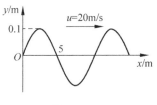

图 14.15　　　　　　　　图 14.16

Step 3　下面的题目需要一些技巧和综合能力，希望读者能坚持做完。

14.2.12 （知识点：波动方程）

一平面简谐波沿 x 轴正向传播，设该波波长 $\lambda>0.1\text{m}$，当 $t=1\text{s}$ 时，$x=0.1\text{m}$ 处 a 质点的振动状态为 $y_a=0$，$\left(\dfrac{\mathrm{d}y}{\mathrm{d}t}\right)_a<0$，此时 a 点的相位为（　　）。

A. $\dfrac{3\pi}{2}$ B. $-\pi$ C. 0 D. $\dfrac{\pi}{2}$

218

14.2.13 （知识点：波动方程）

接上题,设该波波长 $\lambda>0.1\text{m}$,振幅 $A=0.1\text{m}$,当 $t=1\text{s}$ 时,$x=0.2\text{m}$ 处 b 质点的振动状态为 $y_b=0.05\text{m}$,$\left(\dfrac{\text{d}y}{\text{d}t}\right)_b>0$,此时 b 点的相位为（　　）。

A. $\dfrac{\pi}{3}$　　　　　　　　　　B. $-\dfrac{\pi}{3}$　　　　　　　　　　C. π

D. 0　　　　　　　　　　E. $\dfrac{\pi}{2}$

14.2.14 （知识点：波动方程）

接上两题,该波沿 x 轴正向传播,振幅 $A=0.1\text{m}$,$\omega=7\pi\text{rad/s}$,该波的表达式为（　　）。

A. $y_0=0.1\cos\left(7\pi t-\dfrac{\pi}{0.12}x-\dfrac{19\pi}{3}\right)\text{m}$　　　　B. $y_0=0.1\cos\left(7\pi t-\dfrac{\pi}{0.12}x-\dfrac{3\pi}{2}\right)\text{m}$

C. $y_0=0.1\cos\left(7\pi t-\dfrac{\pi}{0.12}x+\dfrac{\pi}{3}\right)\text{m}$　　　　D. 以上都不对

14.2.15 （知识点：波函数）

如图 14.17 所示为一平面简谐波在 $t=0$ 时刻的波形图,设此简谐波的频率为 250Hz,且此时质点 P 的运动方向向下,则该波的表达式为_____。

14.2.16 （知识点：波函数）

某质点作简谐振动,周期为 2s,振幅为 0.06m,$t=0$ 时刻,质点恰好处在负向最大位移处,若此振动以波速 $u=2\text{m/s}$ 沿 x 轴正方向传播,以该质点振动的平衡位置为坐标原点,则形成的一维简谐波的波动表达式为_____。

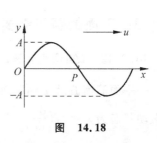

图　14.17

14.2.17 （知识点：波函数）

一简谐波沿 Ox 轴正方向传播,$t=0$ 时刻波形曲线如图 14.18 所示,已知周期为 2s,则 P 点处质点的振动速度 v 与时间 t 的关系曲线为（　　）。

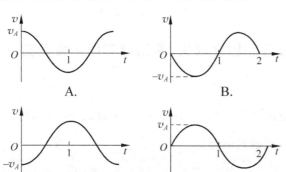

图　14.18

14.3 简谐波的能量

> **阅读指南**:对比振动系统的能量特点,掌握波动的能量传播特性,掌握简谐波的动能、势能和总能量随时间变化的特点:
>
> (1) 在行波的传播过程中,体积元的总能量不守恒,而是随时间 t 作周期性变化;
>
> (2) 体积元的动能和势能的时间关系相同,同相且大小相同;
>
> (3) 了解能流密度的定义以及与之有关的因素,理解球面波的振幅随离开波源距离的变化关系。

Step 2 查阅相关知识后,做以下练习。

14.3.1 (知识点:波速)

如图 14.19 所示,两根线密度分别为 50g/m 和 18g/m 的绳子,两者在中间连接,另两头固定在两面墙上,作用于绳子上的张力为 1000N,若一机械波动沿绳子传播,问该波在两绳子上的波速比值是多少?(   )

A. $u_1/u_2=9/25$ B. $u_1/u_2=3/5$

C. $u_1/u_2=5/3$ D. $u_1/u_2=25/9$

E. $u_1/u_2=1$

图 14.19

14.3.2 (知识点:波速)

如图 14.19 所示,两根线密度分别为 50g/m 和 18g/m 的绳子,两者在中间连接,另两头固定在两面墙上,作用于绳子上的张力为 1000N,若一机械波动沿绳子传播,问该波在两绳子上的频率比值是多少?(   )

A. $v_1/v_2=9/25$ B. $v_1/v_2=3/5$

C. $v_1/v_2=5/3$ D. $v_1/v_2=25/9$

E. $v_1/v_2=1$

14.3.3 (知识点:波速)

如图 14.19 所示,两根线密度分别为 50g/m 和 18g/m 的绳子,两者在中间连接,另两头固定在两面墙上,作用于绳子上的张力为 1000N,若一机械波动沿绳子传播,问该波在两绳子上传播时的图像如下列哪个图所示?(   )

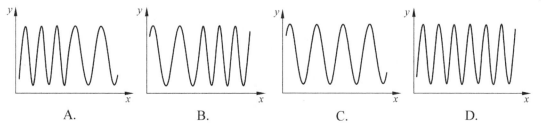

A.   B.   C.   D.

14.3.4　（知识点：波的能量）

机械波传播过程中,媒质的各质元本身并不沿波动传播方向迁移,而在各自平衡位置附近振动,下列哪个描述是正确的?（　　　）

A. 媒质质元的机械能守恒

B. 媒质质元的机械能不守恒,随时间作周期性变化

C. 无法确定

14.3.5　（知识点：波的能量）

当一平面简谐机械波在弹性媒介中传播时,下述各结论哪个是正确的?（　　　）

A. 媒质质元的振动动能增加时,其弹性势能减小,总机械能守恒

B. 媒质质元的振动动能和弹性势能都作周期性变化,但两者的位相不相同

C. 媒质质元的振动动能和弹性势能的位相在任一时刻都相同,但两者的数值不相等

D. 媒质质元在其平衡位置处弹性势能最大

14.3.6　（知识点：波的能量）

当机械简谐波在弹性媒介中传播时,单位体积质元的最大变形量发生在（　　　）。

A. 质元离开其平衡位置最大位移处

B. 质元离开其平衡位置 $\sqrt{2}A/2$ 处（A 为振动振幅）

C. 质元在其平衡位置处

D. 质元离开其平衡位置 $A/2$ 处（A 为振动振幅）

14.3.7　（知识点：波的能量）

一平面简谐波在弹性媒介中传播,在某一瞬时,媒介中某质元正处于最大位移处,此时该质元是（　　　）。

A. 动能为零,势能最大

B. 动能为零,势能为零

C. 动能最大,势能最大

D. 动能最大,势能为零

14.3.8　（知识点：波的能量）

一平面简谐波在弹性媒质中传播,在媒质质元离开平衡位置向最大位移处运动的过程中（　　　）。

A. 它的势能转换成动能

B. 它的动能转换成势能

C. 它从相邻的质元获得能量,其能量逐渐增加

D. 它把自己的能量传给相邻的质元,其能量逐渐减小

Step 3　下面的题目需要一些技巧和综合能力,希望读者能坚持做完。

14.3.9　(知识点:波的能量)

在弹性媒介中传播的平面简谐波 t 时刻某质元的动能是 10J,则在 $(t+T)$ 时刻 (T 为周期)该处质元振动能量(动能与势能之和)一定是_____。

14.3.10　(知识点:能流)

设一列平面简谐波沿截面积为 S 的圆管传播,其波的表达式为 $y=A\cos[\omega t-2\pi(x/\lambda)]$,管中波的平均能量密度是 w,则通过截面积 S 的平均能流是_____。

14.4　波　的　干　涉

阅读指南:理解惠更斯原理和波的叠加原理;掌握波的干涉加强和减弱的条件。
(1) 波的相干条件:两波源具有相同的频率、恒定的相位差、相同的振动方向。
(2) 掌握两列相干波传播到某点时它们的波程差的表达式。
(3) 掌握运用波程差或相位差来确定相干波叠加后干涉加强或减弱的条件。

Step 1　查阅相关知识完成以下阅读题。

14.4.1　(知识点:波的相干条件)

两列波在空间叠加后的图像稳定,即不随时间而变化,我们称它们为两列相干波。试问两列波发生相干的条件是什么?(　　　)

A. 两波源具有相同的频率　　　　　　　B. 两波源具有恒定的相位差
C. 两波振动方向相同　　　　　　　　　D. 两波振幅相同

14.4.2　(知识点:波的相干条件)

如图 14.20 所示,两波源 S_1、S_2 发出两列相干波,设 φ_{10}、φ_{20} 分别是该两列相干波的初相,则这两列相干波在空间任一点 P 所引起的两个振动的相位差(　　　)。

A. $\Delta\varphi=2\pi\dfrac{r_2-r_1}{\lambda}$

B. $\Delta\varphi=\varphi_{20}-\varphi_{10}-2\pi\dfrac{r_1-r_2}{\lambda}$

C. $\Delta\varphi=\varphi_{20}-\varphi_{10}-2\pi\dfrac{r_2-r_1}{\lambda}$

D. $\Delta\varphi=\varphi_{20}-\varphi_{10}+2\pi\dfrac{r_2-r_1}{\lambda}$

E. $\Delta\varphi=2\pi\dfrac{r_1-r_2}{\lambda}$

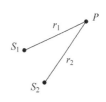

图　14.20

14.4.3 （知识点：波的相干条件）

如图 14.21 所示，两列波长为 λ 的相干波在 P 点相遇。波在 S_1 点振动的初相是 φ_1，S_1 到 P 点的距离是 r_1；波在 S_2 点振动的初相是 φ_2，S_2 到 P 点的距离是 r_2。以 k 代表零或正、负整数，则 P 点是干涉极大的条件为（　　）。

A. $\varphi_2 - \varphi_1 - 2\pi \dfrac{r_2 - r_1}{\lambda} = 2k\pi, k = 0, \pm 1, \pm 2, \cdots$

B. $\varphi_2 - \varphi_1 - 2\pi \dfrac{r_1 - r_2}{\lambda} = 2k\pi, k = 0, \pm 1, \pm 2, \cdots$

C. $\varphi_2 - \varphi_1 - 2\pi \dfrac{r_1 - r_2}{\lambda} = (2k+1)\pi, k = 0, \pm 1, \pm 2, \cdots$

D. $\varphi_2 - \varphi_1 - 2\pi \dfrac{r_2 - r_1}{\lambda} = (2k+1)\pi, k = 0, \pm 1, \pm 2, \cdots$

图　14.21

Step 2　完成以上阅读题后，做以下练习。

14.4.4 （知识点：波的叠加）

如图 14.22 所示，P、Q 为两点声源，两者产生的声波的波长和振幅都相同。若要在点 R 获得干涉相长，两声波 P、Q 的相位差应该是多少？（　　）

A. 0　　　　　　　　B. $\pi/2$　　　　　　　　C. 0.5　　　　　　　　D. $1/\pi$

E. 1　　　　　　　　F. π

14.4.5 （知识点：波的叠加）

接上题，若要在点 R 获得干涉相消，两声波的相位差应该是多少？（　　）

A. 0　　　　　　　　B. $\pi/2$　　　　　　　　C. 0.5　　　　　　　　D. $1/\pi$

E. 1　　　　　　　　F. π

14.4.6 （知识点：波的叠加）

如图 14.23 所示，P、Q 为两点声源，两者产生的声波的波长和振幅都相同。若要在点 R 获得干涉相消，两声波的相位差应该是多少？（　　）

A. 0　　　　　　　　B. $\pi/2$　　　　　　　　C. 0.5　　　　　　　　D. $1/\pi$

E. 1　　　　　　　　F. π

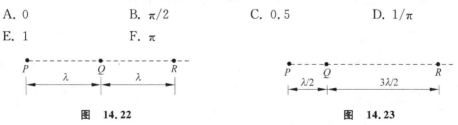

图　14.22　　　　　　　　　　　　　　　　图　14.23

14.4.7 （知识点：波的叠加）

如图 14.24 所示，P、Q 为两点声源，两者产生的声波的波长和振幅都相同。若要在点

R 获得干涉相消,两声波的相位差应该是多少?( )

A. 0

B. $\pi/2$

C. 0.5

D. $1/\pi$

E. 1

F. π

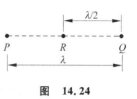

图 14.24

Step 3 下面的题目需要一些技巧和综合能力,希望读者能坚持做完。

14.4.8 (知识点:波的叠加)

如图 14.25 所示,两相干波源 S_1 和 S_2 相距 $\lambda/4$(λ 为波长),S_1 的相位比 S_2 的相位超前 $\pi/2$,则在 S_1、S_2 的连线上,S_1 左侧各点(例如 P 点)两波引起的两简谐振动的相位差是( )。

A. π B. $\pi/2$ C. 2π

D. $3\pi/2$ E. $-\pi$

14.4.9 (知识点:波的叠加)

如图 14.26 所示,两相干波源 S_1 与 S_2 相距 $5\lambda/6$,λ 为波长,设两波在 S_1、S_2 连线上传播时,它们的振幅都是 A,且传播过程中振幅不衰减。已知在该直线上 S_2 右侧各点的合成波的强度为其中任一个波源发出的波的强度的 4 倍,则两波源的相位差最小值为( )。

A. 0   B. $\pi/3$ C. $\pi/4$ D. $2\pi/3$

E. $-5\pi/3$ F. π

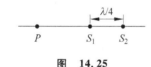

图 14.25

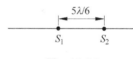

图 14.26

14.4.10 (知识点:波的干涉)

两个相干点波源 S_1 和 S_2,它们的振动方程分别是 $y_1 = A\cos(\omega t + \pi/2)$,$y_2 = A\cos(\omega t - \pi/2)$,波从 S_1 传到 P 点经过的路程等于 2 个波长,波从 S_2 传到 P 点经过的路程等于 7/2 个波长。设两波波速相同,在传播过程中振幅不衰减,则 P 点的振动的合振幅为( )。

A. A B. $2A$

C. 0   D. 振幅随时间周期变化

14.5 驻 波

> **阅读指南**:理解驻波的形成条件和特点;了解驻波与行波的区别;了解半波损失的概念;掌握波节和波腹位置的计算。

（1）掌握驻波的振动、相位和能量特点。

（2）掌握半波损失的条件。

（3）掌握波节和波腹位置的计算。

Step 2 查阅相关知识后，做以下练习。

14.5.1 （知识点：驻波）

驻波是由两列振幅相同、在同一直线上、沿相反方向传播的简谐相干波叠加而成，它最有可能的表达式是（　　）。

A. $y = 2A\cos\left(\dfrac{2\pi}{T}t\right)$

B. $y = 2A\cos\left(\dfrac{2\pi}{T}t - \dfrac{2\pi x}{\lambda}\right)$

C. $y = 2A\cos\dfrac{2\pi x}{\lambda}\cos\left(\dfrac{2\pi}{T}t\right)$

D. $y = 2A\cos\dfrac{2\pi x}{\lambda}\cos\left(\dfrac{2\pi x}{\lambda} - \dfrac{2\pi}{T}t\right)$

14.5.2 （知识点：驻波）

考察一弦上形成的简谐驻波，如图 14.27 所示，两个相邻波节之间两个质点 A、B 的振动（　　）。

A. 其振幅相同，沿传播方向，B 点相位落后 A 点

B. 其振幅不同，相位相同

C. 其振幅不同，相位逐一落后

D. 其振幅相同，相位也相同

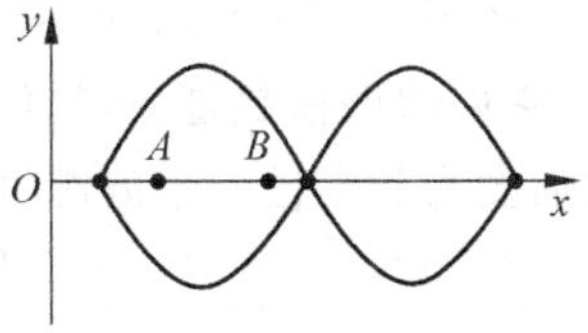

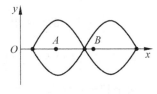

图　14.27

14.5.3 （知识点：驻波）

考察一弦上形成的简谐驻波，如图 14.28 所示，某个波节两边的两个质点 A、B 的振动（　　）。

A. 相位相同

B. 相位相反

C. 沿传播方向，B 点相位落后 A 点

D. 以上都不对

图　14.28

14.5.4 （知识点：驻波）

在驻波中，媒质质元的能量有如下特点：（　　）。

A. 当媒质质元振动时其能量守恒，不随时间而周期性地变化

B. 媒质质元的振动动能和弹性势能都作周期性变化，二者的大小相同、位相相同

C. 当媒质质元振动达到最大位移时，各质点动能为零，驻波的能量为势能

D. 驻波进行中有能量的定向传播

E. B 和 D 都正确

14.5.5 （知识点：驻波）

在驻波中,当每个质点振动达到最大位移时,（ ）。

A. 各质点势能为零,驻波能量为零

B. 各质点动能为零,驻波能量为零

C. 各质点动能为零,驻波的能量为势能,能量集中在波节附近

D. 各质点势能为零,驻波的能量为动能,能量集中在波腹附近

E. 驻波中各质点的能量达到最大值

14.5.6 （知识点：驻波）

在驻波中,当每个质点振动达到平衡位置时,（ ）。

A. 各质点势能为零,驻波能量为零

B. 各质点动能为零,驻波能量为零

C. 各质点动能为零,驻波的能量为势能,能量集中在波节附近

D. 各质点势能为零,驻波的能量为动能,能量集中在波腹附近

E. 驻波中各质点的能量达到最大值

14.5.7 （知识点：驻波）

沿着相反方向传播的两列相干波,其表达式分别为 $y_1 = A\cos 2\pi(vt - x/\lambda)$, $y_2 = A\cos 2\pi(vt + x/\lambda)$。在叠加后各质元的振幅是（ ）。

A. 0   B. $2A$

C. 随时间作周期性变化   D. $|2A\cos 2\pi x/\lambda|$

14.5.8 （知识点：驻波）

设某介质中入射波的表达式为 $y_1 = A\cos\left[2\pi\left(vt + \dfrac{x}{\lambda}\right) + \dfrac{\pi}{2}\right]$,波在 $x=0$ 处发生反射,反射点为一固定端,则反射波（ ）。

A. 向 x 轴正向传播,在固定端的相位是 $2\pi vt + \pi/2$

B. 向 x 轴正向传播,在固定端的相位是 $2\pi vt - \pi/2$

C. 向 x 轴负向传播,在固定端的相位是 $2\pi vt$

D. 向 x 轴负向传播,在固定端的相位是 $2\pi vt + \pi$

E. 向 x 轴负向传播,在固定端的相位是 $2\pi vt - \pi/2$

14.5.9 （知识点：驻波）

接上题,若反射时无能量损失,则反射波的表达式为（ ）。

A. $y_2 = A\cos\left[2\pi\left(vt + \dfrac{x}{\lambda}\right) + \dfrac{\pi}{2}\right]$ B. $y_2 = A\cos\left[2\pi\left(vt - \dfrac{x}{\lambda}\right) + \dfrac{\pi}{2}\right]$

C. $y_2 = A\cos\left[2\pi\left(vt - \dfrac{x}{\lambda}\right) - \dfrac{\pi}{2}\right]$ D. $y_2 = A\cos\left[2\pi\left(vt - \dfrac{x}{\lambda}\right) + \pi\right]$

14.5.10 （知识点：驻波）

接上题，在入射波与反射波的合成区域，其合成波表达式为（   ）。

A. $y = 2A\cos\left(\dfrac{2\pi x}{\lambda} - \dfrac{\pi}{2}\right)\cos 2\pi v t$　　　　B. $y = 2A\cos\left(\dfrac{2\pi x}{\lambda} + \dfrac{\pi}{2}\right)\cos 2\pi v t$

C. $y = 2A\cos\dfrac{2\pi x}{\lambda}\cos 2\pi v t$　　　　　　D. $y = 2A\cos\left[2\pi\left(v t + \dfrac{x}{\lambda}\right) + \pi\right]$

E. $y = 2A\cos\left[2\pi\left(v t + \dfrac{x}{\lambda}\right) + \dfrac{\pi}{2}\right]$

14.5.11 （知识点：驻波）

接上题，t 时刻坐标为 $x_A = 0.8\lambda$ 和 $x_B = 1.2\lambda$ 两质元的相位差是（   ）。

A. $\Delta\varphi_{AB} = 0$　　　　　　　　　　B. $\Delta\varphi_{AB} = 3\pi/2$

C. $\Delta\varphi_{AB} = 4\pi/5$　　　　　　　　　D. $\Delta\varphi_{AB} = \pi$

Step 3　下面的题目需要一些技巧和综合能力，希望读者能坚持做完。

14.5.12 （知识点：波的反射）

在弦线上有一简谐波，其表达式是 $y_1 = 2.0\times10^{-2}\cos\left[2\pi\left(\dfrac{t}{0.02} - \dfrac{x}{20}\right) + \dfrac{\pi}{3}\right]$（SI），为了在此弦线上形成驻波，并且在 $x = 0$ 处为一波节，此弦线上还应有一简谐波，其表达式应为_____，弦线上的合成波应写为_____。

14.5.13 （知识点：波的反射）

若琴弦两固定端之间的距离为 L，琴弦上的波速为 u，则该弦振动时产生的波的基频是（   ）。

A. $\nu = \dfrac{u}{L}$　　　　B. $\nu = \dfrac{u}{2L}$　　　　C. $\nu = \dfrac{2u}{L}$　　　　D. $\nu = \dfrac{L}{u}$

14.5.14 （知识点：波的反射）

一长为 0.34m 的小提琴弦，其基频和二次谐频的波长分别是_____；若已知其基频为 440Hz，弦上的波速是_____，传到听众耳边的上述频率声波的波长是（已知空气中声速为 343m/s）_____。

14.6　多普勒效应

阅读指南：理解多普勒效应及公式，可以熟练运用该公式计算一些问题。

(1) 掌握波源相对于媒质不动、观察者运动的情况下的问题计算。

(2) 掌握观察者相对于媒质不动、波源运动的情况下的问题计算。

(3) 掌握波源和观察者均相对于媒质运动的情况下的问题计算。

Step 2　查阅相关知识后，做以下练习。

14.6.1　（知识点：多普勒效应）

如图 14.29 所示，一固定扬声器发射频率为 2MHz 的声波，观察者以恒速 200m/s 向扬声器运动。问观察者接收到的声波频率为多少？已知声速为 343m/s。（　　）

A. 0.83MHz　　　　　　　　B. 4.8MHz　　　　　　　　C. 3.2MHz

D. 1.3MHz　　　　　　　　E. 2MHz

14.6.2　（知识点：多普勒效应）

如图 14.30 所示，一扬声器以恒速 200m/s 向观察者运动，所发射的声波频率为 2MHz。问观察者接收到的声波频率是多少？已知声速为 343m/s。（　　）

A. 0.83MHz　　　　　　　　B. 4.8MHz　　　　　　　　C. 3.2MHz

D. 1.3MHz　　　　　　　　E. 2MHz

图　14.29　　　　　　　　　　　　　　　图　14.30

14.6.3　（知识点：多普勒效应）

一扬声器相对地面以 200m/s 的速度向观察者运动，观察者相对地面以 100m/s 的速度远离扬声器运动，扬声器发射的声波频率为 2MHz。问观察者接收到的声波频率是多少？已知声速（相对地面）为 343m/s。（　　）

解 1：扬声器相对听者的速度为（200−100）m/s＝100m/s，观察者接收到的声波频率为 $2 \times \dfrac{1}{1-100/343}$MHz＝282MHz。

解 2：因为相对于地面，扬声器以 200m/s 的速度运动，观察者以 100m/s 的速度运动，因此观察者接收到的声波频率为 $2 \times \dfrac{1-100/343}{1-200/343}$MHz＝3.40MHz。

A. 两种解释均正确　　　　　　　　B. 两种解释均错误

C. 只有解 1 正确　　　　　　　　　D. 只有解 2 正确

14.6.4　（知识点：多普勒效应）

如图 14.31 所示，扬声器与观察者均以 100m/s 的恒速向墙面运动，扬声器发射的声波频率为 2MHz。问观察者接收到墙面反射回的声波频率是多少？已知声速为 343m/s。（　　）

A. 2.82MHz　　　　　　B. 2.58MHz

C. 3.65MHz　　　　　　D. 1.10MHz

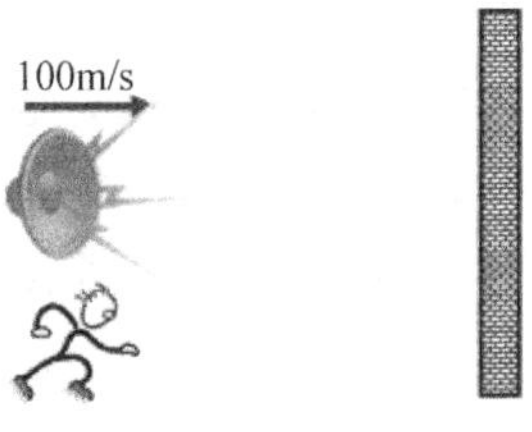

图　14.31

E. 2.00MHz

Step 3 下面的题目需要一些技巧和综合能力,希望读者能坚持做完。

14.6.5 (知识点:多普勒效应)

一声源以 $\nu=1.5\times10^4$ Hz 的频率振动,设可闻声的最高频率为 $\nu=2.0\times10^4$ Hz,空气中的声速为 $u=340$m/s,若想使静止在空气中的观察者听不到声音,则声源运动的速率至少应为_____。

14.6.6 (知识点:多普勒效应)

火车以 90km/h 的速度行驶时,有一汽车以 30m/s 的速度追赶火车,火车汽笛的频率为 650Hz,坐在汽车中的人听到火车鸣笛声的频率为(已知空气中声速为 330m/s)_____。

14.6.7 (知识点:多普勒效应)

若点波源的运动速度 v_s 大于它所发射的机械波的速度 u,则在时间 Δt 中此波源发出的一系列同相面变成如图 14.32 所示的情形,这种波称为冲击波。这时波阵面形成以点波源为顶点的圆锥面,由此机械波构成的锥体称为马赫锥。例如高速快艇在其两侧激起的舷波、超音速飞机产生的声暴就是实际例子。设 $v_s=2u$,则马赫锥的顶角 α 是多少? 在波源前方的观察者测得的波的频率是多少?

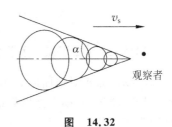

图 14.32

答案及部分解答

14.1.1 C 简答:扬声器发出的是声波,为一纵波,振动方向与传播方向相同,所以灰尘会在这样的振动模式下左右移动。

14.1.2 E 14.1.3 D 14.1.4 B 14.1.5 D

14.1.6 C

14.1.7 B 解答:图示相差9m的两点相位差大于 π,$\Delta\varphi=3\pi/2$。

14.1.8 B 解答:图示相差7m的两点相位差大于 π,画出旋转矢量图可知 $\Delta\varphi=7\pi/6$。波长若为答案C的结果,则图示两点相位差将小于 π。

14.1.9 C 解答:图示相差10m的两点相位差小于 π,画出旋转矢量图可知,因为相位逐一落后,则图中两点的相位分别为 $\pi/6+2\pi$,$3\pi/2$,两点相位差为 $\pi-\pi/3=2\pi/3<\pi$,所以波长应为30m。

14.1.10 B 14.1.11 D

14.2.1 A 14.2.2 A

14.2.3　B　　　　14.2.4　B　　　　14.2.5　A　　　　14.2.6　D

14.2.7　D　　　　14.2.8　D　　　　14.2.9　C　　　　14.2.10　A

14.2.11　B　　　　14.2.12　D　　　　14.2.13　B　　　　14.2.14　C

14.2.15　$y=A\cos\left(500\pi t+\dfrac{\pi x}{100}+\dfrac{\pi}{4}\right)$m　　　14.2.16　$y=0.06\cos\left[\pi\left(t-\dfrac{x}{2}\right)+\pi\right]$m

14.2.17　A　提示：先画出 P 点的振动曲线图（注意不是波形图）y_P-t 图，v_P 相位超前 y_P 相位 $\pi/2$，即可判断 A 为正确答案。

14.3.1　B　　　　14.3.2　E　　　　14.3.3　A　　　　14.3.4　B

14.3.5　D　　　　14.3.6　C　　　　14.3.7　B　　　　14.3.8　D

14.3.9　20J　　　　14.3.10　$wS\lambda\omega/2\pi$

14.4.1　ABC　　　　14.4.2　C

14.4.3　A　　　　14.4.4　A　　　　14.4.5　F　　　　14.4.6　A

14.4.7　F　　　　14.4.8　AE　　　　14.4.9　B　　　　14.4.10　B

14.5.1　C　　　　14.5.2　B　　　　14.5.3　B　　　　14.5.4　C

14.5.5　C　　　　14.5.6　D　　　　14.5.7　D　　　　14.5.8　B

14.5.9　C　　　　14.5.10　B　　　　14.5.11　D

14.5.12　简谐波 $y_2=2.0\times10^{-2}\cos\left[2\pi\left(\dfrac{t}{0.02}+\dfrac{x}{20}\right)-\dfrac{2\pi}{3}\right]$(SI)；合成波 $y=y_1+y_2=4.0\times10^{-2}\cos\left(\dfrac{\pi x}{10}-\dfrac{\pi}{2}\right)\cos\left(\dfrac{\pi t}{0.01}-\dfrac{\pi}{6}\right)$(SI)

14.5.13　B

14.5.14　基频和二次谐频波长分别是 0.68m，0.34m；波速为 299.2m/s；声波波长是 0.78m，0.39m

14.6.1　C　　　　14.6.2　B　　　　14.6.3　D　　　　14.6.4　C

14.6.5　85m/s　　　14.6.6　659Hz　　　14.6.7　$\alpha=30°$，前方听不到声音。

第 15 章

波 动 光 学

15.1 光、光源、光的干涉基本性质

阅读指南:

(1) 了解光源的发光机理。

(2) 光的相干条件:两列光波的频率相等、相位差恒定、有相互平行的光振动分量。

(3) 了解干涉图样的特点,以及获得相干光的原理和方法:分波前干涉与分振幅干涉。

(4) 掌握光程及光程差的概念及其计算方法。

Step 1 查阅相关知识完成以下阅读题。

15.1.1 (知识点:光的特征)

以下哪些描述是正确的?(　　　)

A. 光是电磁波,所以它和声波有完全不同的性质

B. 只有当光遇到障碍物时才会发生干涉

C. 光和其他任何一种波一样:满足相干条件的光在空间的叠加图样不随时间变化

D. 光波既不是横波也不是纵波

E. 光同时具有波和粒子的两重特征

15.1.2 (知识点:干涉的特征)

如果两束光在空间的叠加图样是稳定的,则这两束光至少满足(　　　)。

A. 不同的频率和不随时间变化的相位差

B. 相同的频率和不随时间变化的相位差

C. 不同的频率和任意的相位差

D. 相同的频率和任意的相位差

15.1.3 (知识点:光的相干性)

两个相同的钠光源发出的光照射两狭缝,如图 15.1 所示,那么在屏幕上会出现明暗相间的干涉条纹吗?(　　　)

A. 屏幕上出现干涉条纹

B. 屏幕上不出现干涉条纹

15.1.4 （知识点：光的发光机理）

两个普通光源发出的两束单色光,在空间相遇是不会产生干涉图样的,其主要原因是(　　)。

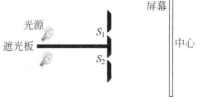

图 15.1

A. 单色光是由许多不同波长的光组成

B. 两束光的光强不一样

C. 两个普通光源发出的两束光的相位差是不恒定的

D. 从两个不同普通光源所发出的光,其频率不会恰好相等

Step 2　完成以上阅读题后,做以下练习。

15.1.5 （知识点：光程）

真空中频率为 ν、波长为 λ 的单色光进入折射率为 n 的介质后,(　　)。

A. 波长不变,频率为 $n\nu$

B. 波长不变,频率为 ν/n

C. 频率不变,波长为 $n\lambda$

D. 频率不变,波长为 λ/n

15.1.6 （知识点：光程）

在真空中波长为 λ 的单色光,在真空中从 A 点沿某路径传到 B 点,若 A、B 两点的相位差为 3π,则此路径 AB 的光程差为(　　)。

A. 1.5λ 　　　　 B. 3λ 　　　　 C. 6λ 　　　　 D. 0

15.1.7 （知识点：光程）

在真空中波长为 λ 的单色光,在折射率为 n 的透明介质中从 A 点沿某路径传到 B 点,若 A、B 两点的相位差为 3π,则此路径 AB 的光程差为(　　)。

A. 1.5λ 　　 B. $1.5n\lambda$ 　　 C. $1.5\lambda/n$ 　　 D. 3λ

E. $3n\lambda$ 　　 F. $3\lambda/n$

15.1.8 （知识点：光程）

某单色光,在折射率为 n 的透明介质中从 A 点沿某路径传到 B 点,若 A、B 两点的相位差为 3π,设光在该介质中的波长为 λ,则此路径 AB 的光程差为(　　)。

A. 1.5λ 　　 B. $1.5n\lambda$ 　　 C. $1.5\lambda/n$ 　　 D. 3λ

E. $3n\lambda$ 　　 F. $3\lambda/n$

15.2　分波前干涉

阅读指南：重点掌握杨氏双缝干涉的条纹分布特征、条纹的动态分析；掌握其他分波前干涉如洛埃镜实验、菲涅耳双面镜实验等。

(1) 杨氏双缝干涉的条纹的宽度：$\Delta x = D\lambda/d$

(2) 重点：会计算两束相干光的光程差，

$$\delta = n_2 r_2 - n_1 r_1 \left(\pm \frac{\lambda}{2}\right) = \begin{cases} \pm k\lambda, & \text{为干涉明条纹} \\ \pm(2k+1)\dfrac{\lambda}{2}, & \text{为干涉暗条纹} \end{cases}$$

上式中的 $\pm \dfrac{\lambda}{2}$ 由两束相干光之间有无半波长之差决定，如果无半波长之差，则 $\delta = n_2 r_2 - n_1 r_1$，如果有半波长之差，则 $\delta = n_2 r_2 - n_1 r_1 \pm \dfrac{\lambda}{2}$。

(3) 任何两条相邻的明条纹（或暗条纹）所对应的光程差之差 $\Delta\delta$ 一定等于一个波长。根据该论据可以分析并计算干涉条纹的动态变化，如条纹移动多少、是否变宽等。

Step 1　查阅相关知识完成以下阅读题。

15.2.1　（知识点：杨氏双缝实验）

如图 15.2 所示，用白光源进行杨氏双缝实验，若用一个纯红色的滤光片遮盖一条缝，用一个纯蓝色滤光片遮盖另一条缝，则（　　）。

A. 条纹的间距将发生改变

B. 产生红色和蓝色的两套彩色干涉条纹

C. 干涉条纹的亮度将发生变化

D. 不产生干涉条纹

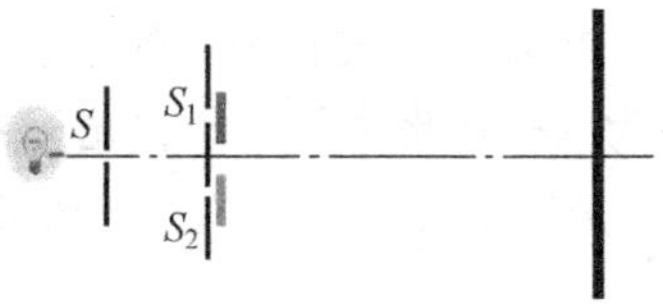

图　15.2

15.2.2　（知识点：杨氏双缝实验）

用黄光照射一双缝干涉实验装置，观察到干涉条纹间距为 Δy，现改用红光照射，其余条件不变，则其条纹间距 $\Delta y'$ 与 Δy 相比较，（　　）。

A. 因为红光波长较黄光大，所以 $\Delta y' > \Delta y$

B. 因为红光波长较黄光小，所以 $\Delta y' < \Delta y$

C. 因为红光频率较黄光高，所以 $\Delta y' > \Delta y$

D. 因为红光频率较黄光低，所以 $\Delta y' < \Delta y$

15.2.3　（知识点：杨氏双缝实验）

在双缝干涉实验中，为使屏幕上的干涉条纹间距变大，可以采取的方法是（　　）。

A. 使两缝的间距变小　　　　　　　　B. 使两缝的间距变大

C. 屏与双缝间距离变大　　　　　　　D. 屏与双缝间距离变小

E. 入射光波长变小　　　　　　　　　F. 入射光波长变大

15.2.4　（知识点：杨氏双缝实验）

如图 15.3 所示，将杨氏双缝干涉装置分别作如下单项变化，屏幕上干涉条纹间距在哪

种情况下保持不变? (　　　)

A. 将双缝间距变小

B. 将屏幕远离双缝

C. 光源由钠光灯（589.3nm）改变为氦-氖激光
（632.8nm）

D. 将单缝 S 沿轴向双缝屏靠近

图　15.3

15.2.5　（知识点：杨氏双缝实验）

将杨氏双缝干涉实验装置放入折射率为 n 的介质中,其条纹间距是空气中的(　　　)。

A. $\sqrt{1/n}$ 倍　　　　　　　　　　　　B. $\sqrt{n}$ 倍

C. $1/n$ 倍　　　　　　　　　　　　　　D. n 倍

15.2.6　（知识点：杨氏双缝实验）

在一只空长方形箱子的一边刻上一个双缝,当把一只钠光灯放在外面、正对双缝时,在箱子的对面壁上产生条纹,如图15.4所示。把油缓慢地灌满这个箱子后,条纹的间距将会发生什么变化? (　　　)

A. 保持不变

B. 条纹间距增大

C. 条纹间距减小

D. 条纹间距有时增大,有时减小,视波长而定

图　15.4

15.2.7　（知识点：杨氏双缝实验）

在双缝干涉实验中,屏幕 E 上的 P 点处原是明条纹中心,若将缝 S_2 盖住,并在 $S_1 S_2$ 连线的垂直平分面处放一反射镜 M,如图 15.5 所示,则此时(　　　)。

A. P 点处仍为明条纹中心

B. P 点处介于明条纹中心与暗条纹中心之间

C. 无干涉条纹

D. P 点为暗条纹中心

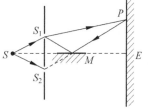

图　15.5

15.2.8　（知识点：杨氏双缝实验）

在双缝干涉实验中,若将缝 S_2 盖住,在 $S_1 S_2$ 连线的垂直平分面处放一反射镜,并把屏幕 E 移近,如图 15.6 所示,则此时 M 点(　　　)。

A. 为明条纹中心

B. 为暗条纹中心

C. 无干涉条纹

D. 介于明条纹中心与暗条纹中心之间

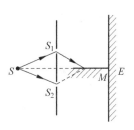

图　15.6

15.2.9 （知识点：杨氏双缝实验）

如图 15.7 所示，在杨氏实验中，单色光在屏幕上产生干涉条纹，若在 S_1 狭缝后放一折射率为 $n=1.5$ 的玻璃，则屏幕中央处的条纹将会是（　　）。

A. 明纹

B. 暗纹

C. 介于明纹中心与暗纹中心之间

D. 依赖于玻璃的厚度

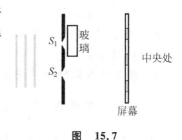

图　15.7

15.2.10 （知识点：杨氏双缝实验）

如图 15.8 所示，在杨氏实验中，波长为 600nm 的单色光垂直照射双缝在屏幕上产生干涉条纹。若在 S_1 狭缝后放一折射率为 $n=1.5$、厚度为 1200nm 的介质，则屏幕中央处的条纹将会是（　　）。

A. 明纹

B. 暗纹

C. 介于明纹中心与暗纹中心之间

D. 不能确定

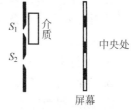

图　15.8

15.2.11 （知识点：杨氏双缝实验）

如图 15.8 所示，在杨氏实验中，波长为 550nm 的单色平行光垂直入射到缝间距 $d=2\times10^{-4}$m 的双缝上。屏幕到双缝的距离 $D=2$m。若用一厚度为 $e=6.6\times10^{-6}$m、折射率为 $n=1.58$ 的介质覆盖上面的狭缝后，则条纹将（　　）。

A. 约上移 0.133m

B. 约下移 0.133m

C. 上移 0.0383m

D. 下移 0.0383m

Step 3　下面的题目需要一些技巧和综合能力，希望读者能坚持做完。

15.2.12 （知识点：杨氏双缝实验）

瑞利干涉仪如图 15.9 所示，用来测量气体的折射率。T_1、T_2 是一对完全相同的玻璃管，长为 l。开始时，两管中均为空气，P_0 处出现零级明纹。然后在 T_2 管中充入待测气体，干涉条纹将向下移动。设条纹的移动数目为 N，T_2 管中气体的折射率（　　）。

A. $n=\dfrac{N\lambda}{l}$

B. $n=\dfrac{\lambda}{Nl}+n_{空气}$

C. $n=\dfrac{N\lambda}{l}+n_{空气}$

D. $n=\dfrac{l}{N\lambda}$

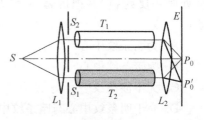

图　15.9

15.2.13　（知识点：杨氏双缝实验）

如图 15.10 所示,在双缝干涉实验中,若单色光源 S 到两缝 S_1、S_2 的距离相等,则观察屏幕上中央明条纹位于图中所示的 O 处,现将光源 S 纵向向下移动,则（　　）。

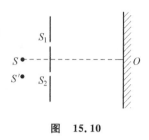

图　15.10

A. 条纹间距不变,中央明条纹向下移动

B. 条纹间距不变,中央明条纹向上移动

C. 条纹间距增大,中央明条纹向下移动

D. 条纹间距变小,中央明条纹向上移动

15.3　分振幅干涉

阅读指南：重点掌握薄膜干涉的条纹分布特征、条纹的动态分析；掌握等倾干涉和等厚干涉的特点。

(1) 学会计算在不同介质表面上反射的两束相干光的附加光程差,理解半波损失。

(2) 掌握薄膜干涉公式：薄膜上方反射光会聚发生干涉,其两束相干光的光程差

$$\delta = 2e \sqrt{n_2^2 - n_1^2 \sin^2 i} + \delta' = \begin{cases} k\lambda, & k=1,2,3,\cdots,为明条纹 \\ (2k+1)\dfrac{\lambda}{2}, & k=0,1,2,3,\cdots,为暗条纹 \end{cases}$$

(3) 掌握平行膜干涉（等倾干涉）、劈尖干涉（等厚干涉）的条纹分布特征,以及条纹动态分析。

(4) 了解牛顿环的工作原理,掌握牛顿环干涉条纹的特征。

(5) 了解迈克尔孙干涉仪的工作原理,掌握迈克尔孙干涉条纹的动态分析。

Step 1　查阅相关知识完成以下阅读题。

15.3.1　（知识点：附加光程差）

如图 15.11 所示,设在相机镜头上涂上一层薄膜,考虑从薄膜上表面反射的反射光 1 和从薄膜下表面反射的反射光 2,此时 $n_1 < n_2 < n_3$,则这两束相干光有无附加光程差？（　　）

A. 有　　　　　　B. 无　　　　　　C. 不能判定

15.3.2　（知识点：附加光程差）

如图 15.12 所示,设在空气中有一肥皂膜,考虑从肥皂膜外表面反射的反射光 1 和内表面反射的反射光 2,此时 $n_1 < n_2,n_2 > n_3$,则这两束相干光有无附加光程差？（　　）

A. 有　　　　　　B. 无　　　　　　C. 不能判定

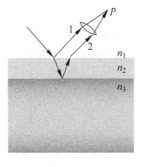

图　15.11

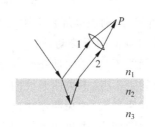

图　15.12

Step 2　完成以上阅读题后，做以下练习。

15.3.3　（知识点：薄膜干涉）

如图 15.13 所示，波长为 λ 的光几乎垂直地入射到厚度为 t、折射率为 n_2 的薄膜中，薄膜下面是一折射率为 n_3 的无限厚膜，如 $n_3 > n_2 > n_1$，那么下面的式子中反射光能产生相长干涉的有（　　）。

A. $2t = \lambda$ 　　　　　B. $2n_2 t = \lambda$

C. $2n_2 t = \lambda/2$ 　　　D. $2n_1 t = \lambda$

15.3.4　（知识点：薄膜干涉）

如图 15.13 所示，波长为 λ 的光几乎垂直地入射到厚度为 t、折射率为 n_2 的薄膜中，薄膜下面是一折射率为 n_3 的无限厚膜，如 $n_3 > n_2 > n_1$，那么下面的式子中反射光能产生相消性干涉的有（设 λ_1、λ_2、λ_3 分别为光在折射率为 n_1、n_2、n_3 介质中的波长）（　　）。

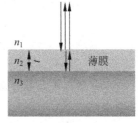

图　15.13

A. $2t = \lambda_1/2$ 　　B. $2t = \lambda_1$ 　　C. $2t = \lambda_2/2$ 　　D. $2t = \lambda_2$

15.3.5　（知识点：薄膜干涉）

如图 15.13 所示，波长为 500nm 的光几乎垂直地入射到厚度为 t、折射率为 n_2 的薄膜中，薄膜下面是一折射率为 n_3 的无限厚膜，如果 $n_1 = 1$，$n_2 = 1.5$，$n_3 = 1.3$，那么反射光能产生相消性干涉的最小薄膜厚度为（注意：$n_2 > n_3$）（　　）。

A. 500nm 　　　　B. 500/1.5nm 　　　C. 500/1.3nm 　　　D. 500/2nm

E. 500/3nm 　　　F. 0 　　　　　　　　G. 不能产生相消性干涉

15.3.6　（知识点：劈尖干涉）

如图 15.14 所示为观察薄膜劈尖等厚干涉装置，如果增加劈尖的楔角，则（　　）。

A. 干涉条纹间距变宽

B. 干涉条纹间距变窄

C. 干涉条纹间距不变,条纹向着棱边移动

D. 干涉条纹间距不变,条纹远离棱边移动

E. 干涉条纹没有变化

F. 干涉条纹消失

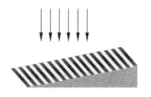

图 15.14

15.3.7 (知识点:劈尖干涉)

如图 15.14 所示为观察薄膜劈尖等厚干涉装置,如果将劈尖上板向上移动,则(　　)。

A. 干涉条纹间距变宽　　　　　　　　 B. 干涉条纹间距变窄

C. 干涉条纹间距不变,条纹向着棱边移动　 D. 干涉条纹间距不变,条纹远离棱边移动

E. 干涉条纹没有变化　　　　　　　　 F. 干涉条纹消失

15.3.8 (知识点:劈尖干涉)

如图 15.14 所示为观察液体劈尖薄膜等厚干涉装置,如果要加大条纹间距,可选择
(　　)。

A. 增加液体劈尖的楔角　　　　　　 B. 加强光强

C. 换用折射率较小的液体　　　　　 D. 劈尖上板向上移动

15.3.9 (知识点:劈尖干涉)

如图 15.15 所示,两个直径有微小差别的彼此平行的滚柱之间的距离为 L,夹在两块平
晶的中间,形成空气劈形膜,当单色光垂直入射时,产生等厚干涉条纹。如果滚柱之间的距
离 L 变小,则在两滚柱之间(即 L 范围内)(　　)。

A. 干涉条纹的数目减少,间距变大

B. 干涉条纹的数目不变,间距变小

C. 干涉条纹的数目增加,间距变小

D. 干涉条纹的数目减少,间距不变

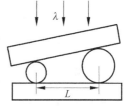

图 15.15

15.3.10 (知识点:牛顿环)

把一平凸透镜放在平玻璃上,构成牛顿环装置。当平凸透镜慢慢地向上平移时,由反射
光形成的牛顿环(　　)。

A. 向中心收缩,条纹间距变小　　　　 B. 向中心收缩,环心呈明暗交替变化

C. 向外扩张,环心呈明暗交替变化　　 D. 向外扩张,条纹间距变大

15.3.11 (知识点:牛顿环)

设用 $\lambda = 500\text{nm}$ 的激光照射牛顿环,测得第 k 级暗环半径为 3mm,第 $k+5$ 级暗环半径
为 5mm,则平凸透镜的曲率半径为(　　)。

A. 100m　　　　　 B. 0.8m　　　　　 C. 10m　　　　　 D. 6.4m

15.3.12 (知识点:牛顿环)

在牛顿环实验中,当平凸透镜和平玻璃板间充以某种透明液体时,第 9 个明环的半径由

r_1 变为 r_2，则（　　）。

A. r_1 大于 r_2，折射率 $n=(r_1/r_2)^2$　　　B. r_1 小于 r_2，折射率 $n=(r_1/r_2)^2$

C. r_1 大于 r_2，折射率 $n=(r_2/r_1)^2$　　　D. r_1 小于 r_2，折射率 $n=7(r_2/r_1)^2/2$

E. r_1 大于 r_2，折射率 $n=7(r_2/r_1)^2/2$

15.3.13　（知识点：牛顿环）

如图 15.16 所示，折射率分别为 1.52、1.62 和 1.75 的三种透明材料构成的牛顿环装置中，用单色光垂直照射，在反射光中看到干涉条纹，则在接触点 P 处形成的圆斑为（　　）。

A. 右半部暗，左半部明　　　　B. 全暗

C. 右半部明，左半部暗　　　　D. 全明

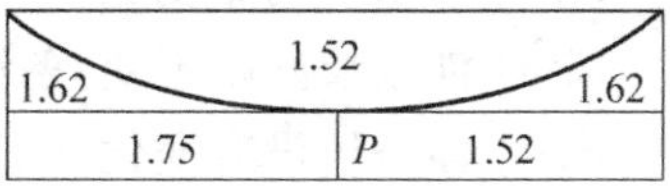

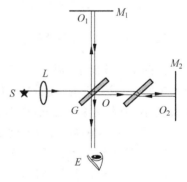

图　15.16

15.3.14　（知识点：迈克尔孙干涉仪）

迈克尔孙干涉仪结构图与光路如图 15.17 所示。假设反射镜 M_1 与 M_2 严格垂直，分束板 G 与 M_1、M_2 成 45°角。在 E 处观察，看到的干涉条纹可能是（　　）。

A. 等厚条纹，明暗相间的直条纹

B. 等倾条纹，明暗相间的同心圆环

C. 等厚条纹，明暗相间的同心圆环

D. 观察不到明暗条纹分布（光强均匀分布）

15.3.15　（知识点：迈克尔孙干涉仪）

接上题，移动反射镜 M_1，看到的干涉条纹可能会发生怎样的变化？（　　）

A. 可能看到明暗相间的直条纹平移过

B. 可能看到明暗相间的直条纹变得稀疏

C. 可能看见明暗相间的同心圆环变得稀疏

D. 以上都不对

图　15.17

15.3.16　（知识点：迈克尔孙干涉仪）

接上题，假设反射镜 M_1 与 M_2 不严格垂直。移动反射镜 M_1，看到的干涉条纹可能会发生怎样的变化？（　　）

A. 可能看到明暗相间的直条纹平移过

B. 可能看到明暗相间的直条纹变得稀疏

C. 可能看见明暗相间的同心圆环变得稀疏

D. 以上都不对

15.3.17　（知识点：迈克尔孙干涉仪）

若在迈克尔孙干涉仪的一臂上用凸面反射镜 M_2 代替原平面镜 M_2，且调节到光程 $OO_1=OO_2$，如图 15.18 所示。以单色平行光入射。在 E 处观察 M_1 表面，看到的干涉条纹

可能是(　　)。

 A. 等厚条纹,明暗相间的直条纹

 B. 等倾条纹,明暗相间的同心圆环

 C. 等厚条纹,明暗相间的同心圆环

 D. 观察不到明暗条纹分布(光强均匀分布)

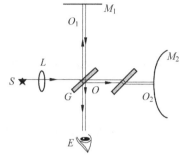

15.3.18　(知识点:迈克尔孙干涉仪)

接上题,如图 15.18 所示,以单色平行光入射,当 M_1 朝 G 移动时,在 E 处观察 M_1 表面,看到的干涉条纹的变化可能是(　　)。

图　15.18

 A. 可能看到明暗相间的直条纹平移过

 B. 可能看到明暗相间的同心圆环变得稀疏

 C. 可能看到条纹从中心向外扩张,环心呈现明暗交替变化

 D. 可能看到条纹向中心收缩,环心呈现明暗交替变化

15.3.19　(知识点:迈克尔孙干涉仪)

在迈克尔孙干涉仪的一条光路中,放入一折射率为 n、厚度为 d 的透明薄片,此时这条光路的光程改变了(　　)。

 A. $2(n-1)d$ B. $2nd$

 C. $2(n-1)d+\lambda/2$ D. nd

15.3.20　(知识点:迈克尔孙干涉仪)

用迈克尔孙干涉仪观察单色光的干涉,当反射镜 M_1 移动 0.1mm 时,瞄准点的干涉条纹移过了 400 条,那么所用波长为(　　)。

 A. 500nm   B. 498.7nm   C. 250nm   D. 125nm

15.3.21　(知识点:迈克尔孙干涉仪)

在迈克尔孙干涉仪的一条光路中,放入一折射率为 n、厚度均匀为 d 的透明薄片后,观察到干涉条纹中心由原来的第 k 级明纹变为了 $k+\Delta k$ 级明纹,则入射光波长为(　　)。

 A. $(n-1)d/\Delta k$ B. $2(n-1)d/\Delta k$ C. $nd/\Delta k$ D. $2nd/\Delta k$

Step 3　下面的题目需要一些技巧和综合能力,希望读者能坚持做完。

15.3.22　(知识点:等厚干涉)

如图 15.19 所示,平板玻璃($n_0=1.50$)上有一个油滴($n=1.25$),当油滴逐渐展开为油膜时,以单色($\lambda=500$nm)平行光垂直照射,反射光的干涉条纹为(　　)。

 A. 明暗相间的同心圆环,是一等倾干涉

 B. 明暗相间的同心圆环,是一等厚干涉

图　15.19

C. 明暗相间的直条纹,是一等倾干涉

D. 明暗相间的直条纹,是一等厚干涉

15.3.23　（知识点：等厚干涉）

如图 15.19 所示,平板玻璃($n_0=1.50$)上有一个油滴($n=1.25$),当油滴逐渐展开为油膜时,以单色($\lambda=500\mathrm{nm}$)平行光垂直照射,反射光的干涉条纹为明暗相间的同心圆环,则（　　）。

A. 中心为零级明纹,随油膜扩散,明环间距变宽变少

B. 最外侧为零级明纹,随油膜扩散,明环间距变宽变少

C. 中心为零级暗纹,随油膜扩散,明环间距变窄变多

D. 最外侧为零级暗纹,随油膜扩散,明环间距变窄变多

15.3.24　（知识点：等厚干涉）

如图 15.20 所示,平板玻璃($n_0=1.50$)上有一个油滴($n=1.25$),当油滴逐渐展开为油膜时,以单色($\lambda=500\mathrm{nm}$)平行光垂直照射,当油膜中心厚度 $h=1000\mathrm{nm}$ 时,（　　）。

A. 可看到第 2 级亮纹,膜中心是明纹

B. 可看到第 5 级亮纹,膜中心是暗纹

C. 可看到第 5 级亮纹,膜中心是明纹

D. 可看到很多级亮纹,膜中心介于明暗之间

图　15.20

15.4　光的衍射——夫琅禾费单缝衍射

阅读指南：

(1) 理解惠更斯-菲涅耳原理；理解子波干涉。

(2) 掌握用波带法分析夫琅禾费单缝衍射明、暗纹分布规律的方法。

(3) 掌握夫琅禾费单缝衍射明、暗纹分布规律。

(4) 掌握夫琅禾费单缝衍射动态条纹分析。

Step 1　查阅相关知识完成以下阅读题。

15.4.1　（知识点：衍射）

当光遇到以下哪种障碍物时会发生衍射？（　　）

A. 一个宽度与光的波长相近的狭缝　　　B. 一个半径与光的波长相近的圆孔

C. 一个尖锐的边缘　　　　　　　　　　D. 一张唱片光盘

E. 以上答案都正确

15.4.2　（知识点：单缝夫琅禾费衍射）

设一束光通过一个单缝,屏上出现如图 15.21 所示的图案 A,当换上另一单缝时(其他装置不变),屏上出现图案 B。由此我们可以做出判断:(　　)。

A. 图案 B 对应的单缝的宽度大于图案 A 对应的单缝的宽度

B. 图案 B 对应的单缝的宽度小于图案 A 对应的单缝的宽度

C. 单缝的宽度没有变,单缝的方向变了

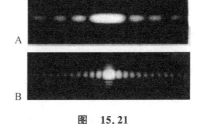

图　15.21

15.4.3　（知识点：惠更斯-菲涅耳原理）

对惠更斯-菲涅耳原理的以下理解中哪一条阐述是正确的?(　　)

A. 只有狭缝或圆孔处的波振面上的每一点可看成一个新的子波波源

B. 传播路径中即使没有遇到任何障碍物,传播路径中任何位置处的一点都可以看成一个新的子波波源

C. 传播路径中所遇到任何障碍物上的任一点都可以看成一个新的子波波源

Step 2　完成以上阅读题后,做以下练习。

15.4.4　（知识点：光的衍射）

夫琅禾费单缝衍射装置如图 15.22 所示,根据屏幕上的衍射图案(衍射条纹沿 x 方向)可以判断:(　　)。

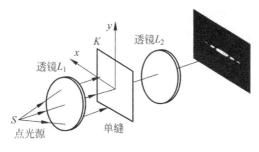

图　15.22

A. 衍射物是一 x 方向的狭缝

B. 衍射物是一 y 方向的狭缝

C. 衍射物是一针孔

15.4.5　（知识点：光的衍射）

接上题,如果将点光源换为平行于狭缝的理想线光源,衍射图样将怎样变化?(　　)

A. 条纹更加明亮、清晰　　　　　　　　　　B. 条纹更加暗淡、模糊

C. 条纹不变   D. 得到一组与线光源平行的直条纹

15.4.6 （知识点：单缝夫琅禾费衍射）

如图 15.23 所示，夫琅禾费单缝衍射装置作如下变动：将单缝屏沿 x 方向平移一小位移，衍射图样将怎样变化？（　　）

A. 衍射图样变窄

B. 衍射图样变宽

C. 衍射图样不变

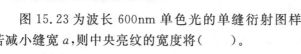

15.4.7 （知识点：单缝夫琅禾费衍射）

图 15.23 为波长 600nm 单色光的单缝衍射图样，若减小缝宽 a，则中央亮纹的宽度将（　　）。

图 15.23

A. 增加   B. 减小

C. 不变   D. 依赖于狭缝的宽度

15.4.8 （知识点：单缝夫琅禾费衍射）

接上题，波长为 600nm 的光入射到缝宽为 a 的狭缝中，若中央衍射条纹的最大宽度为 l，现将缝宽减小到 $a/2$，则中央衍射条纹的最大宽度变为（　　）。

A. $l/2$ B. $2l$ C. $l/4$ D. $4l$

E. l

15.4.9 （知识点：单缝夫琅禾费衍射）

衍射装置如图 15.24 所示，若缝宽不变，而用 500nm 光照射，则与 600nm 光照射相比，中央亮纹的宽度将（　　）。

A. 增加

B. 减小

C. 不变

D. 依赖于狭缝的宽度

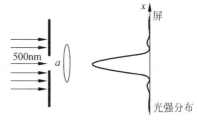

图 15.24

15.4.10 （知识点：单缝衍射）

某单色光被一单缝衍射，则屏幕上的衍射图样的相对光强分布图最可能是（　　）。

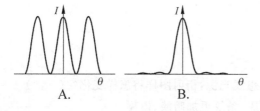 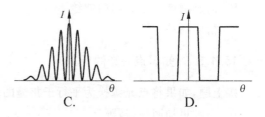

A.   B.   C.   D.

15.4.11 （知识点：单缝衍射）

若考虑单缝的衍射影响,单色光的杨氏双缝干涉图在屏幕上的相对光强分布图最可能是（   ）。

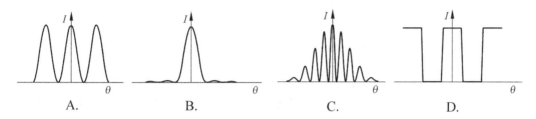

A.　　　　　B.　　　　　C.　　　　　D.

15.4.12 （知识点：单缝衍射）

在单缝衍射实验中分别采用两种不同波长的光,衍射光强分布图如图 15.25 所示,则波长较长的光的衍射光强图样是（   ）。

A. 曲线 A

B. 曲线 B

C. 不能确定

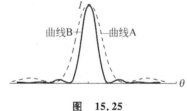

图　15.25

15.4.13 （知识点：单缝衍射）

在单缝的夫琅禾费衍射实验中,屏上 P 点为第 1 级明纹中心。对应于单缝处波面可划分为几个半波带?（   ）

A. 1 个　　　　B. 2 个　　　　C. 3 个　　　　D. 4 个

15.4.14 （知识点：单缝衍射）

在单缝的夫琅禾费衍射实验中,屏上 P 点为第 1 级明纹中心。若将缝宽增加为原来的 2 倍,屏上 P 点处条纹将是（   ）。

A. 第 2 级明纹　　　B. 第 2 级暗纹　　　C. 第 3 级明纹　　　D. 第 3 级暗纹

15.4.15 （知识点：单缝衍射）

如图 15.26 所示,在单缝的夫琅禾费衍射实验中,屏上第 3 级暗纹中心对应于单缝处波面可划分为几个半波带?（   ）

A. 3 个　　　　　B. 4 个

C. 6 个　　　　　D. 以上都不对

15.4.16 （知识点：单缝衍射）

接上题,设 P 点为屏上第三级暗纹中心,若将缝宽缩小一半,则 P 点将是（   ）。

A. 第 3 级明纹　　　B. 第 2 级明纹　　　C. 第 1 级明纹

D. 第 3 级暗纹　　　E. 第 2 级暗纹　　　F. 第 1 级暗纹

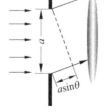

图　15.26

15.4.17（知识点：单缝衍射）

接上题，若在衍射角为 30° 的方向上，对应于单缝处波面可分成 3 个半波带，则缝宽度 a 等于（　　）。

A. λ　　　　　　B. 1.5λ　　　　　　C. 2λ　　　　　　D. 3λ

15.4.18（知识点：单缝衍射）

有一缝宽为 a 的单缝，在缝后放一焦距为 f 的透镜，在透镜的焦平面上放一屏，用波长为 λ 的平行单色光垂直照射在该缝上，出现如图 15.27 所示的衍射图样，则中央明条纹的宽度为（　　）。

A. $\dfrac{\lambda}{a}f$　　　　　　B. $\dfrac{\lambda}{2a}f$　　　　　　C. $\dfrac{2\lambda}{a}f$

D. $\dfrac{3\lambda}{2a}f$　　　　　　E. $\dfrac{3\lambda}{a}f$

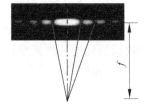

15.4.19（知识点：单缝衍射）

接上题，$k=\pm 1,\pm 2,\cdots$，第 k 级明条纹的宽度为（　　）。

A. $\dfrac{\lambda}{a}f$　　　　　　B. $\dfrac{k\lambda}{a}f$　　　　　　C. $\dfrac{2\lambda}{a}f$

D. $\dfrac{(2k+1)\lambda}{a}f$　　　　E. $\dfrac{3\lambda}{a}f$

图　15.27

15.4.20（知识点：单缝衍射）

有一缝宽为 a 的单缝，在缝后放一焦距为 f 的透镜，在透镜的焦平面上放一屏，用波长为 λ 的平行单色光垂直照射在该缝上，出现如图 15.28 所示的衍射图案，则中央明条纹中心到第 3 条暗纹间的距离为（　　）。

A. $\dfrac{6\lambda}{a}f$　　　　　　B. $\dfrac{\lambda}{2a}f$　　　　　　C. $\dfrac{2\lambda}{a}f$

D. $\dfrac{3\lambda}{2a}f$　　　　　　E. $\dfrac{3\lambda}{a}f$

图　15.28

15.5　光的衍射——圆孔衍射

阅读指南：

（1）掌握圆孔衍射的规律。

（2）了解衍射现象对光学仪器分辨本领的影响，掌握瑞利判据和最小分辨角的概念。

Step 1 查阅相关知识完成以下阅读题。

15.5.1 （知识点：圆孔衍射）

孔径相同的微波望远镜和光学望远镜相比较,前者的分辨本领较小的原因是（　　）。

A. 星体发出的微波能量比可见光能量小　　B. 微波更易被大气所吸收

C. 微波波长比可见光波长大　　　　　　　D. 大气对微波的折射率较小

15.5.2 （知识点：圆孔衍射）

依照瑞利判据,下面哪个图中的两光斑不能被分辨开?（　　）

　　A.　　　　　　B.　　　　　　C.　　　　　　D.

Step 2 完成以上阅读题后,做以下练习。

15.5.3 （知识点：圆孔衍射）

如图 15.29 所示,一人坐在足球场的对面,举起他的手臂,做出"胜利"的手势,你能分辨吗? 已知你与他的距离为 200m,光的波长为 600nm,人的瞳孔直径为 2.5mm,手指间的距离为 5cm。（　　）

A. 能分辨　　　　　B. 不能分辨

15.5.4 （知识点：圆孔衍射）

迎面开来的汽车,其两车灯相距 1m。汽车离人多远时,两灯刚能为人眼所分辨?（光的波长为 500nm,人的瞳孔直径为 3mm）（　　）

A. 4.9×10^3 m

B. 9.8×10^3 m

C. 2.5×10^3 m

D. 1.2×10^3 m

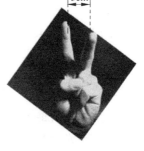

图　15.29

15.6 光的衍射——光栅衍射

阅读指南:

(1) 在了解单缝衍射对多光束干涉光强分布的调制作用基础上,理解并掌握光栅夫琅禾费衍射条纹分布规律。

(2) 熟练运用光栅方程及其有关知识解决光栅衍射的问题。

(3) 了解光栅的实际应用。

Step 2　查阅相关知识后，做以下练习。

15.6.1　（知识点：光栅衍射）

用波长为 λ 的单色光照射一光栅，光栅常数 d 是缝宽 a 的 4 倍，衍射花样中下述哪一级的谱线将消失？（　　）

A. 2　　　　　　　　B. 4　　　　　　　　C. 6　　　　　　　　D. 8

E. 10

15.6.2　（知识点：光栅衍射）

接上题，单缝衍射花样的中央明纹宽度内可以看到几条谱线？（　　）

A. 6 条　　　　　　　B. 7 条　　　　　　　C. 8 条　　　　　　　D. 9 条

15.6.3　（知识点：光栅衍射）

对某一定波长的垂直入射光，衍射光栅的屏幕上只能出现零级和一级主极大，欲使屏幕上出现更高级次的主极大，应该（　　）。

A. 换一个光栅常数较大的光栅　　　　　　B. 换一个光栅常数较小的光栅

C. 将光栅向靠近屏幕的方向移动　　　　　D. 将光栅向远离屏幕的方向移动

15.6.4　（知识点：光栅衍射）

若用衍射光栅准确测定一单色可见光的波长，在下列各种光栅常数的光栅中选用哪一种最好？（　　）

A. 5×10^{-1} mm　　　　　　　　　B. 1.0×10^{-1} mm

C. 1.0×10^{-2} mm　　　　　　　　D. 1.0×10^{-3} mm

15.6.5　（知识点：光栅）

一平面光栅，每厘米有 2500 条刻痕，现有波长范围为 400～700nm 的复色光垂直照射光栅平面，该光栅的光栅常数 d 是多少？（　　）

A. 2500mm　　　　　B. 25mm　　　　　　C. 0.4mm　　　　　　D. 400nm

E. 4000nm　　　　　F. 40000nm

15.6.6　（知识点：光栅）

接上题，若第 4 级缺级，则该光栅的缝宽 a 至少为多少？（　　）

A. 1mm　　　　　　　B. 10μm　　　　　　C. 4000nm　　　　　D. 200nm

E. 2000nm　　　　　F. 1000nm

15.6.7　（知识点：光栅）

接上题，光栅光谱第 1 级的角宽度（弧度）为（　　）。

A. 0.01rad　　　　　B. 0.1rad　　　　　　C. 0.075rad　　　　　D. 0.75rad

15.6.8 （知识点：光栅）

一光栅每厘米刻痕 5000 条(设 $d \gg a$),观察钠光谱线(设 $\lambda = 600$nm)垂直照射时可以看到几级谱线? 共几条?( )

    A. 可以看到第 4 级谱线,共 8 条   B. 可以看到第 4 级谱线,共 9 条

    C. 可以看到第 3 级谱线,共 6 条   D. 可以看到第 3 级谱线,共 7 条

15.6.9 （知识点：光栅）

一光栅每厘米刻痕 5000 条,观察钠光谱线($\lambda = 600$nm)以 30°角斜入射,如图 15.30 所示,以下哪种描述是正确的?( )

    A. 上下最多可以看到第 5 级谱线

    B. 上下最多可以看到第 1 级谱线

    C. 中央明纹的上方有一级,下方有五级

    D. 中央明纹的上方有五级,下方有一级

    E. 中央明纹的上方有一级,下方有四级

    F. 中央明纹的上方下方各有三级谱线

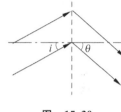

图 15.30

15.6.10 （知识点：光栅）

接上题,一共可观察到几条明纹?( )

A. 共 11 条   B. 共 6 条   C. 共 10 条

D. 共 8 条   E. 共 7 条

Step 3 下面的题目需要一些技巧和综合能力,希望读者能坚持做完。

15.6.11 （知识点：光栅强度）

如图 15.31 所示,一衍射光栅有 N 个狭缝,亮纹处的光强为 I_0,如果将狭缝数目增加到 $2N$,则亮纹处的光强变为( )。

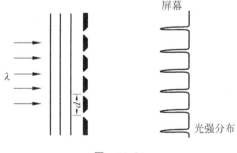

图 15.31

A. $2I_0$ B. $4I_0$ C. $\sqrt{2}I_0$ D. $1/2 I_0$

15.6.12　（知识点：光栅强度）

接上题，一衍射光栅有 N 个狭缝，设屏上衍射光的总能量为 E_0，如果将狭缝数目增加到 $2N$，则衍射条纹的总能量变为（每个狭缝可以看成一个新的光源）（　　）。

A. $2E_0$　　　　　　　　B. $4E_0$　　　　　　　　C. $\sqrt{2}E_0$

D. $1/2E_0$　　　　　　　E. E_0

15.6.13　（知识点：光栅衍射）

一衍射光栅，每厘米有 500 条透光缝，$a = 6 \times 10^{-6}$m 为每条透光缝宽。在光栅后放一焦距 $f = 1.5$m 的凸透镜，现以 $\lambda = 600$nm 的平行光垂直照射到该光栅上，则单缝衍射中央明条纹的线宽度 Δx_0 为（　　）。

A. 0.15m　　　　　B. 0.3m　　　　　C. 0.6m　　　　　D. 0.9m

15.6.14　（知识点：光栅衍射）

接上题，在透光缝宽度 a 的单缝衍射中央明条纹的线宽度 Δx_0 内，可能观察到多少个光栅衍射的主极大？（　　）

A. 5 个　　　　　B. 6 个　　　　　C. 7 个　　　　　D. 8 个

15.6.15　（知识点：光栅衍射）

接上题，现以 $\lambda = 600$nm 的平行光垂直照射到该光栅上，则出现缺级现象的最小级次是（　　）。

A. 6 级　　　　　B. 8 级　　　　　C. 10 级　　　　　D. 12 级

15.6.16　（知识点：光栅衍射）

接上题，若在第 2 级主极大处能分辨 600nm 附近的 $\Delta\lambda = 0.005$nm 的两条光谱线，则光栅的总缝数为（　　）。

A. 60000 条　　　　　B. 6000 条　　　　　C. 600000 条　　　　　D. 1200 条

15.7　光的衍射——X 射线衍射

阅读指南：
（1）了解 X 射线的特点。
（2）掌握布拉格 X 射线衍射实验。

Step 1　查阅相关知识完成以下阅读题。

15.7.1　（知识点：X 射线）

以下哪一条论述是错误的？（　　）

A. X 射线也是一种电磁波

B. X 射线的波长比紫外线的波长小

C. X 射线通过普通光栅可以观察到衍射条纹

D. X 射线是德国物理学家 W. K. Rontgen 于 1895 年发现的

15.7.2 （知识点：X 射线）

1912 年，德国物理学家劳厄(M. vonLaue)最先拍摄到晶体的 X 射线衍射图样，以下哪一个是劳厄拍摄到的 X 射线衍射图样？（　　　）

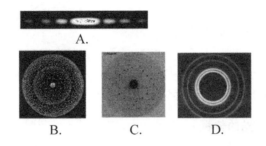

A.

B.　　　　　C.　　　　　D.

15.7.3 （知识点：X 射线）

在布拉格 X 射线衍射实验中，一波长为 λ 的 X 射线以与晶面成 30°角入射，出现第 1 级明纹；另一未知波长的 X 射线以与晶面成 60°角入射，出现第 3 级明纹，则这未知波长为（　　　）。

A. $\sqrt{3}\lambda$　　　　　　　　B. $\lambda/\sqrt{3}$　　　　　　　　C. $\lambda/2$

D. 2λ　　　　　　　　E. λ

15.8　光的偏振基本概念

阅读指南：

(1) 理解自然光、偏振光的概念。

(2) 掌握获得和检验偏振光的方法。

(3) 掌握马吕斯定律。

(4) 掌握布儒斯特定律。

Step 1　查阅相关知识完成以下阅读题。

15.8.1 （知识点：光的偏振）

下列四种现象中，哪种对空气中传播的声波是不存在的？（　　　）

A. 折射　　　　　B. 干涉　　　　　C. 衍射　　　　　D. 偏振

15.8.2 （知识点：光的偏振）

如图 15.32 所示，一束光强为 I 的自然光，垂直通过一偏振片，当偏振片旋转一圈时，测得（   ）。

A. 透射光强最大值是 I，最小值是 0

B. 透射光强是 I

C. 透射光强是 $I/2$

D. 透射光强最大值是 $I/2$，最小值是 0

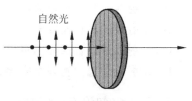

图 15.32

15.8.3 （知识点：光的偏振）

如图 15.33 所示，一束光强为 I 的线偏振光垂直通过一偏振片，当偏振片旋转一圈时，测得（   ）。

A. 透射光强最大值是 I，最小值是 0

B. 透射光强是 I

C. 透射光强是 $I/2$

D. 透射光强最大值是 $I/2$，最小值是 0

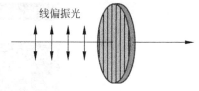

图 15.33

15.8.4 （知识点：光的偏振）

一束光垂直通过一偏振片，当偏振片旋转一圈时，发现光强没有变化，则可以判定这束光是（   ）。

A. 自然光   B. 自然光或圆偏振光

C. 线偏振光   D. 部分偏振光

E. 椭圆偏振光或部分偏振光

15.8.5 （知识点：光的偏振）

将旋转的检偏器对某一种光作检查，旋转一圈时发现光强有变化，该光不可能是（   ）。

A. 线偏振光   B. 椭圆偏振光   C. 部分偏振光   D. 自然光

Step 2 完成以上阅读题后，做以下练习。

15.8.6 （知识点：光的偏振）

如图 15.34 所示，两偏振片 A、B 的偏振方向互相垂直，自然光自左向右传播，在 B 片右边观察，现使偏振片 C（未画出）的偏振方向与 A 的偏振方向的夹角为 45°，则（   ）。

A. 如将 C 片放在 A 片左侧，能看到有光

B. 如将 C 片放在 A、B 之间，就看不到光

C. 如将 C 片放在 B 片右边，能看到有光

D. 如将 C 片放在 A 片左侧，就看不到光

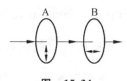

图 15.34

15.8.7 （知识点：光的偏振）

把两块偏振片一起紧密地放置在一盏灯前，使得后面没有光通过，当把一块偏振片旋转 180°时，在偏振片后看到的现象是（   ）。

A. 光强增加然后减小到零   B. 光强增加然后减小到不为零的极小值

C. 光强始终增加   D. 光强增加,然后减小,后又再增加

15.8.8 （知识点：光的偏振）

如图 15.35 所示,当一束自然光透射到两块偏振方向相互垂直的偏振片上时,没有光线通过。当第三块偏振方向和前两块偏振方向成 45° 的偏振片插入前两块偏振片之间时,是否有光线能到达 P 点?（   ）

A. 是   B. 否   C. 不确定

15.8.9 （知识点：马吕斯定律）

如图 15.36 所示,假设有 N 块偏振片（$N>2$）插入两块偏振方向正交的偏振片之间,且每片的偏振化方向依次转过 $90°/N$,此时透过的光强为 I_1,与中间只插入一块偏振方向和前两块偏振方向成 45° 的偏振片时透过的光强为 I_2 相比较：（   ）。

A. I_1 近似为零,没有光射出   B. 射出的光更少,$I_1 < I_2$

C. 射出的光一样多,$I_1 = I_2$ D. 射出的光更多,$I_1 > I_2$

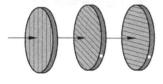

图 15.35   图 15.36

15.8.10 （知识点：马吕斯定律）

要使一束线偏振光通过偏振片之后振动方向转过 $90°$,至少要让这束光通过几块理想偏振片?（   ）

A. 1 块   B. 2 块   C. 3 块   D. 无法确定

15.8.11 （知识点：马吕斯定律）

要使一束线偏振光通过偏振片之后振动方向转过 $90°$,至少要让这束光通过两块理想偏振片,在此情况下,透射光强和原来光强之比最大是多少?（   ）

A. 1   B. 1/2   C. 1/4   D. 1/8

15.8.12 （知识点：光的偏振,布儒斯特定律）

一束自然光以布儒斯特角入射到两个介质的界面,则此时（   ）。

A. 反射光为振动方向垂直于入射面的线偏振光

B. 反射光为振动方向平行于入射面的线偏振光

C. 无折射光

D. 无反射光

E. 反射光为部分偏振光

F. 折射光为振动方向垂直于入射面的线偏振光

G. 折射光为振动方向平行于入射面的线偏振光

15.8.13 （知识点：光的偏振，布儒斯特定律）

一束线偏振光，其振动方向与入射面平行，该束线偏振光以布儒斯特角入射到两个介质的界面，此时（   ）。

A. 反射光为振动方向垂直于入射面的线偏振光

B. 反射光为振动方向平行于入射面的线偏振光

C. 无折射光

D. 无反射光

E. 反射光为部分偏振光

F. 折射光为振动方向垂直于入射面的线偏振光

G. 折射光为振动方向平行于入射面的线偏振光

15.8.14 （知识点：光的偏振，布儒斯特定律）

一束线偏振光，其振动方向与入射面垂直，该束线偏振光以布儒斯特角入射到两个介质的界面，则下面哪个论述是正确的？（   ）

A. 反射光为振动方向垂直于入射面的线偏振光

B. 无折射光

C. 无反射光

D. 折射光为部分偏振光

E. 折射光为振动方向垂直于入射面的线偏振光

F. 折射光为振动方向平行于入射面的线偏振光

15.8.15 （知识点：光的偏振，布儒斯特定律）

设一束自然光从介质 n_2 入射，在界面 MM' 反射，如图 15.37 所示，试问以下哪种情形下该束自然光在介质 n_2 中反射光是线偏振光？（   ）

A. 在介质 n_2 中反射光不可能是线偏振光

B. 以入射角 r 入射，r 与折射角 i_0 互余，i_0 满足 $\tan i_0 = n_2/n_1$

C. 以入射角 r 入射，r 满足 $\tan r = n_2/n_1$

D. 以入射角 r 入射，r 满足 $\tan r = n_1/n_2$

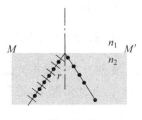

图　15.37

15.8.16 （知识点：光的偏振，布儒斯特定律）

一束自然光自空气射向一块平板玻璃（见图 15.38），设入射角等于布儒斯特角 i_0，则在界面 2 的反射光（   ）。

A. 是线偏振光且光矢量的振动方向垂直于入射面

B. 是线偏振光且光矢量的振动方向平行于入射面

C. 是部分偏振光

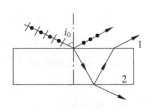

图　15.38

D. 不确定,要视平板玻璃的折射率而定

E. 是自然光

Step 3　下面的题目需要一些技巧和综合能力,希望读者能坚持做完。

15.8.17　（知识点：光的偏振）

观看立体电影时为了获得立体效果需要佩戴偏光眼镜,请问该眼镜镜片的透振方向为以下哪一种?（　　）

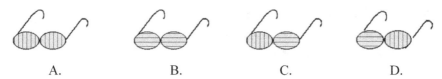

15.8.18　（知识点：光的偏振）

夏天为了阻挡路面的强烈反射光,汽车驾驶员常常佩戴偏光太阳镜,请问该眼镜镜片的透振方向为以下哪一种?（　　）

15.8.19　（知识点：光的偏振）

假设在杨氏双缝实验中将每个狭缝都覆盖上一个偏振片,且这两个偏振片的方向正交,则从两个狭缝射出的两束光线（　　）。

A. 不是相干光,在观察屏上将得到一片明亮的光

B. 不是相干光,在观察屏没有光照

C. 仍是相干光,能看到干涉条纹图样

D. 仍是相干光,只是极大与极小的位置互换

E. 不是相干光,但在屏上可见类似单缝衍射图样的条纹

15.9　双折射现象　波片

阅读指南：

（1）了解光的双折射现象,o 光和 e 光的特征。

（2）了解波片的作用,了解椭圆偏振光产生的机理。

（3）了解偏振光干涉的规律。

（4）掌握检验偏振光的方法。

Step 2 查阅相关知识后，做以下练习。

15.9.1 （知识点：光的偏振）

有关 o 光和 e 光的表述正确的是（　　　）。
A. o 光和 e 光都不遵守折射定律
B. o 光遵守折射定律，e 光一般不遵守折射定律
C. o 光和 e 光的主平面在任何情况下都不重合
D. o 光和 e 光在晶体中的传播速度相同
E. o 光不是线偏振光，而 e 光是线偏振光
F. 以上至少有两个是正确的观点

15.9.2 （知识点：光的偏振）

在光学单轴晶体内部有一确定的方向称为光轴。以下描述中哪些是错的？（　　　）
A. 晶体内沿这一方向寻常光和非常光的速度相等
B. 晶体内沿这一方向寻常光和非常光不分开
C. 晶体内沿这一方向寻常光和非常光的偏振方向相同
D. 晶体的光轴与晶表面垂直

15.9.3 （知识点：光的偏振）

设单轴晶体的光轴平行于晶体表面，一束自然光垂直入射时（　　　）。
A. 晶体内 o 光和 e 光传播方向相同，传播速度相同
B. 晶体内 o 光和 e 光传播方向不同，传播速度不同
C. 晶体内 o 光和 e 光传播方向相同，传播速度不同
D. 晶体内 o 光沿原方向传播，e 光则偏离入射方向
E. 晶体内 o 光和 e 光传播方向相互垂直

15.9.4 （知识点：波片）

$\lambda/4$ 波片厚度为 d，当 λ 射一束波长为 λ 的光时，其折射率应满足：$n_o - n_e = （\qquad）$；而半波片的折射率有下述关系：$n_o - n_e = （\qquad）$。（　　　）
A. λ/d，$\lambda/2d$ B. $\lambda/2d$，λ/d
C. $\lambda/2d$，$\lambda/4d$ D. $\lambda/4d$，$\lambda/2d$

15.9.5 （知识点：波片）

通过半波片后，振动方向与晶片的光轴成 45°角的线偏振光变为（　　　）；圆偏振光变为（　　　）；自然光变为（　　　）。（　　　）
A. 线偏振光，圆偏振光，自然光   B. 圆偏振光，线偏振光，圆偏振光
C. 圆偏振光，圆偏振光，圆偏振光   D. 线偏振光，线偏振光，线偏振光

15.9.6 （知识点：波片）

通过 $\lambda/4$ 波片后,线偏振光可变为(　　　);圆偏振光变为(　　　);自然光变为(　　　)。
(　　)

A. (椭)圆偏振光,(椭)圆偏振光,自然光

B. 线偏振光,线偏振光,线偏振光

C. (椭)圆偏振光,线偏振光,自然光

D. (椭)圆偏振光,(椭)圆偏振光,(椭)圆偏振光

15.9.7 （知识点：波片）

要使一束线偏振光的振动方向旋转一个角度,而保持光强不变,可使用(　　　)。

A. 半波片　　　　　　B. 偏振片　　　　　　C. 光栅

Step 3　下面的题目需要一些技巧和综合能力,希望读者能坚持做完。

15.9.8 （知识点：波片）

将 $\lambda/4$ 波片放在两个偏振化方向正交的偏振片中间,且波片的光轴与起偏器的偏振化方向之间的夹角为 $45°$,已知波片材料的 $n_o > n_e$,光线经过波片后,o 光和 e 光的相位关系为(　　　);经波片后光是(　　　)偏振光;经后一偏振片后的光是(　　　)偏振光。(　　)

A. o 光相位超前 e 光 90°,圆,线　　　　B. e 光相位超前 o 光 90°,线,圆

C. e 光相位超前 o 光 90°,圆,线　　　　D. o 光相位超前 e 光 90°,线,圆

15.9.9 （知识点：光的偏振）

线偏振光垂直入射到方解石波片上,线偏振光的振动方向与光轴成 θ 角,则与波片中的 o 光和 e 光对应的出射光的振幅比 A_o/A_e 为(　　　)。

A. $\sin\theta$　　　　　B. $\cos\theta$　　　　　C. $\tan\theta$　　　　　D. $\cot\theta$

15.9.10 （知识点：检偏）

当用检偏器旋转观察一束光时,发现光强有变化,但是没有消光现象。在检偏器前放置 $\lambda/4$ 波片后,再旋转检偏器一周,可看到两次消光,则这束光是(　　　)。

A. 自然光　　　　　　　　　　　B. 椭圆偏振光

C. 自然光与线偏振光的混合　　　D. 圆偏振光

E. 部分偏振光　　　　　　　　　F. 线偏振光

15.9.11 （知识点：偏振和干涉综合）

如图 15.39 所示,在双缝干涉实验中,用单色自然光在屏上形成干涉条纹。若在两缝后放一个偏振片,则(　　　)。

A. 干涉条纹的间距不变,但明纹的亮度加强

B. 干涉条纹的间距不变,但明纹的亮度减弱

C. 干涉条纹的间距变窄,且明纹的亮度减弱

D. 无干涉条纹

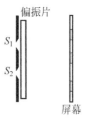

图　15.39

答案及部分解答

15.1.1 CE	15.1.2 B	15.1.3 B	15.1.4 C
15.1.5 D	15.1.6 A	15.1.7 A	15.1.8 B
15.2.1 D	15.2.2 A	15.2.3 ACF	15.2.4 D
15.2.5 C	15.2.6 C	15.2.7 D	15.2.8 B
15.2.9 D	15.2.10 A	15.2.11 C	15.2.12 C
15.2.13 B			
15.3.1 B	15.3.2 A	15.3.3 B	
15.3.4 C	15.3.5 E	15.3.6 B	15.3.7 C
15.3.8 C			

15.3.9 B 简答:不管 L 如何变化,这两个滚柱的直径不变,所以它们在任何位置对应的"膜厚之差"不变,因此在 L 范围内条纹数目也不变。当 L 变小时,条纹数目不变,所以条纹间距变小。

15.3.10 B	15.3.11 D	15.3.12 A	

15.3.13 A 简答:P 点的光斑是明还是暗,要看干涉在此处是相长还是相消。到底哪两支光会发生干涉呢?一支是平凸镜下表面反射回来的光,另一支是从平玻璃板反射回来的光。在 P 点两支光的路程差为零,但是要考虑反射时的半波损失。

所以在 P 点:左边的折射率满足 $1.52 < 1.62 < 1.75$,所以无附加光程差,因此在左边 P 点的光程差为零,为明斑;而右边的折射率满足 $1.52 < 1.62 > 1.52$,所以有附加光程差,因此在右边 P 点的光程差为半个波长,为暗斑。

15.3.14 B	15.3.15 C	15.3.16 A	15.3.17 C
15.3.18 D	15.3.19 A	15.3.20 A	15.3.21 B
15.3.22 B	15.3.23 B	15.3.24 C	
15.4.1 E	15.4.2 A	15.4.3 B	15.4.4 B
15.4.5 AD	15.4.6 C	15.4.7 A	15.4.8 B
15.4.9 B	15.4.10 B	15.4.11 C	15.4.12 A
15.4.13 C	15.4.14 B	15.4.15 C	15.4.16 C
15.4.17 D	15.4.18 C	15.4.19 A	15.4.20 E
15.5.1 C	15.5.2 D	15.5.3 B	15.5.4 A
15.6.1 BD	15.6.2 B	15.6.3 A	15.6.4 D
15.6.5 E	15.6.6 F	15.6.7 C	15.6.8 D
15.6.9 E	15.6.10 B	15.6.11 B	

15.6.12 A 解答:透光面积增大,总能量增大为原来的 2 倍。

15.6.13 B	15.6.14 C	15.6.15 C	15.6.16 A
15.7.1 C			

15.7.2 C 解答:A 是单色光的单缝衍射条纹,B 是计算机模拟的氢原子电子云图,C 是劳厄斑,D 是电子束的晶体衍射图样。

15.7.3　B

15.8.1　D　　　　　15.8.2　C　　　　　15.8.3　A

15.8.4　B　　　　　15.8.5　D　　　　　15.8.6　D　　　　　15.8.7　A

15.8.8　A

15.8.9　D　解答：两个连续的偏振片之间的角度越小,出射的光强越大。

15.8.10　B　　　　15.8.11　C　　　　15.8.12　A　　　　15.8.13　DG

15.8.14　AE　　　　15.8.15　BD　　　　15.8.16　A　　　　15.8.17　CD

15.8.18　A

15.8.19　E　解答：由缝射出的两束光振动方向垂直,所以不是相干光,不能干涉。但是每个缝仍有衍射现象,所以屏上看到两个缝的衍射图样的非相干光叠加,即清晰又均匀明亮的细长斑点。

15.9.1　B　　　　　15.9.2　CD　　　　15.9.3　C　　　　　15.9.4　D

15.9.5　A　　　　　15.9.6　C　　　　　15.9.7　A　　　　　15.9.8　C

15.9.9　C　　　　　15.9.10　B　　　　15.9.11　B

第 16 章

量子物理

16.1 光的量子性

> 阅读指南：理解光的波粒二象性建立的三部曲（三个主要的实验：黑体辐射实验、光电效应实验、康普顿效应实验）；掌握光的波粒二象性的本质。
> (1) 理解热辐射和黑体的概念；了解黑体辐射规律实验曲线。
> (2) 掌握黑体辐射的两条基本实验定律：维恩位移定律和斯特藩-玻尔兹曼定律。
> (3) 普朗克的能量子假说。
> (4) 光电效应和爱因斯坦的光子假说，光子的能量公式 $E=h\nu$。
> (5) 康普顿效应。光子和电子满足能量守恒和动量守恒。
> (6) 光的波粒二象性。

Step 1　查阅相关知识完成以下阅读题。

16.1.1　（知识点：热辐射）

实验表明，任何物体在任何温度下都在不停地向周围发射电磁波，其波谱是连续的。下列几种情况哪个是热辐射？（　　　）

A. 霓虹灯发出的光

B. 熔炉中铁水发出的光

C. 人体发出的远红外光

16.1.2　（知识点：黑体辐射）

按照经典理论来计算，黑体的单色辐出度在短波区方向，随着波长的减小，结果为无穷大。该结果为（　　　）。

A. 维恩位移定律　　　　　　　　　　B. 斯特藩-玻尔兹曼定律

C. 紫外灾难　　　　　　　　　　　　D. 普朗克的量子假设

16.1.3　（知识点：光电效应）

当入射金属表面的光的波长缩小时，从表面逸出的光电子的动能（　　　）。

A. 增大　　　　　　　　　　　　　　B. 减小

C. 保持不变　　　　　　　　　　　　D. 不确定，需要更多的信息

16.1.4　（知识点：光电效应）

是否能从金属表面逸出光电子取决于(　　　)。

A. 入射光的频率　　　　　　　　　B. 金属的逸出功

C. 以上两个都是　　　　　　　　　D. 以上两个都不是

16.1.5　（知识点：光电效应）

在光电效应实验中，金属的逸出功为 W，则对应的红限波长 λ_0 等于(　　　)。

A. hc/W　　　　B. h/W　　　　C. W/h　　　　D. W/hc

Step 2　完成以上阅读题后，做以下练习。

16.1.6　（知识点：黑体）

下列物体哪个是绝对黑体？(　　　)

A. 黑色的物体　　　　　　　　　　B. 不吸收任何光线的物体

C. 不反射可见光的物体　　　　　　D. 不反射任何光线的物体

E. 不辐射能量的物体

16.1.7　（知识点：黑体）

黑体的单色辐出度取决于(　　　)。

A. 构成黑体的材料　　　　　　　　B. 黑体表面的特性

C. 黑体的温度　　　　　　　　　　D. 以上都是

16.1.8　（知识点：黑体）

就散热而言，最好用什么颜色来涂刷一个散热器？(　　　)

A. 白色　　　　　　　　B. 黑色　　　　　　　　C. 金属色

D. 其他颜色　　　　　　E. 这其实不重要

16.1.9　（知识点：维恩位移定律）

实验测得太阳波谱中单色辐出度最大值所对应的波长 $\lambda_m = 490\mathrm{nm}$，若将太阳视为黑体，太阳的温度是(　　　)。

A. $5.9 \times 10^3 \mathrm{K}$　　　B. $490\mathrm{K}$　　　C. $5.9 \times 10^6 \mathrm{K}$　　　D. $2 \times 10^3 \mathrm{K}$

16.1.10　（知识点：斯特藩-玻尔兹曼定律）

当绝对黑体的温度从 $27℃$ 升到 $327℃$ 时，其辐出度（总辐射本领）增加为原来的(　　　)。

A. 约 2000 倍　　　　　　B. 约 100 倍　　　　　　C. 约 32 倍

D. 约 16 倍　　　　　　　E. 不知道

16.1.11 （知识点：斯特藩-玻尔兹曼定律）

黑体在某一温度时,总辐射本领为 $5.7W/cm^2$,则对应的峰值波长为（　　　）。

A. $4.43×10^{-6}m$　　　　　　B. $2.9×10^{-6}m$　　　　　　C. $4.86×10^{-6}m$

D. 0m　　　　　　　　　　E. 以上都不对

16.1.12 （知识点：光子的性质）

以下关于光子的概念哪些是正确的？（　　　）

A. 它的静止质量为零　　　　　　　　B. 它的动量为 $h\nu/c^2$

C. 它的总能量就是它的动能　　　　　D. 它有动量和能量,但质量为零

16.1.13 （知识点：光子的性质）

由光子理论：$h\nu=E,\lambda=h/p$,则光速 c 是（　　　）。

A. p/E　　　　　　B. E/p　　　　　　C. E^2/p^2　　　　　　D. p^2/E^2

16.1.14 （知识点：康普顿效应）

设有波长为 $\lambda_0=1.00×10^{-10}m$ 的 X 射线的光子与自由电子作弹性碰撞。被散射的 X 射线的散射角 $\theta=90°$,散射波长与入射波长的改变量 $\Delta\lambda$ 为（　　　）。

A. $2.43×10^{-12}m$　　　　　　　　B. $1.00×10^{-12}m$

C. $4.86×10^{-12}m$　　　　　　　　D. 0

16.1.15 （知识点：康普顿效应）

设有波长为 $\lambda_0=1.00×10^{-10}m$ 的 X 射线的光子与自由电子作弹性碰撞。被散射的 X 射线的散射角 $\theta=90°$,散射波长为 λ,则可计算出反冲电子得到的动能是（　　　）。

A. $h\left(\dfrac{1}{\lambda_0}-\dfrac{1}{\lambda}\right)$　　　B. $m_0c^2-mc^2$　　　C. $hc\left(\dfrac{1}{\lambda_0}-\dfrac{1}{\lambda}\right)$　　　D. 以上都不对

16.1.16 （知识点：康普顿效应）

散射角为多大时,反冲电子获得的能量最大？（　　　）

A. 90°　　　　　　　　　　B. 120°　　　　　　　　　　C. 180°

D. 0°　　　　　　　　　　E. 45°

16.1.17 （知识点：康普顿效应）

在康普顿效应实验中,若散射光波长是入射光波长的 1.2 倍,则散射光光子能量与反冲电子动能 E 之比为（　　　）。

A. 1/6　　　　　　B. 0.2　　　　　　C. 5　　　　　　D. 6

16.1.18 （知识点：玻尔的氢原子理论）

玻尔的氢原子模型中以下哪些量是量子化的？（　　　）

A. 电子的轨道   B. 电子的角动量   C. 电子的能量   D. 电子的质量

E. 电子的电量   F. 辐射的频率

16.1.19 （知识点：玻尔的氢原子理论）

玻尔的氢原子理论假设中以下哪一条是正确的描述？（   ）

A. 电子在它绕原子核的轨道加速时发生辐射

B. 电子在稳定的圆轨道运行时其轨道角动量必须等于约化普朗克常数 $\hbar$ 的整数倍

C. 氢原子的基态能量是负值

D. 以上描述都不对

16.1.20 （知识点：玻尔的氢原子理论）

玻尔理论有它的重要意义，但是也有严重的缺陷。从理论体系来说，根本问题在于它以经典理论为基础，主要表现在把经典理论应用于（   ）。

A. 处于稳定状态的电子轨道   B. 定态之间的电子跃迁运动

C. 以上两个都用到了   D. 以上两个都没有用到

16.2 实物粒子的波粒二象性

阅读指南：

(1) 理解德布罗意假设和爱因斯坦-德布罗意关系式的物理意义。

(2) 了解哪些实验验证了物质波。

(3) 掌握实物粒子德布罗意波长的计算。

(4) 了解德布罗意是如何用物质波概念来解释玻尔理论的轨道量子化条件。

Step 1 查阅相关知识完成以下阅读题。

16.2.1 （知识点：物质波）

谁提出实物粒子也具有波粒二象性？（   ）

A. 爱因斯坦   B. 薛定谔   C. 德布罗意   D. 玻尔

16.2.2 （知识点：物质波）

最早验证德布罗意物质波假设的实验是（   ）。

A. 约恩逊(Jonsson)电子双缝衍射实验

B. 汤姆逊(G. P. Thomson)实验

C. 戴维森(Davisson)-革末(Germer)实验

D. 劳厄实验

16.2.3 （知识点：德布罗意波）

从自然界的对称性出发,德布罗意认为:既然光(波)具有粒子性,那么实物粒子也应具有波动性。你认为可以如何验证这种波呢?（　　）

A. 验证实物粒子如电子,可以看成波包,波速就是电子运动的速度

B. 验证实物粒子如电子,和光一样具有衍射特性

C. 寻找实物粒子如电子的某个特征函数,具有时间和空间的周期性

D. 以上都不是合理的方法

E. 没有思路

Step 2　完成以上阅读题后,做以下练习。

16.2.4 （知识点：德布罗意波）

德布罗意用物质波概念分析了玻尔的量子化条件。假设量子数 $n=1$ 的波函数是氢原子的基态波函数,则图 16.1 所示的波函数的量子数应是（　　）。

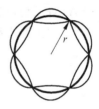

图　16.1

A. 1　　　　　　　　　　　　　　B. 2

C. 3　　　　　　　　　　　　　　D. 4

E. 5　　　　　　　　　　　　　　F. 6

G. 无法确定

16.2.5 （知识点：德布罗意波）

德布罗意用物质波概念分析了玻尔的量子化条件。如图 16.1 所示,符合该图的驻波条件及该轨道的角动量为（　　）。

A. $2\pi r=6\lambda$；$L=6\hbar$　　　　　　B. $2\pi r=3\lambda$；$L=6h$

C. $2\pi r=3\lambda$；$L=3\hbar$　　　　　　D. $2\pi r=3\lambda$；$L=3h$

16.2.6 （知识点：一维束缚粒子）

如图 16.2 所示,设一个电子被限制在长度为 L 的盒子中,试利用驻波条件计算其德布罗意波长。（　　）

A. $\lambda=L/4$　　　　　B. $\lambda=L/3$

C. $\lambda=L/2$　　　　　D. $\lambda=L$

E. $\lambda=2L$

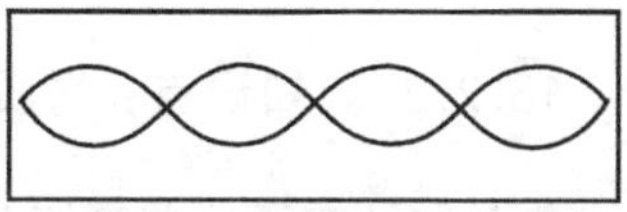

图　16.2

16.2.7 （知识点：一维束缚粒子）

接上题,一个电子被限制在长度为 L 的盒子中,若该粒子质量为 m,其相应的能量可用非相对论表达式 $E=p^2/2m$ 表示,则能量是多少?（　　）

A. $E=\dfrac{h^2}{8mL^2}$　　　　　　B. $E=\dfrac{h^2}{4mL^2}$　　　　　　C. $E=\dfrac{h^2}{2mL^2}$

D. $E=\dfrac{h^2}{mL^2}$ E. $E=\dfrac{2h^2}{mL^2}$

16.2.8 （知识点：一维束缚粒子）

如上题，若已知电子质量为 m，能量为 $E_1=\dfrac{h^2}{4mL^2}$，则还能将其置于上述长为 L 的盒子中吗？若其能量为 $E_2=\dfrac{h^2}{2mL^2}$，情况又将如何？（   ）

A. 都可以放入盒中   B. E_1 不能，E_2 可以

C. E_1 可以，E_2 不能   D. 均不能放入盒中

E. 无法确定

16.2.9 （知识点：德布罗意波）

动能为 $E(v\ll c$，不考虑相对论效应）、质量为 M 的电子的德布罗意波长是（   ）。

A. $\dfrac{h}{\sqrt{2ME}}$ B. $\dfrac{h}{\sqrt{ME}}$ C. $\dfrac{2h}{\sqrt{2ME}}$ D. $\sqrt{\dfrac{2h}{ME}}$

16.2.10 （知识点：德布罗意波）

估算电子的波长。设电子动能由 V 伏电压加速产生，$V=100\text{V}$。（   ）

A. 几百纳米   B. 约 0.1nm   C. 约几万纳米   D. 约 0.001nm

16.3　波函数

阅读指南：

（1）量子力学基本假设：微观粒子的运动状态用物质波波函数来描述。重点掌握波函数的玻恩解释，区分概率幅和概率密度。

（2）掌握波函数所必须满足的条件：单值、有限、连续、归一化。

（3）量子力学基本假设：态叠加原理。理解态叠加原理中是态（波函数）的叠加而不是可测量的波函数的平方的叠加。

Step 2　查阅相关知识后，做以下练习。

16.3.1 （知识点：波函数）

关于物质波波函数，下列论述中哪个选项是不正确的？（   ）

A. 波函数描写的是大量微观粒子的体系，而不是单个粒子

B. 波函数具有单值、有限、连续性，且归一化

C. 波函数没有直接的物理意义

D. 波函数是时间和空间的函数

16.3.2 （知识点：波函数）

以下是波函数的概念,哪个选项是正确的?（　　）

A. 波函数 ψ 是实函数

B. 波函数 ψ 是连续的

C. 波函数 ψ 是指在空间某点找到该粒子的概率

D. 以上都是对的

16.3.3 （知识点：波函数）

设 $\rho(x)$ 表示粒子在一维空间出现的概率密度,$-\infty<x<\infty$,试问以下哪个选项是正确的?（　　）

A. $\rho(x)\geqslant 0,-\infty<x<\infty$

B. $\rho(x)$ 的量纲是长度的倒数

C. $\displaystyle\int_0^\infty \rho(x)\mathrm{d}x = 1$

16.3.4 （知识点：波函数的意义）

图 16.3 为一中子的波函数,x 等于多少时,在附近的单位区间内找到该中子的可能性最大?（　　）

A. $x=x_A$ B. $x=x_B$ C. $x=x_C$

D. $x=0$ E. 无穷远处

16.3.5 （知识点：波函数的条件）

图 16.4 所示可能为量子波函数图像吗?（　　）

A. 可能   B. 不可能   C. 不知道

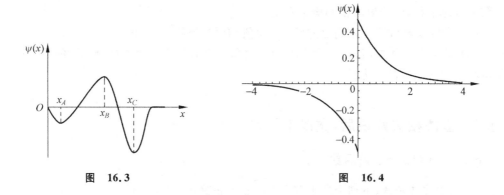

图　16.3   图　16.4

16.3.6 （知识点：波函数的物理意义）

在某个位置找到光子的概率（　　）。

A. 随着光的波长减小而增大   B. 正比于光强

C. 正比于电场强度   D. 正比于该光子的能量

16.3.7 （知识点：波函数的意义）

粒子在一维无限深势阱中运动,设其波函数表达为

$$\psi_n(x) = C\sin\frac{\pi}{a}x, \quad 0 < x < a$$

$$\psi_n(x) = 0, \quad x < 0, x > a$$

试问其归一化系数如何计算？（   ）

A. 归一化系数 C 满足：$\int_0^\infty C^2\sin^2\left(\frac{\pi x}{a}\right)\mathrm{d}x = 1$

B. 归一化系数 C 满足：$\int_0^a C\sin\left(\frac{\pi x}{a}\right)\mathrm{d}x = 1$

C. 归一化系数 C 满足：$\int_0^\infty C\sin\left(\frac{\pi x}{a}\right)\mathrm{d}x = 1$

D. 归一化系数 C 满足：$\int_0^a C^2\sin^2\left(\frac{\pi x}{a}\right)\mathrm{d}x = 1$

16.3.8 （知识点：波函数的意义）

粒子在一维无限深势阱中运动,设其波函数表达为

$$\psi_n(x) = C\sin\frac{\pi}{a}x, \quad 0 < x < a$$

$$\psi_n(x) = 0, \quad x < 0, x > a$$

试问何处粒子概率密度最大？（   ）

A. $x = a$ B. $x = a/2$ C. $x = a/4$ D. $x = a/3$

E. $x = 0$

16.3.9 （知识点：波函数的意义）

粒子在一维无限深势阱中运动,设其波函数表达为

$$\psi_n(x) = \sqrt{\frac{2}{a}}\sin\frac{\pi}{a}x, \quad 0 < x < a$$

$$\psi_n(x) = 0, \quad x < 0, x > a$$

在 $x = 0 \sim a/4$ 区间内发现粒子的概率可以表达为（   ）。

A. $\frac{2}{a}\sin^2\left(\frac{\pi x}{a}\right)$ B. $\frac{2}{a}\sin\frac{\pi}{a}$ C. $\int_0^{a/4}\sqrt{\frac{2}{a}}\sin\left(\frac{\pi x}{a}\right)\mathrm{d}x$

D. $\int_0^{a/4}\frac{2}{a}\sin^2\left(\frac{\pi x}{a}\right)\mathrm{d}x$ E. 以上都不对

16.3.10 （知识点：波函数的意义）

粒子在一维无限深势阱中运动,设其波函数表达为

$$\psi_n(x) = \sqrt{\frac{2}{a}}\sin\frac{\pi}{a}x, \quad 0 < x < a$$

$$\psi_n(x) = 0, \quad x < 0, x > a$$

粒子的位置平均值为( )。

A. 0

B. $\bar{x} = a$

C. $\bar{x} = \int_0^a x \sqrt{\dfrac{2}{a}} \sin\left(\dfrac{\pi x}{a}\right) \mathrm{d}x$

D. $\bar{x} = \int_0^a x \dfrac{2}{a} \sin^2\left(\dfrac{\pi x}{a}\right) \mathrm{d}x$

E. $\bar{x} = \int_0^a x^2 \dfrac{2}{a} \sin^2\left(\dfrac{\pi x}{a}\right) \mathrm{d}x$

Step 3 下面的题目需要一些技巧和综合能力，希望读者能坚持做完。

16.3.11 （知识点：德布罗意波）

设想我们利用迈克尔孙干涉仪装置做微弱光流实验，即光源如此之弱，每次只有一个光子通过干涉仪到达反射镜，则在照相底板上能否记录到干涉条纹？( )

A. 无法观察到干涉条纹

B. 可以马上看到明显的干涉条纹

C. 只有杂乱无章的光点落在照相底板上

D. 经过很长时间的积累可以看到干涉条纹

16.3.12 （知识点：波函数概念）

设想我们利用迈克尔孙干涉仪装置做微弱光流实验，即光源如此之弱，每次只有一个光子通过分束器到达反射镜，则当单个光子通过该干涉仪时，在照相底板将显示( )。

A. 一个点，因为光子通过分束器选择两个路径中的一个，然后返回并落在底板上，至于落在底板的哪个位置完全是随机的

B. 一个点，但是由于光子的波动性，这个落点更倾向于落入特定的区域

C. 一条极淡的干涉明纹，因为干涉仪将这单个光子分裂成两个光子，随后在底板发生干涉

D. 底板上什么也不出现

16.3.13 （知识点：波函数概念）

如图 16.5 所示，一束频率为 ν 的单色光射在半反射分束镜后，一半能流反射到光电池 1 上，另一半能流透射到光电池 2。令两光电池的截止频率都为 ν_0，$\nu > \nu_0 > \nu/2$。现在设想我们利用这一装置做微弱光流实验，即光源如此之弱，每次只有一个光子通过仪器到达光电池，则到达光电池 1、2 的光子能量为_____。

图 16.5

16.3.14 （知识点：光的波粒二象性）

设想用杨氏双缝装置做弱光流干涉实验，即光源如此之弱，每次只有一个光子通过仪器到达接收屏。为了确定单个光子是从哪条缝通过的，又不能干扰该光子的动量，我们使用一种装置：用一对正交的偏振片来做，光子究竟通过哪条缝的检测器，即在每缝后各置一片偏振片，从最后接收的光子的偏振方向就可以知道光子来自哪个缝。在此装置的长时间的记录中我们_____（填写"能"或"不能"）在接收屏上观察到双缝干涉条纹。

16.3.15 （知识点：光的波粒二象性）

接上题，如果不能观察到双缝干涉条纹，说明了什么问题？（　　　）

A. 只有大量光子相互作用，才能显现光的波动性

B. 对于单光子而言，光子只具有粒子性，不具有波动性

C. 如果知道了光子的路径信息，就不能观察到干涉条纹

D. 以上都不对

16.4 海森伯不确定关系

阅读指南：

（1）理解海森伯位置和动量不确定关系的物理意义。

（2）理解粒子的不确定关系是微观粒子所特有的秉性，与测量无关。微观粒子的不确定关系是微观粒子具有波粒二象性的反映。

（3）掌握如何运用不确定关系估算一些物理量的数量级。

Step 2 查阅相关知识后，做以下练习。

16.4.1 （知识点：不确定关系）

考虑一个沿着 x 方向不受外力的自由电子，以下哪些描述是正确的？（　　　）

A. 该电子的动量是完全确定的

B. 测量该电子的位置的不确定度 Δx 趋于零

C. 测量该电子的位置的不确定度 Δx 趋于无穷大

D. 测量该电子的动量的不确定度 Δp_x 趋于无穷大

E. 在 x 方向找到该电子的概率处处相等

16.4.2 （知识点：不确定关系）

考虑显像管中的电子，如图 16.6 所示，设电子的速度约为 $10^7 \mathrm{m/s}$ 数量级，以下哪个描述是正确的？（　　　）

A. 该电子的横向动量的不确定度很小

B. 测量该电子的横向位置的不确定度 Δx 很小

C. 电子的横向弥散可以忽略,轨道有意义

D. 主要体现了电子的波动性

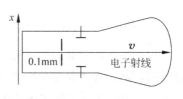

16.4.3 （知识点：不确定关系）

考虑氢原子中的电子,设原子线度数量级为 10^{-10} m,

设氢原子中的电子的速度为 10^6 m/s 数量级,以下哪个描述是正确的?（   ）

A. 该电子的动量的不确定度很小

B. 测量该电子的位置的不确定度 Δx 很小

C. 电子绕核运动有稳定的圆周轨道

D. 主要体现了电子的波动性

图   16.6

16.5 薛定谔方程及其应用

阅读指南:

（1）了解薛定谔波动方程是如何建立起来的；理解建立描述微观粒子的波函数随时间变化方程（即薛定谔波动方程）的依据。

（2）量子力学基本假设：力学量可以用算符来表示。

（3）掌握微观粒子处于一维无限深势阱中的能量和波函数的性质。

（4）理解隧道效应及其实验验证；了解扫描隧道显微镜。

（5）了解一维谐振子模型下微观粒子的能量和波函数的性质。一维谐振子的零点能不为零。

微观粒子在几种一维势场中运动情况一览表

系统的名称	物理学中的例子	势能 $V(x)$ 和粒子总能量 E	概率密度 $\lvert\psi\rvert^2$	重 要 特 点
零势能	一切自由运动的微观粒子			
无限深势阱	被严格限制在有限区域的微观粒子			能量量子化 零点能 有限深势阱的近似
有限深势阱	被束缚在原子核内的中子			能量量子化 零点能

续表

系统的名称	物理学中的例子	势能 $V(x)$ 和粒子总能量 E	概率密度 $|\psi|^2$	重 要 特 点
阶跃势（粒子总能量低于势阶高度）	金属中靠近表面的自由电子			进入经典禁区
势垒（粒子总能量低于势垒高度）	可能穿越库仑势垒的 α 粒子			隧道穿透
谐振子	在平衡位置附近振动的微观粒子			量子化能值为 $\left(n+\dfrac{1}{2}\right)h\nu\,(n=0,$ $1,2,\cdots)$ 零点能为 $\dfrac{1}{2}h\nu$

Step 1 查阅相关知识完成以下阅读题。

16.5.1 （知识点：薛定谔方程）

反映微观粒子运动的基本方程叫（　　　）；微观粒子的运动状态用（　　　）描述。（　　　）

A. 薛定谔方程，波动方程
B. 波动方程，薛定谔方程
C. 波函数，薛定谔方程
D. 薛定谔方程，波函数

16.5.2 （知识点：薛定谔方程）

量子力学基本假设之一是：力学量可以用算符来表示，算符 $i\hbar\dfrac{\partial}{\partial t}$（　　　）。

A. 对应的力学量是动量
B. 对应的力学量是动能
C. 对应的力学量是能量
D. 对应的力学量是哈密顿量 H

16.5.3 （知识点：薛定谔方程）

量子力学基本假设之一是：力学量可以用算符来表示，哈密顿量算符为（　　　）。

A. $-\hbar^2\dfrac{\partial^2}{\partial x^2}$
B. $-\hbar^2\dfrac{\partial^2}{\partial t^2}$

C. $-i\hbar\dfrac{\partial}{\partial t}$
D. $-\dfrac{\hbar^2}{2m}\dfrac{\partial^2}{\partial x^2}+U(x,t)$

E. $-\dfrac{\hbar^2}{2m}\dfrac{\partial^2}{\partial x^2}$

Step 2　完成以上阅读题后，做以下练习。

16.5.4　（知识点：薛定谔方程）

如果粒子的势能函数与时间无关，则波函数可以写成坐标函数和时间函数的乘积形式 $\psi(\boldsymbol{r}, t) = \psi(\boldsymbol{r}) \cdot f(t)$，使用分离变量法，薛定谔方程可以写为以下形式：$\dfrac{\mathrm{i}\hbar}{f}\dfrac{\mathrm{d}f}{\mathrm{d}t} = \dfrac{1}{\psi}\left(-\dfrac{\hbar^2}{2m}\nabla^2 + U\right)\psi = E$，以下描述哪几条是正确的？（　　）

A. 式中 E 是与时间和坐标都无关的常量

B. 要计算 f，必须已知势能函数 $U(r)$

C. 要计算 ψ，必须已知势能函数 $U(r)$

D. 此时的波函数与时间有关，但是其模方即粒子的概率密度与时间无关

16.5.5　（知识点：薛定谔方程）

对定态薛定谔方程：$\left(-\dfrac{\hbar^2}{2m}\nabla^2 + U\right)\psi = E\psi$，以下描述哪一条是正确的？（　　）

A. 所谓定态波函数就是粒子的波函数与时间无关

B. 式中的 ψ 是粒子波函数的空间部分，称为本征函数

C. 体系处于某个定态时，具有确定的能量 E

D. 体系的两个定态的叠加态仍然描述该体系，且该叠加态仍一定为定态

16.5.6　（知识点：一维无限深势阱）

一维无限深势阱中质量为 m 的粒子的波函数为 $\psi(x) = \sqrt{\dfrac{2}{L}}\sin\dfrac{3\pi}{L}x$，设势阱宽度为 L，则粒子的德布罗意波波长 λ 和粒子的能量 E 分别为（　　）。

A. $\dfrac{L}{3}, \dfrac{9h^2}{mL^2}$　　　　B. $\dfrac{2L}{3}, \dfrac{9h^2}{8mL^2}$　　　　C. $6L, \dfrac{h^2}{6mL^2}$　　　　D. $3L, \dfrac{9h^2}{mL^2}$

16.5.7　（知识点：一维无限深势阱）

一维无限深势阱中质量为 m 的粒子所处的状态波函数为 $\psi(x) = \sqrt{\dfrac{2}{L}}\sin\dfrac{3\pi}{L}x$，设势阱宽度为 L，则粒子在何处出现的概率密度最大？概率密度是多少？（　　）

A. $\dfrac{L}{6}, \dfrac{2}{L}$　　　　B. $\dfrac{L}{2}, 50\%$　　　　C. $\dfrac{L}{3}, \dfrac{2}{L}$　　　　D. $\dfrac{L}{2}, 2$

16.5.8　（知识点：一维无限深势阱）

设一维无限深势阱宽度的量纲为 nm（纳米），描述该势阱中粒子的波函数是归一化的，则描述找到该粒子的概率密度的量纲应为（　　）。

A. 无量纲　　　　　　　　　B. nm　　　　　　　　　C. $1/\mathrm{nm}$

D. $1/\mathrm{nm}^2$　　　　　　　　E. $1/\sqrt{\mathrm{nm}}$

Step 3　下面的题目需要一些技巧和综合能力,希望读者能坚持做完。

16.5.9　(知识点:波函数的图像)

设有如图 16.7 所示的波函数,并假设有三个势阱的能级分布如图 16.8 所示,上面所示的两个波函数与哪两个势阱的能级图对应?(　　)

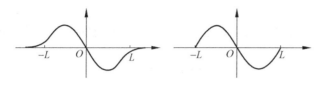

图　16.7

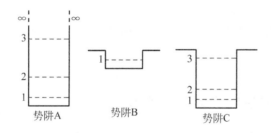

图　16.8

A. 势阱 A 与 B

B. 势阱 B 与 C

C. 势阱 C 与 A

D. 都对应势阱 A

E. 都对应势阱 C

F. 都对应势阱 B

16.5.10　(知识点:波函数的图像)

如图 16.9 所示为一无限深势阱,势阱宽为 $2a$,

$$V(x) = \begin{cases} \infty, & x > a, x < -a \\ 0, & 0 < x < a \\ V_0, & -a < x < 0 \end{cases}$$

则如图 16.10 所示的四个图中,哪个或哪些图正确表述了该势阱的波函数?(　　)

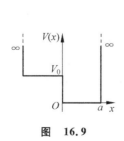

图　16.9

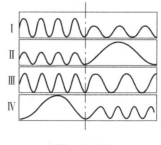

图　16.10

A. 只有Ⅰ和Ⅳ   B. 只有Ⅱ   C. 只有Ⅰ

D. 只有Ⅱ和Ⅲ   E. 只有Ⅳ

16.6 氢原子的量子力学描述 原子中的电子

阅读指南:

(1) 了解氢原子光谱特征和塞曼实验。1896 年塞曼发现当光源处于外加磁场中时,它发出的一条光谱线将分裂为若干条相互靠近的谱线。

(2) 掌握由薛定谔方程推算得到的氢原子的量子力学结论:能量量子化(对应量子数为 n),角动量量子化(对应量子数为 l),角动量空间量子化(对应量子数为 m_l)。

(3) 了解如何根据空间量子化概念解释塞曼效应。

(4) 理解斯特恩-盖拉赫实验和电子自旋的概念。

(5) 理解原子中电子的分布受两个重要原理的制约:泡利不相容原理和能量最小原理。

Step 1 查阅相关知识完成以下阅读题。

16.6.1 (知识点:氢原子)

关于氢原子光谱的实验规律,以下哪一条描述是错误的?( )

A. 氢原子光谱是彼此分立的线状光谱,每一条谱线的波长有一个确定的宽度

B. 每一条光谱线的波数可以表示为两项之差。

C. 氢原子光谱有不同的谱系,赖曼系在紫外区,巴尔末系在可见光区

16.6.2 (知识点:氢原子)

设氢原子内电子的势能函数是球对称的,势能只是半径 r 的函数,则波函数可以写成这样的乘积形式:$\psi(\boldsymbol{r},t)=R(r)\Theta(\theta)\Phi(\varphi)f(t)$,此时薛定谔方程可以分离变量为( )。

A. 两个单变量的常微分方程   B. 四个单变量的常微分方程

C. 三个单变量的常微分方程

16.6.3 (知识点:氢原子)

设氢原子内电子的势能函数是球对称的,势能只是半径 r 的函数,薛定谔方程可以分离变量为几个单变量的常微分方程,由此我们得到了以下氢原子的量子化结论,试问哪条是正确的?( )

A. 当电子被束缚在原子内时,其能量是量子化的,对应量子数称为主量子数 n,能量与 n 成正比,基态($n=1$)的能量最小

B. 电子的轨道角动量的大小也是量子化的,对应量子数称为角量子数 l,角量子数 l 可以取 $0,1,2,\cdots$

C. 电子的角动量在外磁场方向的分量是量子化的,对应量子数称为磁量子数 m_l,角动量在外磁场方向的分量与 m_l 成正比,可以有 $2l+1$ 个不连续的值

16.6.4　(知识点:电子的轨道磁矩)

当汞光源处于足够强的外加磁场中,磁场的作用使光谱发生变化,一条光谱线将分裂为若干条相互靠近的谱线。该现象是哪位物理学家首先发现的?(　　)

A. 斯特恩(O. stern)和盖拉赫(W. Gerlach)

B. 塞曼(P. Zeeman)

C. 玻尔(Bohr)

D. 薛定谔(Schrodinger)

E. 乌兰乌伦贝克(G. E. Uhlenbeck)和古兹米特(S. Goudsmit)

Step 2　完成以上阅读题后,做以下练习。

16.6.5　(知识点:氢原子)

设氢原子处于状态 $\psi_{21-1}=R_{21}(r)Y_{1-1}(\theta,\varphi)$,则对应的一组确定的量子数 (n,l,m_l) 应为(　　)。

A. $(2,2,-1)$　　　　　　　　　　　B. $(2,0,-1)$

C. $(3,1,1)$　　　　　　　　　　　　D. $(2,1,-1)$

16.6.6　(知识点:氢原子)

设氢原子处于状态 $\psi_{21-1}=R_{21}(r)Y_{1-1}(\theta,\varphi)$,以下哪个物理量有确定值?(　　)

A. 能量　　　　　　　　　　　　　　B. 角动量

C. 角动量在 z 方向的投影值　　　　D. 以上都有

E. A,B　　　　　　　　　　　　　　F. B,C

16.6.7　(知识点:氢原子)

设氢原子处于状态 $\psi_{21-1}=R_{21}(r)Y_{1-1}(\theta,\varphi)$,此时角动量和它在 z 方向的投影值有确定值,它们分别是(　　)。

A. $\hbar,-\hbar$　　　　B. $\sqrt{2}\hbar,-\hbar$　　　　C. $\sqrt{6}\hbar,2\hbar$　　　　D. 以上都不对

16.6.8　(知识点:氢原子)

设态 $\psi(r,\theta,\varphi)=\dfrac{1}{2}R_{21}(r)Y_{10}(\theta,\varphi)-\dfrac{\sqrt{3}}{2}R_{21}(r)Y_{1-1}(\theta,\varphi)$,它是否为氢原子的一个可能态? 是否为一个定态?(　　)

A. 是一个可能的态,也是一个定态

B. 是一个可能的态,但不是一个定态

C. 不能表示氢原子的状态,也不是一个定态

16.6.9 （知识点：氢原子）

设态 $\psi(r,\theta,\varphi)=\dfrac{1}{2}R_{21}(r)Y_{10}(\theta,\varphi)-\dfrac{\sqrt{3}}{2}R_{21}(r)Y_{1-1}(\theta,\varphi)$，以下哪个物理量有确定值？（　　　）

A. 能量　　　　　　　　　　　　B. 轨道角动量

C. 轨道角动量在 z 方向的投影值　　　D. 以上都有

16.6.10 （知识点：氢原子）

设态 $\psi(r,\theta,\varphi)=\dfrac{1}{2}R_{21}(r)Y_{10}(\theta,\varphi)-\dfrac{\sqrt{3}}{2}R_{21}(r)Y_{1-1}(\theta,\varphi)$，轨道角动量在 z 方向的投影值没有确定值，则它的平均值是多少？（　　　）

A. $-\hbar$　　　　B. $\dfrac{\sqrt{3}}{2}\hbar$　　　　C. $\dfrac{1}{2}\hbar$　　　　D. $-\dfrac{3}{4}\hbar$

16.6.11 （知识点：氢原子）

设氢原子的电子处于 $n=4,l=3$ 的状态，此时轨道角动量的平方和轨道角动量在 z 方向的投影值分别是（　　　）。

A. $L^2=6\hbar^2$，$L_z=3\hbar$

B. $L^2=12\hbar^2$，$L_z=3\hbar$

C. $L^2=12\hbar^2$，$L_z=0,\pm\hbar,\pm2\hbar,\pm3\hbar$

D. $L^2=9\hbar^2$，$L_z=0,\pm\hbar,\pm2\hbar,\pm3\hbar$

16.6.12 （知识点：电子自旋）

直接证实了电子自旋存在的最早的实验之一是（　　　）。

A. 康普顿实验　　　　　　　　　B. 卢瑟福实验

C. 戴维森-革末实验　　　　　　　D. 施特恩-盖拉赫实验

16.6.13 （知识点：电子自旋）

1912 年施特恩和盖拉赫在实验中发现，一束处于 S 态的原子射线在非均匀地磁场中分裂为两束。对于这种分裂的解释为（　　　）。

A. 电子自旋的角动量的空间取向量子化

B. 电子轨道运动的角动量的空间取向量子化

C. 可以用经典理论来解释

D. 难以解释

16.6.14 （知识点：泡利不相容原理）

根据泡利不相容原理，则（　　　）。

A. 自旋为整数的粒子不能处于同一态中

B. 自旋为整数的粒子处于同一态中

C. 自旋为半整数的粒子处于同一态中

D. 自旋为半整数的粒子不能处于同一态中

16.6.15 （知识点：原子的壳层结构）

在一个原子系统中,同一个主量子数为 n 的壳层上,最多可容纳电子的个数是（   ）。

A. $2n^2$ B. $2n$ C. n^2 D. n

16.6.16 （知识点：原子的壳层结构）

在氢原子的 K 壳层中,电子可能具有的量子数 (n, l, m_l, m_s) 是（   ）。

A. $(1, 0, 0, 1/2)$ B. $(1, 0, -1, 1/2)$

C. $(1, 1, 0, -1/2)$ D. $(2, 1, 0, -1/2)$

答案及部分解答

16.1.1 BC   16.1.2 C   16.1.3 A   16.1.4 C

16.1.5 A   16.1.6 D   16.1.7 C

16.1.8 B 解答：在同一温度下,吸收本领与辐射本领成正比,所以最好的吸收器也是最好的散热器。用黑色涂刷效果应该最好。

16.1.9 A   16.1.10 D   16.1.11 B   16.1.12 AC

16.1.13 B   16.1.14 A   16.1.15 C   16.1.16 C

16.1.17 C   16.1.18 ABCF

16.1.19 B 解答：原子发生辐射是在两个能级之间跃迁的时候,A 错;B 是玻尔假设的第三条,正确;C 是玻尔假设的推论,不是假设本身。

16.1.20 A

16.2.1 C   16.2.2 C   16.2.3 B

16.2.4 C   16.2.5 C   16.2.6 C   16.2.7 E

16.2.8 B   16.2.9 A   16.2.10 B

16.3.1 A   16.3.2 B   16.3.3 AB   16.3.4 C

16.3.5 B 解答：波函数必须是连续的。该图在 $x=0$ 处不连续。

16.3.6 B   16.3.7 D   16.3.8 B   16.3.9 D

16.3.10 D

16.3.11 D 解答：起初光子在底板上的落点似乎无规律,但其实落点是有一定的概率规律的。

16.3.12 B

16.3.13 光子到达两个光电池的能量都是 $h\nu$,但是该光子到达两个光电池的概率各为 $1/2$。

16.3.14 不能观察到双缝干涉条纹。因为由两缝发出的光的偏振方向是垂直的,不符合干涉条件。因此知道了光子是从哪条缝通过的信息,就没有了干涉条纹——即光子路径信息与干涉花纹互补。

16.3.15　C

16.4.1　ACE

16.4.2　AC　解答:电子的位置不确定度为 0.1mm,则用不确定关系可以估算电子横向速度的不确定度 Δv_x 约为 0.5m/s,相比电子的速度小很多,所以动量的不确定度很小,电子的横向弥散可以忽略,轨道有意义,主要体现电子的粒子性。

16.4.3　D　解答:电子的位置不确定度为 10^{-10}m,则用不确定关系可以估算电子速度的不确定度 Δv_x 约为 5×10^5m/s,和电子的速度差不多,所以此时位置和动量的不确定度都不小,不能忽略。电子没有确定的轨道和动量,主要体现电子的波动性。

16.5.1　D　　　　　16.5.2　C　　　　　16.5.3　D　　　　　16.5.4　ACD

16.5.5　BC　解答:定态波函数是空间波函数 ψ 与相因子 $e^{-iEt/\hbar}$ 的乘积。所以 A 是错的,B 对。体系处于某个定态时,具有确定的能量 E: $\psi_E(\boldsymbol{r}, t) = C\psi_E(\boldsymbol{r})e^{-iEt/\hbar}$,按照态叠加原理,体系的两个定态的叠加态仍然描述该体系,但该叠加态 $\psi(\boldsymbol{r}, t) = C_1\psi_{E_1}(\boldsymbol{r})e^{-iE_1t/\hbar} + C_2\psi_{E_2}(\boldsymbol{r})e^{-iE_2t/\hbar}$ 并不对应确定的能量,不是定态。所以 D 错。

16.5.6　B　　　　　16.5.7　A　　　　　16.5.8　C

16.5.9　C　解答:由波函数的图形可知,左边的波函数在 x 为 $\pm L$ 时,不为零,应对应有限深势阱 B 或 C;而右边的波函数在 x 为 $\pm L$ 时,为零,应对应无限深势阱 A,因为在无限深势阱外找到粒子的概率为零。此外,因为图中波函数对应的能级不是基态,所以左图所对应的不可能是有限深势阱 B。

16.5.10　E　解答:左边动量比右边动量小,则德布罗意波长应该是左边大于右边,因此正确答案为 E。

16.6.1　A	16.6.2　B	16.6.3　C	16.6.4　B
16.6.5　D	16.6.6　D	16.6.7　B	16.6.8　A
16.6.9　AB	16.6.10　D	16.6.11　C	16.6.12　D
16.6.13　A	16.6.14　D	16.6.15　A	16.6.16　A